クロスセクショナル統計シリーズ

8

画像処理の統計モデリング

確率的グラフィカルモデルとスパースモデリングからのアプローチ

片岡 駿・大関真之・安田宗樹・田中和之
[著]

照井伸彦・小谷元子・赤間陽二・花輪公雄
[編]

共立出版

本シリーズの刊行にあたって

　現代社会では，各種センサーによるデータがネットワークを経由して収集・アーカイブされることにより，データの量と種類とが爆発的と表現できるほど急激に増加している．このデータを取り巻く環境の劇変を背景として，学問領域では既存理論の検証や新理論の構築のための分析手法が格段に進展し，実務（応用）領域においては政策評価や行動予測のための分析が従来にも増して重要になってきている．その共通の方法が統計学である．

　さらに，コンピュータの発達とともに計算環境がより一層身近なものとなり，高度な統計分析手法が机の上で手軽に実行できるようになったことも現代社会の特徴である．これら多様な分析手法を適切に使いこなすためには，統計的方法の性質を理解したうえで，分析目的に応じた手法を選択・適用し，なおかつその結果を正しく解釈しなければならない．

　本シリーズでは，統計学の考え方や各種分析方法の基礎理論からはじめ，さまざまな分野で行われている最新の統計分析を領域横断的―クロスセクショナル―に鳥瞰する．各々の学問分野で取り上げられている「統計学」を論ずることは，統計分析の理解や経験を深めるばかりでなく，対象に関する異なる視点の獲得や理論・分析法の新しい組合せの発見など，学際的研究の広がりも期待できるものとなろう．

　本シリーズの執筆陣には，東北大学において教育研究に携わる研究者を中心として配置した．すなわち，読者層を共通に想定しながら総合大学の利点を生かしたクロスセクショナルなチーム編成をとっている点が本シリーズを特徴づけている．

　また，本シリーズでは，統計学の基礎から最先端の理論や適用例まで，幅広

iv

く扱っていることも特徴的である．さまざまな経験と興味を持つ読者の方々に，本シリーズをお届けしたい．そして「クロスセクショナル統計」を楽しんでいただけけることを，編集委員一同願っている．

編集委員会 　照井 伸彦

小谷 元子

赤間 陽二

花輪 公雄

まえがき

　1950 年代に人工知能という言葉が登場した当初，人間の脳に近い情報処理として目指していたのは，帰納と演繹に基づく命題論理の記号処理による知能の実現であった．コンピュータといえば電卓が巨大化したものとしての位置付けでしかなく，人間が指示した計算をただただ黙々と実行する装置に過ぎなかった当時としては，その人工知能の第一歩は革新的なものであった．しかしながらこの試みは，「察する」，「経験を生かす」，「気付く」という我々があたりまえに行っている営みの実現が困難であることが認識され，大きな壁に突きあたる．

　このような状況と前後して，人工的知能創出のためのアプローチの一つである人工ニューラルネットワークは，20 世紀半ばに登場した**パーセプトロン (perceptron)**, 階層構造をもつ**ネオコグニトロン (neocognitron)**, フィードバック結合を有する**再帰的ニューラルネットワーク (recurrent newral network)**, 多層構造をもつ人工ニューラルネットワークのデータからの学習を実現する**誤差逆伝播法 (back propagation)** の提案を通して，様々な発展を遂げてきた．近年は，**畳み込みニューラルネットワーク (convolutional newral network)** をはじめとする**多層ニューラルネットワーク (multilayer neural network)** が登場し，現在の**深層学習 (deep learning)** [3] の成功へとつながっている．そして，ビッグデータサイエンスという新しい研究分野の登場とともに，そのキーアプリケーションとしての重要性はますます高まりつつある．同時に，数学的裏付けの重要性がより認識されるようになりつつある．

　データサイエンスの数学的基盤はいうまでもなく統計学である．大量のデータから重要な情報を抽出し，大量ではあるが不完全なデータから欠損した情報を予測し，新しい知識を発見するような技術は，統計学がもともと目指す方向であった．不完全ではあるが大量のデータが容易に得られる環境が急速に整いつつある

vi　まえがき

　近年の状況は，過去のどの時代にもないほどの統計学に対する期待の高まりへとつながっている．20世紀後半にベイズ統計に基づき予測・推定機能を実現する**マルコフ確率場 (Markov random field)**，**ベイジアンネットワーク (Bayesian netwoek)** が登場し，人工ニューラルネットワークの学習機能を最尤推定の立場から理解するために有力なボルツマンマシン (Boltzmann machine) が提案され，**確率的グラフィカルモデル (probabilistic graphical model)** [5, 11, 12] による**統計的機械学習理論 (statistical machine learning theory)** として，この統計学に基づくアプローチは体系化されつつある．

　世界的には **Neural Information Processing Systems (NIPS)** という名称の国際会議が1987年から発足し，統計的機械学習理論の新しい発想を常に生み出し続けてきた．たとえば，深層学習は2009年のバンクーバー/ウィスラーで開催された NIPS が出発点となっている．国内における統計的機械学習理論の現在につながる取り組みは，1998年に発足した**情報論的学習理論 (Information-based Induction Sciences: IBIS)** という電子情報通信学会の第2種研究会が出発点の一つとして位置付けられる．現在は，**情報論的学習理論と機械学習研究会 (Information-based Induction Sciences and Machine Learning: IBIS-ML)** という電子情報通信学会の第1種研究会としてさらなる拡大を遂げている．2002年に文部科学省科学研究費補助金特定領域研究「確率的情報処理への統計力学的アプローチ (Statistical-mechanical Approach to Probabilistic Information Processing: SMAPIP)」が発足し，2006年に同じ文部科学省科学研究費補助金特定領域研究「情報統計力学の深化と展開 (Deepening and Expansion of Statistical Mechanical Informatics: DEX-SMI)」がこれに続いた．当時，これらの研究プロジェクトが目指したものは，「日本に来れば他では得られない理論や技術を得ることができる」と世界の研究者に思ってもらえるような研究分野の創出であった．日本では1950年代から材料科学の理論的基盤の整備を目的として，統計力学を基礎とする計算技法で世界に先駆けた多くの革新的計算技法の提案がなされていた [4, 6, 9]．これらの計算技法を統計学に基づく大規模データからの予測のための数学的枠組みと融合させることで，その思いの一部を実現できるのではないかというのが上記プロジェクトの最初の発想であった．そしてその思いの拠り所が西森秀稔氏の2つの著書 [7, 8] であった．現在，上記2つの

プロジェクトは 2013 年に発足した文部科学省科学研究費補助金新学術領域研究
「スパースモデリングの深化と高次元データ駆動科学の創成 (High-Dimensional
Data-Driven Science through Deepening of Sparse Modeling)」へと進化を遂げ,
これまで想定しなかった研究分野への展開とともに新たな研究のステージへと
踏み出しつつある.

　本書では,確率的グラフィカルモデルの統計的機械学習理論について,画像
処理とパターン認識に応用例を絞りつつ概説することから始める.特にパター
ン認識では,クラス分類問題という視点において**多値ロジスティック回帰モデ
ル (multi-valued logistic regression)** と**制約ボルツマンマシン (restriced
Boltzmann machine)** という 2 つの確率的グラフィカルモデルを通して,深
層学習の基礎となる数理を紹介する.その上で,グラフ構造の疎 (sparse) 性と
いう深層学習とは真逆の性質をもとに急速に展開しつつある**スパースモデリン
グ (sparse modeling)** [1,2,10] という新しい研究領域の最近の理論的基盤の深
化の様子を,連続最適化問題という視点から概説する.

　本書の執筆者の安田宗樹氏,大関真之氏,片岡駿氏は,いずれも上述の 3 つの
プロジェクトを学生時代から現在にいたるまでの間に経験し,直感とセンスだ
けを頼りにそれぞれの相異なる立場で自らの研究領域を切り拓いてきた.本書
はそれらの独特の研究世界観を,次の時代における人工知能の基盤として,学
部・大学院学生に紹介するに価する書として結実できたものと考えている.執
筆は,**第 1, 2 章を田中和之,第 3 章を片岡駿,第 4 章を安田宗樹,第 5 章を
大関真之**が担当した.

　本書の出版は,東北大学の照井伸彦教授,小谷元子教授をはじめとするクロ
スセクショナル統計シリーズの編者の先生方からのご提案が出発点となった.
また,本書の出版が実現したことは執筆をあたたかく見守ってくださった共立
出版株式会社編集部の山内千尋氏のおかげと感じている.これらすべての皆様
に深く感謝したい.

2018 年 8 月　　　　　　　　　　　　　　　　　　　　　　　　田中和之

参考文献

[1] Elad, M.: *Sparse and Redundant Representations: From Theory to Applications in Signal and Image Processing* Springer-Verlag (2010), 396p.（玉木徹 訳：スパースモデリング—$l1/l0$ ノルム最小化の基礎理論と画像処理への応用—. 共立出版 (2016), 436p.）

[2] Hastie, T., Tibshirani, R., Wainwright, M.: *Statistical Learning with Sparsity: The Lasso and Generalizations.* Chapman & Hall/CRC (2015), 366p.

[3] 神嶌敏弘 編, 麻生英樹・安田宗樹・前田新一・岡野原大輔・岡谷貴之・久保陽太郎・ボレガラダヌシカ 著, 人工知能学会 監修：深層学習 Deep Learning. 近代科学社 (2015), 267p.

[4] 菊池良一・毛利哲雄：クラスター変分法—材料物性論への応用—. 森北出版 (1997), 179p.

[5] Koller, D., Friedman, N.: *Probabilistic Graphical Models: Principles and Techniques.* MIT Press (2009), 1266p.

[6] 守田徹：第 2 章 フラストレートした磁性体の統計力学（石原明, 和達三樹 編著：新しい物性）, 共立出版 (1990), 308p.

[7] 西森秀稔：スピングラス理論と情報統計力学（新物理学選書）. 岩波書店 (1999), 206p.

[8] Nishimori, H.: *Statistical Physics of Spin Glasses and Information Processing : an Introduction.* Oxford University Press (2001), 255p.

[9] 小口武彦：磁性体の統計理論. 裳華房 (1970), 302p.

[10] Rish, I., Grabarnik, G.: *Sparse Modeling: Theory, Algorithms, and Applications.* Chapman & Hall/CRC (2014), 249p.

[11] Sucar, L. E., Enrique, L.: *Probabilistic Graphical Models: Principles and Applications.* Springer-Verlag (2015), 277p.

[12] 鈴木譲・植野真臣 編著, 黒木学・清水昌平・湊真一・石畠正和・樺島祥介・田中和之・本村陽一・玉田嘉紀 著：確率的グラフィカルモデル. 共立出版 (2016), 280p.

本書で使用しているコードの一部は, 共立出版ウェブサイトの本書のページ
www.kyoritsu-pub.co.jp/bookdetail/9784320111233
からダウンロードできる.

目　　次

第 1 章　統計的機械学習の基礎　　　　1

1.1　はじめに.　. 1

1.2　ベイズ統計　. 2

　　1.2.1　離散状態空間における確率分布とベイズの公式 2

　　1.2.2　連続状態空間における確率密度関数とベイズの公式 . . . 7

　　1.2.3　最大事後確率推定と最大事後周辺確率推定 10

1.3　最尤推定.　. 12

　　1.3.1　カルバック・ライブラー情報量 12

　　1.3.2　経験分布と最尤推定 17

　　1.3.3　不完全データと周辺尤度最大化 20

　　1.3.4　EM アルゴリズム　. 23

1.4　確率的グラフィカルモデルと統計的機械学習理論 25

　　1.4.1　確率的グラフィカルモデル 25

　　1.4.2　潜在変数を伴う確率的グラフィカルモデル 39

　　1.4.3　制限ボルツマンマシン 44

1.5　まとめ.　. 47

第 2 章　ガウシアングラフィカルモデルの統計的機械学習 理論　　　　50

2.1　はじめに.　. 50

2.2　ガウシアングラフィカルモデルによるノイズ除去と EM アルゴリズム

　　. 50

x　目　次

2.2.1　ガウシアングラフィカルモデルと不完全データにおける
最尤推定 50

2.2.2　ガウシアングラフィカルモデルにおける EM アルゴリズム　53

2.2.3　画像処理におけるガウシアングラフィカルモデルと EM ア
ルゴリズム 61

2.3　一般化されたスパースガウシアングラフィカルモデル 69

2.3.1　一般化されたスパースガウシアングラフィカルモデルと
EM アルゴリズム 70

2.3.2　確率伝搬法の数学的準備 73

2.3.3　一般化されたスパースガウシアングラフィカルモデルと
確率伝搬法 80

2.3.4　確率伝搬法の解構造 97

2.4　まとめ 107

第3章　画像補修問題への応用　110

3.1　はじめに 110

3.1.1　画像補修問題 110

3.1.2　確率モデルによる画像処理の枠組み 111

3.2　確率モデルに基づく画像補修法 114

3.2.1　モデルの定義 114

3.2.2　確率伝搬法による画像修復アルゴリズム 117

3.2.3　高速フーリエ変換を用いたメッセージの計算法 120

3.2.4　確率モデルによる画像補修アルゴリズム 123

3.3　画像補修シミュレーション 124

3.4　まとめ 127

第4章　確率モデルによるパターン認識　129

4.1　はじめに 129

4.2　確率モデルによるパターン認識問題へのアプローチの基礎 . . . 129

4.2.1　パターン認識問題と機械学習 129

目　次　xi

4.2.2　確率モデルを基礎としたクラス分類システムの枠組み . . 　130

4.3　多値ロジスティック回帰モデル . . . . 　134

4.3.1　多値ロジスティック回帰モデルの定義 . . . . 　135

4.3.2　多値ロジスティック回帰モデルの統計的機械学習 . . . . 　139

4.4　制限ボルツマンマシン分類器 . . . . 　154

4.4.1　制限ボルツマンマシン分類器の定義 . . . . 　154

4.4.2　制限ボルツマンマシン分類器に対する統計的機械学習 . . 　159

4.4.3　制限ボルツマンマシン分類器と多値ロジスティック回帰モ

デルの比較 . . . . 　164

4.5　まとめ：深層学習へ . . . . 　167

第5章　圧縮センシングとその近辺　174

5.1　はじめに . . . . 　174

5.2　ベイズ推定 . . . . 　174

5.2.1　確率的事象を扱う基本事項 . . . . 　174

5.2.2　最尤推定 . . . . 　175

5.2.3　ベイズ推定と正則化 . . . . 　178

5.2.4　ラプラス分布による正則化 . . . . 　180

5.3　L_1 ノルムが存在する最適化問題 . . . . 　181

5.3.1　最急降下法 . . . . 　181

5.3.2　ニュートン法 . . . . 　182

5.3.3　上界逐次最小化法 . . . . 　184

5.3.4　近接勾配法 . . . . 　186

5.3.5　軟判定閾値関数 . . . . 　187

5.3.6　ネステロフの加速法 . . . . 　190

5.4　多様な確率モデル . . . . 　192

5.4.1　ポアソン分布 . . . . 　192

5.4.2　正値性を保った更新則 . . . . 　193

5.4.3　非負値制約行列分解 . . . . 　194

5.4.4　非負値行列分解による辞書学習 . . . . 　196

xii 目　次

5.4.5	低ランク行列分解	197
5.4.6	カーネル法による拡張	199
5.5 圧縮センシング	. . . .	201
5.5.1	線形観測過程	202
5.5.2	L_1 ノルム最小化	202
5.5.3	直観的な理解	204
5.5.4	実例	204
5.6 最適化の数理	. . . .	208
5.6.1	罰金法	208
5.6.2	ラグランジュ未定乗数法	209
5.6.3	拡張ラグランジュ法	212
5.6.4	交互方向乗数法	213
5.6.5	等式制約を常に満たした交互方向乗数法	215
5.6.6	双対拡張ラグランジュ法	217
5.6.7	近接写像と拡張ラグランジュ法	218
5.7 情報統計力学	. . . .	219
5.7.1	スピン系の統計力学	220
5.7.2	圧縮センシングの性能評価	224
5.7.3	レプリカ法	225
5.7.4	エントロピーの評価	230
5.7.5	$\beta \to \infty$ の極限	232
5.7.6	状態発展法	235

あとがき　　　　　　　　　　　　　　　　239

索　　引　　　　　　　　　　　　　　　　243

1

統計的機械学習の基礎

1.1 はじめに

　本章では，**統計的機械学習理論 (statistical machine learning theory)** の基礎である**ベイズ統計 (Bayes statistics)** と**最尤推定 (maximum likelihood estimation)** について概説し，**確率的グラフィカルモデル (probabilistic graphical model)** とはどのようなものであるかについて簡単に説明する．その上で，確率的グラフィカルモデルによる統計的機械学習理論に基づくアルゴリズム設計について基本的な定式化を紹介する．

　1.2 節と 1.3 節の前半では，ベイズ推定について離散状態空間と連続状態空間のそれぞれの場合の基礎的な定式化を紹介し，カルバック・ライブラー情報量に基づく完全データからの統計的機械学習について，**経験分布 (empirical distribution)** という概念をもとに説明する．この枠組みは，多層ニューラルネットワークの教師あり学習につながるものである．1.3 節の後半では，この枠組みを不完全データの最尤推定へと展開し，それを実現するアルゴリズムの一つとして知られる**期待値最大化アルゴリズム (expectation maximization (EM) algorithm)** について説明する．1.4 節では確率的グラフィカルモデルの紹介から始まり，潜在変数 (hidden variable) を伴う確率的グラフィカルモデルの学習理論に触れた上で，**制約ボルツマンマシン (restricted Boltzmann machine)** の基本的定式化に触れる．

2   第 1 章　統計的機械学習の基礎

1.2　ベイズ統計

1.2.1　離散状態空間における確率分布とベイズの公式

　自然数により番号付けされた有限個の要素からなる集合 $V \equiv \{1, 2, \cdots, |V|\}$ を考え [1]，そのそれぞれの要素 $i (\in V)$ に対して確率変数 X_i を考える．この確率変数 X_i の実現値，すなわち**状態変数 (state variable)** を x_i とし，そのとり得る空間すなわち**状態空間 (state space)** を Ω として表す．Ω は離散空間であり，たとえば Ω の要素の個数を $|\Omega|$ として，$\Omega \equiv \{0, 1, 2, \cdots, |\Omega| - 1\}$，$\Omega \equiv \left\{ -\frac{|\Omega|-1}{2}, -\frac{|\Omega|-1}{2} + 1, -\frac{|\Omega|-1}{2} + 2, \cdots, +\frac{|\Omega|-1}{2} - 1, +\frac{|\Omega|-1}{2} \right\}$ [2] などが考えられる．確率変数 X_i $(i \in V)$ から構成されるベクトル

$$\boldsymbol{X} = \left(X_1, X_2, \cdots, X_{|V|} \right)^{\mathrm{T}} = \begin{pmatrix} X_1 \\ X_2 \\ \vdots \\ X_{|V|} \end{pmatrix}$$

を**確率ベクトル (probability vector)**，対応する状態変数 x_i $(i \in V)$ から構成されるベクトル

$$\boldsymbol{x} = \left(x_1, x_2, \cdots, x_{|V|} \right)^{\mathrm{T}} = \begin{pmatrix} x_1 \\ x_2 \\ \vdots \\ x_{|V|} \end{pmatrix}$$

を**状態ベクトル (state vector)** と呼ぶ．確率ベクトルおよび状態ベクトルは各

---

[1] $|V|$ は集合 V の要素の個数を表す.

[2] $\Omega = \left\{ -\frac{|\Omega| - 1}{2}, -\frac{|\Omega| - 1}{2} + 1, -\frac{|\Omega| - 1}{2} + 2, \cdots, +\frac{|\Omega| - 1}{2} - 1, +\frac{|\Omega| - 1}{2} \right\}$ という状態空間は，統計力学や量子力学においてスピンの状態空間（自由度）を表す時によく用いられる．この状態空間はスピン $\frac{|\Omega| - 1}{2}$ の状態空間と呼ばれる．有名なイジング (Ising) 模型，ハイゼンベルグ (Heisenberg) 模型は $|\Omega| = 2$ であり，$\Omega = \left\{ -\frac{1}{2}, +\frac{1}{2} \right\}$ となり，これはスピン $\frac{1}{2}$ となる．この状態空間の特徴は 0 を挟んで対称に状態が並んでいることにある．$|\Omega| = 3$ の時は $\Omega = \{-1, 0, +1\}$ であり，これはスピン 1，$|\Omega| = 4$ の時は $\Omega = \left\{ -\frac{3}{2}, -\frac{1}{2}, +\frac{1}{2}, +\frac{3}{2} \right\}$ であり，これはスピン $\frac{3}{2}$ となる.

章の文脈に合わせて，縦ベクトル $\boldsymbol{X}$ および $\boldsymbol{x}$ で表されることも横ベクトル $\boldsymbol{X}^{\mathrm{T}}$ および $\boldsymbol{x}^{\mathrm{T}}$ で表されることもあるが，記号としての $\boldsymbol{X}, \boldsymbol{x}$ は，特に断らない限り縦ベクトルを表すこととする [3]．

この時，事象 $(X_1, X_2, \cdots, X_{|V|}) = (x_1, x_2, \cdots, x_{|V|})$ のすなわち $\boldsymbol{X} = \boldsymbol{x}$ の起こる確率 $\Pr\{\boldsymbol{X} = \boldsymbol{x}\} = \Pr\{X_1 = x_1, X_2 = x_2, \cdots, X_{|V|} = x_{|V|}\}$ が，関数 $P(\boldsymbol{x}) = P(x_1, x_2, \cdots, x_{|V|})$ により

$$\Pr\{X_1 = x_1, X_2 = x_2, \cdots, X_{|V|} = x_{|V|}\} = P(x_1, x_2, \cdots, x_{|V|})$$
$$(x_1 \in \Omega, x_2 \in \Omega, \cdots, x_{|V|} \in \Omega), \tag{1.1}$$

すなわち

$$\Pr\{\boldsymbol{X} = \boldsymbol{x}\} = P(\boldsymbol{x}) \quad \left(\boldsymbol{x} \in \Omega^{|V|}\right) \tag{1.2}$$

という形で与えられる時，$P(\boldsymbol{x}) = P(x_1, x_2, \cdots, x_{|V|})$ を**結合確率分布 (joint probability distribution)** と呼ぶ．$\Omega^{|V|}$ は，$|V|$ 次元ベクトルのそれぞれの成分の状態空間が Ω である $|V|$ 次元直積集合により表される直積空間を表すものとする．

$$\Omega^N \equiv \left\{ (z_1, z_2, \cdots, z_{|V|}) \,\middle|\, (z_1 \in \Omega) \wedge (z_2 \in \Omega) \wedge \cdots \wedge (z_{|V|} \in \Omega) \right\}. \tag{1.3}$$

結合確率分布 $P(\boldsymbol{x})$ から**周辺確率分布 (marginal probabilities)** $P_i(x_i)$ および $P_{\{i,j\}}(x_i, x_j)$ を

$$P_i(x_i) \equiv \sum_{z_1 \in \Omega} \sum_{z_2 \in \Omega} \cdots \sum_{z_{|V|} \in \Omega} \delta_{x_i, z_i} P(z_1, z_2, \cdots, z_{|V|})$$
$$(x_i \in \Omega, i \in V), \tag{1.4}$$

$$P_{\{i,j\}}(x_i, x_j) \equiv \sum_{z_1 \in \Omega} \sum_{z_2 \in \Omega} \cdots \sum_{z_{|V|} \in \Omega} \delta_{x_i, z_i} \delta_{x_j, z_j} P(z_1, z_2, \cdots, z_{|V|})$$

---

[3] 一般に行列 $\boldsymbol{A}$ に対してその第 (i,j) 成分は，$A_{i,j}$ または $(\boldsymbol{A})_{i,j}$ により表される．ベクトルとしての記号 $\boldsymbol{v}$ は特に断らない限り縦ベクトルを表すものとし，その第 i 成分は v_i または $(\boldsymbol{v})_i$ により表すこととする．$\boldsymbol{A}^{\mathrm{T}}$ と $\boldsymbol{v}^{\mathrm{T}}$ は行列 $\boldsymbol{A}$ とベクトル $\boldsymbol{v}$ の転置を意味する．すなわち $(\boldsymbol{C}^{\mathrm{T}})_{i,j} = (\boldsymbol{C})_{j,i}$，$(\boldsymbol{v}^{\mathrm{T}})_i = (\boldsymbol{v})_i$ が成り立つ．

4　第 1 章　統計的機械学習の基礎

$$(x_i\in\Omega, x_j\in\Omega, i\in V, j\in V), \tag{1.5}$$

すなわち

$$P_i(x_i) \equiv \sum_{z_1\in\Omega}\sum_{z_2\in\Omega}\cdots\sum_{z_{i-1}\in\Omega}\sum_{z_{i+1}\in\Omega}\sum_{z_{i+1}\in\Omega} \\ \cdots\sum_{z_{|V|}\in\Omega} P(z_1, z_2, \cdots, z_i, x_i, z_{i+1}, z_{i+2}, \cdots, x_{|V|}), \tag{1.6}$$

$$P_{\{i,j\}}(x_i, x_j) \equiv \sum_{z_1\in\Omega}\sum_{z_2\in\Omega}\cdots\sum_{z_{i-1}\in\Omega}\sum_{z_{i+1}\in\Omega}\sum_{z_{i+2}\in\Omega}\cdots\sum_{z_{i-1}\in\Omega}\sum_{z_{i+1}\in\Omega}\sum_{z_{j+2}\in\Omega} \\ \cdots\sum_{z_{|V|}\in\Omega} P(z_1, z_2, \cdots, z_i, x_i, z_{i+1}, z_{i+2}, \cdots, z_{j-1}, x_j, z_{j+1}, z_{j+2}, \cdots, z_{|V|}) \tag{1.7}$$

として定義する. $\delta_{a,b}$ はクロネッカーのデルタである.

$$\delta_{a,b}\equiv\begin{cases} 1 & (a = b) \\ 0 & (a \neq b) \end{cases}. \tag{1.8}$$

式 (1.4)-(1.5) から式 (1.6)-(1.7) への書き換えは

$$f(a) = \sum_{b\in\Omega}\delta_{a,b}f(b) \quad (a\in\Omega) \tag{1.9}$$

を用いることで容易に示すことができる. 式 (1.4) および式 (1.5) は次のように簡略化される.

$$P_i(x_i) \equiv \sum_{\boldsymbol{z}\setminus z_i}P(\boldsymbol{z}) \quad (x_i\in\Omega, i\in V), \tag{1.10}$$

$$P_{\{i,j\}}(x_i, x_j) \equiv \sum_{\boldsymbol{z}\setminus\{z_i, z_j\}}P(\boldsymbol{z}) \quad (x_i\in\Omega, x_j\in\Omega, i\in V, j\in V). \tag{1.11}$$

式 (1.4) および式 (1.5) から, 周辺確率分布に対して以下の等式が導かれる.

$$P_i(x_i) = \sum_{z_j\in\Omega}P_{\{i,j\}}(x_i, z_j) \quad (x_i\in\Omega,\ i\in V,\ j\in V), \tag{1.12}$$

$$P_j(x_j) = \sum_{z_i \in \Omega} P_{\{i,j\}}(z_i, x_j) \quad (x_j \in \Omega, \ i \in V, \ j \in V). \tag{1.13}$$

$|V| = M+N$（M と N は自然数）として，確率ベクトル $(X_1, X_2, \cdots, X_M, X_{M+1},$ $X_{M+2}, \cdots, X_{M+N})$ を $(X_1, X_2, \cdots, X_M)$ と $(X_{M+1}, X_{M+2}, \cdots, X_{M+N})$ に分け，それに対応する状態ベクトル $(x_1, x_2, \cdots, x_M)$ および $(x_{M+1}, x_{M+2}, \cdots, x_{M+N})$ を導入する．この確率ベクトルに対する結合確率分布 $P(x_1, x_2, \cdots, x_M, x_{M+1}, x_{M+2},$ $\cdots, x_{M+N})$ に対して，事象 $(X_{M+1}, X_{M+2}, \cdots, X_{M+N}) = (x_{M+1}, x_{M+2}, \cdots, x_{M+N})$ が与えられた時の確率ベクトル $(X_1, X_2, \cdots, X_M)$ に対する条件付き確率分布 $P(x_1, x_2, \cdots, x_M | x_{M+1}, x_{M+2}, \cdots, x_{M+N})$ は，次のように定義される．

$$\begin{aligned} &P(x_1, x_2, \cdots, x_M | x_{M+1}, x_{M+2}, \cdots, x_{M+N}) \\ &\equiv \frac{P(x_1, x_2, \cdots, x_M, x_{M+1}, x_{M+2}, \cdots, x_{M+N})}{P_{\{M+1,M+2,\cdots,M+N\}}(x_{M+1}, x_{M+2}, \cdots, x_{M+N})}, \end{aligned} \tag{1.14}$$

$$\begin{aligned} &P_{\{M+1,M+2,\cdots,M+N\}}(x_{M+1}, x_{M+2}, \cdots, x_{M+N}) \\ &\equiv \sum_{z_1 \in \Omega} \sum_{z_2 \in \Omega} \cdots \sum_{z_M \in \Omega} P(z_1, z_2, \cdots, z_M, x_{M+1}, x_{M+2}, \cdots, x_{M+N}). \end{aligned} \tag{1.15}$$

事象 $(x_1, x_2, \cdots, x_M) = (x_1, x_2, \cdots, x_M)$ が与えられた時の確率ベクトル $(X_{M+1},$ $X_{M+2}, \cdots, X_{M+N})$ に対する条件付き確率分布 $P(x_{M+1}, x_{M+2}, \cdots, x_{M+N} | x_1,$ $x_2, \cdots, x_M)$ は，次のように定義される．

$$\begin{aligned} &P(x_{M+1}, x_{M+2}, \cdots, x_{M+N} | x_1, x_2, \cdots, x_M) \\ &\equiv \frac{P(x_1, x_2, \cdots, x_M, x_{M+1}, x_{M+2}, \cdots, x_{M+N})}{P_{\{M+1,M+2,\cdots,M+N\}}(x_{M+1}, x_{M+2}, \cdots, x_{M+N})}, \end{aligned} \tag{1.16}$$

$$\begin{aligned} &P_{\{M+1,M+2,\cdots,M+N\}}(x_{M+1}, x_{M+2}, \cdots, x_{M+N}) \\ &\equiv \sum_{z_1 \in \Omega} \sum_{z_2 \in \Omega} \cdots \sum_{z_M \in \Omega} P(z_1, z_2, \cdots, z_M, x_{M+1}, x_{M+2}, \cdots, x_{M+N}). \end{aligned} \tag{1.17}$$

式 (1.14) と式 (1.16) はそれぞれ以下のように書き換えられる．

$$\begin{aligned} &P(x_1, x_2, \cdots, x_M, x_{M+1}, x_{M+2}, \cdots, x_{M+N}) \\ &= P(x_1, x_2, \cdots, x_M | x_{M+1}, x_{M+2}, \cdots, x_{M+N}) \end{aligned}$$

$$\times P_{\{M+1,M+2,\cdots,M+N\}}(x_{M+1}, x_{M+2}, \cdots, x_{M+N}), \quad (1.18)$$

$$P(x_1, x_2, \cdots, x_M, x_{M+1}, x_{M+2}, \cdots, x_{M+N})$$
$$= P(x_{M+1}, x_{M+2}, \cdots, x_{M+N} | x_1, x_2, \cdots, x_M)$$
$$\times P_{\{1,2,\cdots,M\}}(x_1, x_2, \cdots, x_M). \quad (1.19)$$

式 (1.18) と式 (1.19) から

$$P(x_1, x_2, \cdots, x_M | x_{M+1}, x_{M+2}, \cdots, x_{M+N})$$
$$\times P_{\{M+1,M+2,\cdots,M+N\}}(x_{M+1}, x_{M+2}, \cdots, x_{M+N})$$
$$= P(x_{M+1}, x_{M+2}, \cdots, x_{M+N} | x_1, x_2, \cdots, x_M)$$
$$\times P_{\{1,2,\cdots,M\}}(x_1, x_2, \cdots, x_M) \quad (1.20)$$

という等式が得られ，これはすなわち

$$P(x_1, x_2, \cdots, x_M | x_{M+1}, x_{M+2}, \cdots, x_{M+N})$$
$$= \frac{P(x_{M+1}, x_{M+2}, \cdots, x_{M+N} | x_1, x_2, \cdots, x_M) P_{\{1,2,\cdots,M\}}(x_1, x_2, \cdots, x_M)}{P_{\{M+1,M+2,\cdots,M+N\}}(x_{M+1}, x_{M+2}, \cdots, x_{M+N})}$$
$$\quad (1.21)$$

という形のいわゆる離散状態空間における確率分布に対する**ベイズの公式 (Bayes formula)** に帰着される．式 (1.21) において状態ベクトル $(x_{M+1}, x_{M+2}, \cdots, x_{M+N})$ は**データベクトル (data vector)** であり，状態ベクトル $(x_1, x_2, \cdots, x_M)$ が未知であるため，**パラメータベクトル (parameter vector)** として位置付けられる．

いま，データ $(x_{M+1}, x_{M+2}, \cdots, x_{M+N})$ からパラメータ $(x_1, x_2, \cdots, x_M)$ を推定することを考える．$P(x_1, x_2, \cdots, x_M | x_{M+1}, x_{M+2}, \cdots, x_{M+N})$ は，データ $(x_{M+1}, x_{M+2}, \cdots, x_{M+N})$ が与えられたという状況でのパラメータ $(x_1, x_2, \cdots, x_M)$ に対する条件付き確率密度分布である．データが生成される過程では $(x_1, x_2, \cdots, x_M)$ がまず与えられていて，$P(x_{M+1}, x_{M+2}, \cdots, x_{M+N} | x_1, x_2, \cdots, x_M)$ に従ってデータ $(x_{M+1}, x_{M+2}, \cdots, x_{M+N})$ が生成されていたわけであるが，$P(x_1, x_2, \cdots, x_M | x_{M+1}, x_{M+2}, \cdots, x_{M+N})$ はこの生成過程とは逆の過程として

$(x_{M+1}, x_{M+2}, \cdots, x_{M+N})$ から $(x_1, x_2, \cdots, x_M)$ を推定する過程を考えているので，**事後確率分布 (posterior probability distribution)** と呼ばれる．また，$P_{\{1,2,\cdots,M\}}(x_1, x_2, \cdots, x_M)$ はデータが生成される以前にそもそもパラメータ $(x_1, x_2, \cdots, x_M)$ がどのような確率に従って生成されていたかを表すものなので，**事前確率分布 (prior probability distribution)** と呼ばれる．

1.2.2　連続状態空間における確率密度関数とベイズの公式

状態空間が任意の実数による空間 $(-\infty, +\infty)$ により与えられるものとする．確率ベクトル $\boldsymbol{X} = (X_1, X_2, \cdots, X_{|V|})$ が，その状態変数からなる状態ベクトルを $\boldsymbol{x} = (x_1, x_2, \cdots, x_{|V|})^{\mathrm{T}}$ として，結合確率密度関数 $P(\boldsymbol{x}) = P(x_1, x_2, \cdots, x_{|V|})$ に従うものものとする [4]．この結合確率密度関数に対して，確率変数 X_i と確率ベクトル (X_i, X_j) に対する周辺確率密度関数は

$$P_i(x_i) \equiv \int_{-\infty}^{+\infty} \int_{-\infty}^{+\infty} \cdots \int_{-\infty}^{+\infty} \delta(x_i - z_i) P(z_1, z_2, \cdots, z_{|V|}) dz_1 dz_2 \cdots dz_{|V|},$$

$$(1.22)$$

$$P_{\{i,j\}}(x_i, x_j) \equiv \int_{-\infty}^{+\infty} \int_{-\infty}^{+\infty} \cdots \int_{-\infty}^{+\infty} \delta(x_i - z_i) \delta(x_j - z_j)$$
$$\times P(z_1, z_2, \cdots, z_{|V|}) dz_1 dz_2 \cdots d_{|V|} \qquad (1.23)$$

により定義される．広義積分 $\int_{-\infty}^{+\infty} \cdots da$ は

$$\int_{-\infty}^{+\infty} \cdots da \equiv \lim_{r \to +\infty} \int_{-r}^{+r} \cdots da \qquad (1.24)$$

により定義するものとする．$\delta(a)$ はディラックのデルタ関数 (**Direc's delta function**) である．ディラックのデルタ関数の定義については様々の流儀がある．本書では定義についての説明は省略する．任意の実数値連続関数 $f(a)$ $(a \in (-\infty, +\infty))$ に対して

---

[4] 前項では $P(\boldsymbol{x})$ を結合確率分布として用いてきたが，状態ベクトル $\boldsymbol{x}$ が離散状態空間で定義されたものであれば結合確率分布，連続状態空間で定義されたものであれば結合確率密度関数として定義することとする．また，Ω, $z_i \in \Omega$ および $\sum_{z_i \in \Omega}$ などの記号は連続確率空間では自動的に $(-\infty, +\infty)$, $z_i \in (-\infty, +\infty)$, $\int_{-\infty}^{+\infty} \cdots dz_i$, にそれぞれ読み替えられるものとする．

8   第 1 章　統計的機械学習の基礎

$$\int_{-\infty}^{+\infty} \delta(a-b)f(b)db = f(a) \quad (a \in (-\infty, +\infty)) \tag{1.25}$$

という等式が成り立つことのみ理解してほしい.

式 (1.22) と式 (1.23) から，周辺確率密度関数の間に次の関係が成り立つことが確かめられる.

$$P_i(x_i) = \int_{-\infty}^{+\infty} P_{\{i,j\}}(x_i, z_j)dz_j \quad (x_i \in (-\infty, +\infty),\ i \in V,\ j \in V), \tag{1.26}$$

$$P_j(x_j) = \int_{-\infty}^{+\infty} P_{\{i,j\}}(z_i, x_j)dz_i \quad (x_j \in (-\infty, +\infty),\ i \in V,\ j \in V). \tag{1.27}$$

たとえば式 (1.26) は次のように導かれる.

$$\int_{-\infty}^{+\infty} P_{\{i,j\}}(x_i, z_j)dz_j$$
$$= \int_{-\infty}^{+\infty} \left(\int_{-\infty}^{+\infty} \int_{-\infty}^{+\infty} \cdots \int_{-\infty}^{+\infty} \delta(x_i - z_i)\delta(x_j - z_j)P(z_1, z_2, \cdots, z_{|V|})dz_1 dz_2 \cdots dz_{|V|} \right) dz_j$$
$$= \int_{-\infty}^{+\infty} \int_{-\infty}^{+\infty} \cdots \int_{-\infty}^{+\infty} \delta(x_i - z_i)\left(\int_{-\infty}^{+\infty} \delta(x_j - z_j)dz_j \right)P(z_1, z_2, \cdots, z_{|V|})dz_1 d_2 \cdots dz_{|V|}$$
$$= \int_{-\infty}^{+\infty} \int_{-\infty}^{+\infty} \cdots \int_{-\infty}^{+\infty} \delta(x_i - z_i)P(z_1, z_2, \cdots, z_{|V|})dz_1 dz_2 \cdots dz_{|V|} = P_i(x_i). \tag{1.28}$$

式 (1.27) も同様に導かれる.

離散確率変数の時と同様，確率ベクトル $(X_1, X_2, \cdots, X_{M+|V|})$ を $(X_1, X_2, \cdots, X_M)$ と $(X_{M+1}, X_{M+2}, \cdots, X_{M+N})$ に分け，それに対応する状態ベクトル $(x_1, x_2, \cdots, x_M)$ および $(x_{M+1}, x_{M+2}, \cdots, x_{M+N})$ を導入する．この確率ベクトルに対する結合確率密度関数 $P(x_1, x_2, \cdots, x_M, x_{M+1}, x_{M+2}, \cdots, x_{M+N})$ に対して，事象 $(X_{M+1}, X_{M+2}, \cdots, X_{M+N}) = (x_{M+1}, x_{M+2}, \cdots, x_{M+N})$ が与えられた時の確率ベクトル $(X_1, X_2, \cdots, X_M)$ に対する条件付き確率密度関数 $P(x_1, x_2, \cdots, x_M | x_{M+1}, x_{M+2}, \cdots, x_{M+N})$ は次のように定義される.

$$P(x_1, x_2, \cdots, x_M | x_{M+1}, x_{M+2}, \cdots, x_{M+N})$$
$$\equiv \frac{P(x_1, x_2, \cdots, x_M, x_{M+1}, x_{M+2}, \cdots, x_{M+N})}{P_{\{M+1, M+2, \cdots, M+N\}}(x_{M+1}, x_{M+2}, \cdots, x_{M+N})}, \tag{1.29}$$

$$P_{\{M+1,M+2,\cdots,M+N\}}(x_{M+1}, x_{M+2}, \cdots, x_{M+N})$$
$$\equiv \int_{-\infty}^{+\infty} \int_{-\infty}^{+\infty} \cdots \int_{-\infty}^{+\infty} P(z_1, z_2, \cdots, z_M, x_{M+1}, x_{M+2}, \cdots, x_{M+N}) dz_1 dz_2 \cdots dz_M.$$
$$(1.30)$$

同様に，条件付き確率密度関数 $P(x_{M+1}, x_{M+2}, \cdots, x_{M+N} | x_1, x_2, \cdots, x_M)$ は，次のように定義される．

$$P(x_{M+1}, x_{M+2}, \cdots, x_{M+N} | x_1, x_2, \cdots, x_M)$$
$$\equiv \frac{P(x_1, x_2, \cdots, x_M, x_{M+1}, x_{M+2}, \cdots, x_{M+N})}{P_{\{1,2,\cdots,M\}}(x_1, x_2, \cdots, x_M)}, \qquad (1.31)$$

$$P_{\{1,2,\cdots,M\}}(x_1, x_2, \cdots, x_M)$$
$$\equiv \int_{-\infty}^{+\infty} \int_{-\infty}^{+\infty}$$
$$\cdots \int_{-\infty}^{+\infty} P(x_1, x_2, \cdots, x_M, z_{M+1}, z_{M+2}, \cdots, z_{M+N}) dz_{M+1} dz_{M+2} \cdots dz_{M+N}.$$
$$(1.32)$$

式 (1.29) と式 (1.31) から

$$P(x_1, x_2, \cdots, x_M | x_{M+1}, x_{M+2}, \cdots, x_{M+N})$$
$$\times P_{\{M+1,M+2,\cdots,M+N\}}(x_{M+1}, x_{M+2}, \cdots, x_{M+N})$$
$$= P(x_{M+1}, x_{M+2}, \cdots, x_{M+N} | x_1, x_2, \cdots, x_M)$$
$$\times P_{\{1,2,\cdots,M\}}(x_1, x_2, \cdots, x_M) \qquad (1.33)$$

という等式が得られ，これはすなわち

$$P(x_1, x_2, \cdots, x_M | x_{M+1}, x_{M+2}, \cdots, x_{M+N})$$
$$= \frac{P(x_{M+1}, x_{M+2}, \cdots, x_{M+N} | x_1, x_2, \cdots, x_M) P_{1,2,\cdots,M}(x_1, x_2, \cdots, x_M)}{P_{\{M+1,M+2,\cdots,M+N\}}(x_{M+1}, x_{M+2}, \cdots, x_{M+N})}$$
$$(1.34)$$

という形の連続状態空間における確率密度関数に対する**ベイズの公式**に帰着される．

10   第 1 章 統計的機械学習の基礎

状態ベクトル $(x_{M+1}, x_{M+2}, \cdots, x_{M+N})$ がデータベクトルであり，状態ベクトル $(x_1, x_2, \cdots, x_M)$ がパラメータベクトルである．$P(x_1, x_2, \cdots, x_M | x_{M+1}, x_{M+2}, \cdots, x_{M+N})$ は，**事後確率密度関数 (posterior probability density function)** と呼ばれる．また，$P_{\{1,2,\cdots,M\}}(x_1, x_2, \cdots, x_M)$ は，**事前確率密度関数 (prior probability density function)** と呼ばれる．

1.2.3 最大事後確率推定と最大事後周辺確率推定

事後確率分布からパラメータベクトル $(x_1, x_2, \cdots, x_M)$ の推定値 $\big(\widehat{x}_1(x_{M+1}, x_{M+2}, \cdots, x_{M+N}), \widehat{x}_2(x_{M+1}, x_{M+2}, \cdots, x_{M+N}), \cdots, \widehat{x}_M(x_{M+1}, x_{M+2}, \cdots, x_{M+N})\big)$ を決める基準はいくつかあるが，その一つが**最大事後確率 (maximum a posteriori: MAP) 推定**である [1]．

$$
\begin{aligned}
&\big(\widehat{x}_1(x_{M+1}, x_{M+2}, \cdots, x_{M+N}), \widehat{x}_2(x_{M+1}, x_{M+2}, \cdots, x_{M+N}), \\
&\qquad\qquad\qquad \cdots, \widehat{x}_M(x_{M+1}, x_{M+2}, \cdots, x_{M+N})\big) \\
&\equiv \operatorname*{argmax}_{x_1 \in \Omega, x_2 \in \Omega, \cdots, x_M \in \Omega} P(x_1, x_2, \cdots, x_M | x_{M+1}, x_{M+2}, \cdots, x_{M+N}).
\end{aligned}
\tag{1.35}
$$

連続状態空間では，Ω は $(-\infty, +\infty)$ に，$P(x_1, x_2, \cdots, x_M | x_{M+1}, x_{M+2}, \cdots, x_{M+N})$ は事後確率密度関数にそれぞれ読み替えられる [5]．式 (1.35) は

$$
\begin{aligned}
&H(x_1, x_2, \cdots, x_M | x_{M+1}, x_{M+2}, \cdots, x_{M+N}) \\
&\quad \equiv -\ln\Big(P\big(x_1, x_2, \cdots, x_M \big| x_{M+1}, x_{M+2}, \cdots, x_{M+N}\big)\Big)
\end{aligned}
\tag{1.36}
$$

として，以下の**最適化問題 (optimization problem)** に置き換えられる．

$$
\begin{aligned}
&\big(\widehat{x}_1(x_{M+1}, x_{M+2}, \cdots, x_{M+N}), \widehat{x}_2(x_{M+1}, x_{M+2}, \cdots, x_{M+N}), \\
&\qquad\qquad\qquad \cdots, \widehat{x}_M(x_{M+1}, x_{M+2}, \cdots, x_{M+N})\big)
\end{aligned}
$$

---

[5] 慣れない読者のために確認をすると，arg というのは続く最適化問題の解を出すという意味である．一般に，関数 $f(a)$ に対して，$\operatorname{argmax}_a f(a)$ は関数 $f(a)$ が a のとりうる区間の中で最大値を与える a の値を出力とする記号として定義される．同様に，$\operatorname{argmin}_a f(a)$ は最小値を与える a の値が出力となる．

$$= \underset{x_1 \in \Omega, x_2 \in \Omega, \cdots, x_M \in \Omega}{\mathrm{argmin}} H(x_1, x_2, \cdots, x_M | x_{M+1}, x_{M+2}, \cdots, x_{M+N}).$$
$$(1.37)$$

これらは状態空間が連続空間の場合は連続最適化問題に帰着され，最急降下法，共役勾配法，ニュートン法をはじめとする多くの最適化手法が提案されている．これに対して，状態空間が離散空間の場合は離散最適化問題に帰着され，一部の問題はたとえば**最大流問題 (maximum flow problem)**，**最短路問題 (shortest path problem)** などの既存の問題に帰着することにより，最適解を多項式オーダーの計算時間の範囲で厳密に計算することが可能となる．しかしながらすべての問題設定が，厳密に最適解を得るアルゴリズムが確立されている問題に帰着できるわけではない．これに対して，問題設定にできるだけ依存しない汎用性のある計算法としてよく知られているものの一つに**シミュレーテッドアニーリング (simulated annealing)** がある [1]．詳細は省略するが，シミュレーテッドアニーリングでは物理的概念から派生した**熱ゆらぎ (thermal fluctuation)** と呼ばれる効果を仮想的に導入し，**局所最適解 (local optimal solution)** からの脱出を可能とする過程を取り込んだものである．これにより膨大な計算時間は要するものの，厳密な最適解に収束することが知られている．近年ではこの熱ゆらぎの代わりに**量子力学的ゆらぎ (quantum fluctuation)** を導入した**量子アニーリング (quantum annealing)** と呼ばれる方法も提案され，近年のD-Wave マシンに代表される量子コンピュータの登場とともに注目を浴びつつある [7,8]．

パラメータベクトル x の推定値を決定するもう一つの方法は，**最大事後周辺確率 (maximum posterior marginal: MPM)** 推定である [16]．

$$\widehat{x}_i(x_{M+1}, x_{M+2}, \cdots, x_{M+N}) \equiv \underset{x_i \in \Omega}{\mathrm{argmax}} P_i(x_i | x_{M+1}, x_{M+2}, \cdots, x_{M+N})$$
$$(i \in \{1, 2, \cdots, M\}). \quad (1.38)$$

この場合は，頂点ごとの周辺確率分布および周辺確率密度関数を計算する問題に帰着される．これを計算する方法としてまず考えられるのが，**マルコフ連鎖モンテカルロ法 (Markov chain Monte Carlo method)** である．そしてもう一つの方法が**確率伝搬法 (belief propagation)** である [5,6,9–11,17–19,21]．本

12   第 1 章　統計的機械学習の基礎

章では推定値を決める基準として最大周辺事後確率推定を採用し，これを実現する計算法として確率伝搬法による方法を説明することにする．

1.3　最尤推定

1.3.1　カルバック・ライブラー情報量

確率分布 $P(x_1, x_2, \cdots, x_{|V|})$ と $Q(x_1, x_2, \cdots, x_{|V|})$ に対して，**カルバック・ライブラー情報量 (Kulback-Leibler divergence: KL divergence)**

$$\mathrm{KL}[P||Q] \equiv \sum_{z_1 \in \Omega} \sum_{z_2 \in \Omega} \cdots \sum_{z_{|V|} \in \Omega} Q(z_1, z_2, \cdots, z_{|V|}) \ln \left(\frac{Q(z_1, z_2, \cdots, z_{|V|})}{P(z_1, z_2, \cdots, z_{|V|})} \right)$$

(1.39)

を導入する．$\mathrm{KL}[P||Q]$ は常に非負であり，$P(x_1, x_2, \cdots, x_{|V|}) = Q(x_1, x_2, \cdots, x_{|V|})$ $(\forall x_1 \in \Omega, \forall x_2 \in \Omega, \cdots, \forall x_{|V|} \in \Omega)$ の時，$\mathrm{KL}[P||Q] = 0$ が成り立つことが次のように確かめられる [6]．

$$
\begin{aligned}
\mathrm{KL}[P||Q] &= -\sum_{z_1 \in \Omega} \sum_{z_2 \in \Omega} \cdots \sum_{z_{|V|} \in \Omega} Q(z_1, z_2, \cdots, z_{|V|}) \ln \left(\frac{P(z_1, z_2, \cdots, z_{|V|})}{Q(z_1, z_2, \cdots, z_{|V|})} \right) \\
&\geq -\sum_{z_1 \in \Omega} \sum_{z_2 \in \Omega} \cdots \sum_{z_{|V|} \in \Omega} Q(z_1, z_2, \cdots, z_{|V|}) \left(\frac{P(z_1, z_2, \cdots, z_{|V|})}{Q(z_1, z_2, \cdots, z_{|V|})} - 1 \right) \\
&= -\sum_{z_1 \in \Omega} \sum_{z_2 \in \Omega} \cdots \sum_{z_{|V|} \in \Omega} P(z_1, z_2, \cdots, z_{|V|}) \\
&\quad + \sum_{z_1 \in \Omega} \sum_{z_2 \in \Omega} \cdots \sum_{z_{|V|} \in \Omega} Q(z_1, z_2, \cdots, z_{|V|}) = 0.
\end{aligned}
$$

(1.40)

例として以下の 2 つの確率分布を考える．

$$P(x_1, x_2) \equiv \frac{e^\alpha}{4\cosh(\alpha, p)} \exp\left(-\frac{1}{2}\alpha(x_1 - x_2)^2 \right)$$
$$(x_1 \in \{-1, 1\}, \ x_2 \in \{-1, 1\}),$$

(1.41)

---

[6] 任意の正の実数 x に対して $\ln(x) \leq x - 1$ が成り立ち，等号が $x = 1$ においてのみ成り立つという不等式を用いていることに注意する．

$$Q(x_1, x_2) \equiv \frac{4}{\cosh(\lambda_1)\cosh(\lambda_2)} \exp(\lambda_1 x_1)\exp(\lambda_1 x_2)$$
$$(x_1 \in \{-1, 1\},\ x_2 \in \{-1, 1\}). \tag{1.42}$$

この2つの確率分布のカルバック・ライブラー情報量 $\mathrm{KL}[P\|Q]$ は，以下のように計算される．

$$
\begin{aligned}
\mathrm{KL}[P\|Q] &= \sum_{z_1 \in \{-1,1\}}\sum_{z_2 \in \{-1,1\}} Q(x_1, x_2)\ln\left(\frac{Q(z_1, z_2)}{P(z_1, z_2)}\right) \\
&= \sum_{z_1 \in \{-1,1\}}\sum_{z_2 \in \{-1,1\}} \left(\frac{\exp(\lambda_1 z_1)}{2\cosh(\lambda_1)}\right)\left(\frac{\exp(\lambda_2 z_2)}{2\cosh(\lambda_2)}\right) \\
&\quad \times \left(\ln\left(\frac{1}{2\cosh(\lambda_1)}\right) + \ln\left(\frac{1}{2\cosh(\lambda_2)}\right) - \ln\left(\frac{e^\alpha}{4\cosh(\alpha)}\right) \right. \\
&\qquad\qquad \left. + \lambda_1 x_1 + \lambda_2 x_2 + \frac{1}{2}\alpha(z_1 - z_2)^2\right) \\
&= \ln\left(\frac{\cosh(\alpha)}{e^\alpha \cosh(\lambda_1)\cosh(\lambda_2)}\right) \\
&\quad + \lambda_1 \tanh(\lambda_1) + \lambda_2 \tanh(\lambda_2) - \alpha \tanh(\lambda_1)\tanh(\lambda_2). \tag{1.43}
\end{aligned}
$$

このカルバック・ライブラー情報量 $\mathrm{KL}[P\|Q]$ を最小にする λ_1 と λ_2 は，その λ_1 と λ_2 についての極値条件から

$$
\begin{cases}
\lambda_1 = \alpha\tanh(\lambda_2) \\
\lambda_2 = \alpha\tanh(\lambda_1)
\end{cases} \tag{1.44}
$$

として与えられる．すなわち $\mathrm{KL}[P\|Q]$ を最小にする $\widehat{Q}(x_1, x_2)$ は，次のように与えられることになる．

$$\underset{(\lambda_1, \lambda_2)}{\mathrm{argmin}}(\mathrm{KL}[P\|Q]) = (\widehat{\lambda}_1, \widehat{\lambda}_2), \tag{1.45}$$

$$\widehat{Q}(x_1, x_2) \equiv \frac{4}{\cosh(\lambda_1)\cosh(\lambda_2)} \exp\left(\widehat{\lambda}_1 x_1\right)\exp\left(\widehat{\lambda}_2 x_2\right)$$
$$(x_1 \in \{-1, 1\},\ x_2 \in \{-1, 1\}), \tag{1.46}$$

$$
\begin{cases}
\widehat{\lambda}_1 = \alpha\tanh\left(\widehat{\lambda}_2\right) \\
\widehat{\lambda}_2 = \alpha\tanh\left(\widehat{\lambda}_1\right)
\end{cases}. \tag{1.47}
$$

14   第 1 章 統計的機械学習の基礎

もう一つの例として，連続状態空間における 2 つの結合確率密度関数

$$P(x_1, x_2) \equiv \sqrt{\frac{\gamma(2\alpha + \gamma)}{(2\pi)^2}}\exp\Big(-\frac{1}{2}\alpha(x_1 - x_2)^2 - \frac{1}{2}\gamma x_1{}^2 - \frac{1}{2}\gamma x_2{}^2\Big)$$
$$(x_1 \in (-\infty, +\infty),\ x_2 \in (-\infty, +\infty), \alpha > 0,\ \gamma > 0), \quad (1.48)$$

$$Q(x_1, x_2) \equiv \sqrt{\frac{\lambda_1 \lambda_2}{(2\pi)^2}}\exp\Big(-\frac{1}{2}\lambda_1 x_1{}^2\Big)\exp\Big(-\frac{1}{2}\lambda_2 x_2{}^2\Big),$$
$$(x_1 \in (-\infty, +\infty),\ x_2 \in (-\infty, +\infty),\ \lambda_1 > 0,\ \lambda_2 > 0) \ (1.49)$$

に対するカルパックライブラー情報量 $\mathrm{KL}[P\|Q]$ を考える [7].

$$\begin{aligned}
\mathrm{KL}[P\|Q] &= \int_{-\infty}^{+\infty}\int_{-\infty}^{+\infty} Q(z_1, z_2)\ln\Big(\frac{Q(z_1, z_2)}{P(z_1, z_2)}\Big)dz_1 dz_2 \\
&= \sqrt{\frac{\lambda_1 \lambda_2}{(2\pi)^2}}\int_{-\infty}^{+\infty}\int_{-\infty}^{+\infty}\Big(\frac{1}{2}\ln\Big(\frac{\lambda_1 \lambda_2}{\gamma(2\alpha + \gamma)}\Big) \\
&\qquad -\frac{1}{2}(\lambda_1 - \alpha - \gamma)z_1{}^2 - \frac{1}{2}(\lambda_2 - \alpha - \gamma)z_2{}^2 - \alpha z_1 z_2\Big) \\
&\qquad \times\exp\Big(-\frac{1}{2}\lambda_1 z_1{}^2\Big)\exp\Big(-\frac{1}{2}\lambda_2 z_2{}^2\Big)dz_1 dz_2 \\
&= \sqrt{\frac{\lambda_1 \lambda_2}{(2\pi)^2}}\frac{1}{2}\ln\Big(\frac{\lambda_1 \lambda_2}{\gamma(2\alpha + \gamma)}\Big)\int_{-\infty}^{+\infty}\exp\Big(-\frac{1}{2}\lambda_1 z_1{}^2\Big)dz_1 \\
&\qquad \times\int_{-\infty}^{+\infty}\exp\Big(-\frac{1}{2}\lambda_2 z_2{}^2\Big)dz_2 \\
&\qquad -\frac{1}{2}(\lambda_1 - \alpha - \gamma)\sqrt{\frac{\lambda_1 \lambda_2}{(2\pi)^2}}\int_{-\infty}^{+\infty}z_1{}^2\exp\Big(-\frac{1}{2}\lambda_1 z_1{}^2\Big)dz_1 \\
&\qquad \times\int_{-\infty}^{+\infty}\exp\Big(-\frac{1}{2}\lambda_2 z_2{}^2\Big)dz_2
\end{aligned}$$

---

[7] $P(x_1, x_2)$ と $Q(x_1, x_2)$ の規格化条件は，後述のガウス積分の公式 (1.56) を用いることでその成立が確認できる．特に $P(x_1, x_2)$ の規格化条件は，exp の中の (x_1, x_2) の 2 次形式が行列の対角化を用いて

$$-\frac{1}{2}\alpha(x_1 - x_2)^2 - \frac{1}{2}\gamma x_1{}^2 - \frac{1}{2}\gamma x_2{}^2 = -\frac{1}{2}(x_1, x_2)\begin{pmatrix} \alpha + \gamma & -\alpha \\ -\alpha & \alpha + \gamma \end{pmatrix}\begin{pmatrix} x_1 \\ x_2 \end{pmatrix}$$
$$= -\frac{1}{4}(x_1, x_2)\begin{pmatrix} 1 & 1 \\ 1 & -1 \end{pmatrix}\begin{pmatrix} 2\alpha + \gamma & 0 \\ 0 & \gamma \end{pmatrix}\begin{pmatrix} 1 & 1 \\ 1 & -1 \end{pmatrix}\begin{pmatrix} x_1 \\ x_2 \end{pmatrix}$$

のように書き換えられることを確認した上で $\begin{pmatrix} \xi_1 \\ \xi_2 \end{pmatrix} = \begin{pmatrix} 1 & 1 \\ 1 & -1 \end{pmatrix}\begin{pmatrix} x_1 \\ x_2 \end{pmatrix}$ と置換積分を考え，ガウス積分の公式 (1.56) を用いることで確かめられる．

$$- \frac{1}{2}(\lambda_2 - \alpha - \gamma)\sqrt{\frac{\lambda_1\lambda_2}{(2\pi)^2}} \int_{-\infty}^{+\infty} \exp\left(-\frac{1}{2}\lambda_1 z_1{}^2\right) dz_1$$

$$\times \int_{-\infty}^{+\infty} z_2{}^2 \exp\left(-\frac{1}{2}\lambda_2 z_2{}^2\right) dz_2$$

$$- \alpha\sqrt{\frac{\lambda_1\lambda_2}{(2\pi)^2}} \int_{-\infty}^{+\infty} z_1 \exp\left(-\frac{1}{2}\lambda_1 z_1{}^2\right) dz_1$$

$$\times \int_{-\infty}^{+\infty} z_2 \exp\left(-\frac{1}{2}\lambda_2 z_2{}^2\right) dz_2. \tag{1.50}$$

ここで現れている積分計算について説明する．まず $\int_{-\infty}^{+\infty} \exp\left(-\frac{1}{2}\lambda_1 z_1{}^2\right) dz_1$ は，定義が

$$\int_{-\infty}^{+\infty} \exp\left(-\frac{1}{2}\lambda_1 z_1{}^2\right) dz_1 \equiv \lim_{r \to +\infty} \int_{-r}^{+r} \exp\left(-\frac{1}{2}\lambda_1 z_1{}^2\right) dz_1 \tag{1.51}$$

であることに注意する．その上で $\left(\int_{-\infty}^{+\infty} \exp\left(-\frac{1}{2}\lambda_1 z_1{}^2\right) dz_1\right)^2$ を以下のように考えることで導かれる．

$$\begin{aligned}
\left(\int_{-\infty}^{+\infty} \exp\left(-\frac{1}{2}\lambda_1 z_1{}^2\right) dz_1\right)^2 &= \lim_{r \to +\infty} \left(\int_{-r}^{+r} \exp\left(-\frac{1}{2}\lambda_1 z_1{}^2\right) dz_1\right)^2 \\
&= \lim_{r \to +\infty} \left(\int_{-r}^{+r} \exp\left(-\frac{1}{2}\lambda_1 \xi^2\right) d\xi\right) \\
&\qquad\qquad \times \left(\int_{-r}^{+r} \exp\left(-\frac{1}{2}\lambda_1 \eta^2\right) d\eta\right) \\
&= \lim_{r \to +\infty} \int_{-r}^{+r}\int_{-r}^{+r} \exp\left(-\frac{1}{2}\lambda_1\left(\xi^2 + \eta^2\right)\right) d\xi d\eta \\
&= \lim_{r \to +\infty} \int_{0}^{+r}\int_{0}^{2\pi} \rho\exp\left(-\frac{1}{2}\lambda_1\rho^2\right) d\rho d\theta \\
&= \lim_{r \to +\infty} 2\pi \int_{0}^{+r} \rho\exp\left(-\frac{1}{2}\lambda_1\rho^2\right) d\rho \\
&= -\frac{2\pi}{\lambda_1} \lim_{r \to +\infty} \left[\exp\left(-\frac{1}{2}\lambda_1\rho^2\right)\right]_0^r = \frac{2\pi}{\lambda_1}. \tag{1.52}
\end{aligned}$$

式 (1.52) の計算の過程では

$$\begin{cases} \xi = \rho\cos(\theta) \\ \eta = \rho\sin(\theta) \end{cases} \tag{1.53}$$

16   第 1 章　統計的機械学習の基礎

という変数変換を行い，その変数変換のヤコビアンが

$$
\det \begin{pmatrix} \frac{\partial \xi}{\partial \rho} & \frac{\partial \xi}{\partial \theta} \\ \frac{\partial \eta}{\partial \rho} & \frac{\partial \eta}{\partial \theta} \end{pmatrix} = \det \begin{pmatrix} \cos(\theta) & -\rho\sin(\theta) \\ \sin(\theta) & \rho\cos(\theta) \end{pmatrix} = \rho \tag{1.54}
$$

と与えられること，そして

$$
\frac{\partial}{\partial \rho} \exp\left(-\frac{1}{2}\lambda_1 \rho^2 \right) = -\rho\exp\left(-\frac{1}{2}\lambda_1 \rho^2 \right) \tag{1.55}
$$

であることを用いている．$\int_{-\infty}^{+\infty} \exp\left(-\frac{1}{2}\lambda_1 z_1{}^2 \right) dz_1$ は正であるから，式 (1.52) の両辺の平方根をとることで

$$
\int_{-\infty}^{+\infty} \exp\left(-\frac{1}{2}\lambda_1 z_1{}^2 \right) dz_1 = \sqrt{\frac{2\pi}{\lambda_1}} \tag{1.56}
$$

が導かれる．式 (1.56) はガウス積分の公式 (**Gauss integral formula**) と呼ばれる．

さらに

$$
\int_{-\infty}^{+\infty} z_1 \exp\left(-\frac{1}{2}\lambda_1 z_1{}^2 \right) dz_1 = \lim_{r \to +\infty} \int_{-r}^{+r} z_1 \exp\left(-\frac{1}{2}\lambda_1 z_1{}^2 \right) dz_1 = 0, \tag{1.57}
$$

$$
\int_{-\infty}^{+\infty} z_1 \exp\left(-\frac{1}{2}\lambda_1 z_1{}^2 \right) dz_1 = \lim_{r \to +\infty} \int_{-r}^{+r} z_1{}^2 \exp\left(-\frac{1}{2}\lambda_1 z_1{}^2 \right) dz_1 = \frac{1}{\lambda_1{}^2} \tag{1.58}
$$

についても導出を説明する．式 (1.57) は被積分関数が奇関数であることから自明である．式 (1.58) は式 (1.56) の両辺対数をとり，λ_1 で両辺を微分することによって

$$
\frac{\partial}{\partial \lambda_1} \ln\left(\int_{-\infty}^{+\infty} \exp\left(-\frac{1}{2}\lambda_1 z_1{}^2 \right) dz_1 \right) = \frac{\partial}{\partial \lambda_1} \ln\left(\sqrt{\frac{2\pi}{\lambda_1}} \right), \tag{1.59}
$$

$$
\frac{\int_{-\infty}^{+\infty} \left(-\frac{1}{2}z_1{}^2 \right) \exp\left(-\frac{1}{2}\lambda_1 z_1{}^2 \right) dz_1}{\int_{-\infty}^{+\infty} \exp\left(-\frac{1}{2}\lambda_1 z_1{}^2 \right) dz_1} = -\frac{1}{2} \times \frac{1}{\lambda_1} \tag{1.60}
$$

という計算から導かれる．式 (1.56) および式 (1.57)-(1.58) を式 (1.50) に代入することで，この場合のカルバック・ライブラー情報量 KL[$P\|Q$] の表式は次のように導かれる．

$$KL[P\|Q] = \frac{1}{2}\ln\left(\frac{\lambda_1\lambda_2}{\gamma(2\alpha+\gamma)}\right) - \frac{\lambda_1-\alpha-\gamma}{\lambda_1} - \frac{\lambda_2-\alpha-\gamma}{\lambda_2}. \quad (1.61)$$

1.3.2 経験分布と最尤推定

式 (1.41) で与えられた確率分布 $P(x_1, x_2)$ は，結合確率分布の関数系が実変数 α によって決められる形をしている．このような場合，確率分布 $P(x_1, x_2)$ は α で**パラメトライズ (prametlize)** されているという言い方をすることがある．データからパラメトライズされた確率分布を何らかの方法で決める操作を本書では「パラメトライズされた確率分布をデータから**学習 (learning) する**」ということにする[8]．この学習は，観測されたデータはそのパラメトライズされた確率分布に従って生成されているものと仮定する立場をとっており，その意味でその確率分布を観測されたデータの**生成モデル (generative model)** という．

式 (1.41) の場合，α でパラメトライズされていることを強調して次のように表される．

$$P(x_1, x_2|\alpha) \equiv \frac{e^\alpha}{4\cosh(\alpha)}\exp\left(-\frac{1}{2}\alpha(x_1-x_2)^2\right)$$
$$(x_1\in\{-1,1\},\ x_2\in\{-1,1\}). \quad (1.62)$$

ここで，$\{-1,+1\}^2$ の空間で生成された D 個のデータ点 $(x_1^{(d)}, x_2^{(d)})(d = 1, 2, \cdots, D)$（つまり $x_1^{(d)}$ と $x_2^{(d)}$ は常に ± 1 のいずれかの値のみをもつとするデータ点）が与えられたとして，このデータ点の集合を生成した結合確率分布にできるだけ近くなるように，上のパラメトライズされた結合確率分布 $P(x_1, x_2|\alpha)$ を学習することを考える．この場合，この D 個のデータ点 $(x_1^{(d)}, x_2^{(d)})(d = 1, 2, \cdots, D)$ を生成した確率分布は

$$P^*(x_1, x_2) \equiv \frac{1}{D}\sum_{d=1}^{D}\delta_{x_1^{(d)}, x_1}\delta_{x_2^{(d)}, x_2} \quad (1.63)$$

---

[8] 統計的機械学習理論の分野ではこの他にノンパラメトリックな確率分布の学習もあるが，本書では省略する．

18   第 1 章 統計的機械学習の基礎

と表される．このように，データからヒストグラムに基づいて構成された経験
的な確率分布を**経験分布 (empirical distribution)** という．

式 (1.62) のパラメトライズされた結合確率分布 $P(x_1, x_2|\alpha)$ は式 (1.63) の経
験分布 $P^*(x_1, x_2)$ とのカルバック・ライブラー情報量

$$\mathrm{KL}[P||P^*] \equiv \sum_{z_1 \in \{-1,+1\}} \sum_{z_2 \in \{-1,+1\}} P^*(z_1, z_2) \ln\left(\frac{P^*(z_1, z_2)}{P(z_1, z_2|\alpha)}\right) \quad (1.64)$$

を最小化するように α の値を決めることで学習されることになる．

$$\widehat{\alpha} = \mathop{\mathrm{argmin}}_{\alpha} \mathrm{KL}[P||P^*], \quad (1.65)$$

$$
\begin{aligned}
\mathrm{KL}[P||P^*] &= \sum_{z_1 \in \{-1,+1\}} \sum_{z_2 \in \{-1,+1\}} P^*(z_1, z_2) \ln\left(P^*(z_1, z_2)\right) \\
&\quad - \sum_{z_1 \in \{-1,+1\}} \sum_{z_2 \in \{-1,+1\}} P^*(z_1, z_1) \ln(P(z_1, z_2|\alpha)) \\
&= \sum_{z_1 \in \{-1,+1\}} \sum_{z_2 \in \{-1,+1\}} \left(\frac{1}{D} \sum_{d=1}^{D} \delta_{x_1^{(d)}, z_1} \delta_{x_2^{(d)}, z_2}\right) \ln\left(\delta_{x_1^{(d)}, z_1} \delta_{x_2^{(d)}, z_2}\right) \\
&\quad - \sum_{z_1 \in \{-1,+1\}} \sum_{z_2 \in \{-1,+1\}} \left(\frac{1}{D} \sum_{d=1}^{D} \delta_{x_1^{(d)}, z_1} \delta_{x_2^{(d)}, z_2}\right) \ln(P(z_1, z_2|\alpha)) \\
&= \sum_{z_1 \in \{-1,+1\}} \sum_{z_2 \in \{-1,+1\}} \left(\frac{1}{D} \sum_{d=1}^{D} \delta_{x_1^{(d)}, z_1} \delta_{x_2^{(d)}, z_2}\right) \ln\left(\frac{1}{D} \sum_{d=1}^{D} \delta_{x_1^{(d)}, z_1} \delta_{x_2^{(d)}, z_2}\right) \\
&\quad - \frac{1}{D} \sum_{d=1}^{D} \ln\left(P(x_1^{(d)}, x_2^{(d)}|\alpha)\right).
\end{aligned}
\quad (1.66)
$$

式 (1.66) で $\mathrm{KL}[P||P^*]$ の α に関する極値条件から $\widehat{\alpha}$ に対する決定方程式が次
のように導かれる．

$$\widehat{\alpha} = \mathrm{arctanh}\left(1 - \frac{1}{2D} \sum_{d=1}^{D} \left(x_1^{(d)} - x_2^{(d)}\right)^2\right). \quad (1.67)$$

以上の 2 次元状態変数 (x_1, x_2) に対して具体例で説明した話を $V \equiv \{1, 2, \cdots, |V|\}$
として，$|V|$ 次元状態ベクトル $\boldsymbol{x} = (x_1, x_2, \cdots, x_{|V|}) = (x_i | i \in V)$ に拡張した一般

論として説明しよう．ここでは簡単のために，状態ベクトルは離散空間に限定して説明する．K 個のパラメータ θ_i $(i = 1, 2, \cdots, K)$ で構成される K 次元パラメータベクトル $\boldsymbol{\theta} = (\theta_1, \theta_2, \cdots, \theta_K)$ によってパラメトライズされた $|V|$ 次元確率分布 $P(\boldsymbol{x}|\boldsymbol{\theta})$ を考える．そして D 個の $|V|$ 次元データベクトル $\boldsymbol{x}^{(1)}, \boldsymbol{x}^{(2)}, \cdots, \boldsymbol{x}^{(D)}$ が与えられているものとする．D 個のデータベクトルは状態ベクトル $\boldsymbol{x}$ と同じ状態空間で，未知ではあるが同じ確率分布から互いに独立に生成されているものとする．これらのデータベクトルから経験分布は

$$P^*(\boldsymbol{x}) \equiv \frac{1}{D} \sum_{d=1}^{D} \Big(\prod_{i \in V} \delta_{x_i^{(d)}, x_i} \Big) \tag{1.68}$$

により定義される．この経験確率分布 $P^*(\boldsymbol{x})$ とパラメトライズされた確率分布 $P(\boldsymbol{x}|\boldsymbol{\theta})$ の間のカルバック・ライブラー情報量

$$\mathrm{KL}[P||P^*] \equiv \sum_{\boldsymbol{x}} P^*(\boldsymbol{x}) \ln \left(\frac{P^*(\boldsymbol{x})}{P(\boldsymbol{x}|\boldsymbol{\theta})} \right) \tag{1.69}$$

を導入し，パラメータベクトル $\boldsymbol{\theta}$ の推定値 $\widehat{\boldsymbol{\theta}} = (\widehat{\theta}_1, \widehat{\theta}_2, \cdots, \widehat{\theta}_K)$ を $\mathrm{KL}[P||P^*]$ が最小になるように学習する．

$$\widehat{\boldsymbol{\theta}} = \underset{\boldsymbol{\theta}}{\mathrm{argmin}}\, \mathrm{KL}[P||P^*]. \tag{1.70}$$

$\mathrm{KL}[P||P^*]$ は，式 (1.68) を代入することで以下のように書き下される．

$$\mathrm{KL}[P||P^*] = \sum_{\boldsymbol{z}} \left(\frac{1}{D} \sum_{d=1}^{D} \Big(\prod_{i \in V} \delta_{x_i^{(d)}, z_i} \Big) \right) \ln \left(\frac{1}{D} \sum_{d=1}^{D} \Big(\prod_{i \in V} \delta_{x_i^{(d)}, z_i} \Big) \right)$$
$$- \frac{1}{D} \sum_{d=1}^{D} \ln \Big(P(\boldsymbol{x}^{(d)}|\boldsymbol{\theta}) \Big). \tag{1.71}$$

式 (1.71) の第 1 行には $\boldsymbol{\theta}$ は含まれないため，式 (1.70) は次の形に帰着される．

$$\widehat{\boldsymbol{\theta}} = \underset{\boldsymbol{\theta}}{\mathrm{argmax}} \prod_{d=1}^{D} P(\boldsymbol{x}^{(d)}|\boldsymbol{\theta}). \tag{1.72}$$

式 (1.70) は経験確率分布 $P^*(\boldsymbol{x})$ とパラメトライズされた確率分布 $P(\boldsymbol{x}|\boldsymbol{\theta})$ の

20　第 1 章　統計的機械学習の基礎

間のカルバック・ライブラー情報量の最小化であるのに対して，式 (1.71)–(1.72) は $\prod_{d=1}^{D} P(\boldsymbol{x}^{(d)}|\boldsymbol{\theta})$ をデータベクトルの集合 $\{\boldsymbol{x}^{(d)}|d=1,2,\cdots,D\}$ が与えられた時の $\boldsymbol{\theta}$ に関する尤もらしさを表す関数，すなわち**尤度 (likelihood)** と見なして，これを $\boldsymbol{\theta}$ について最大化するという**最尤推定**の枠組みに式 (1.70) が帰着されることを意味している．

1.3.3　不完全データと周辺尤度最大化

定義された状態変数のすべてに対して必ずしもデータ点が観測できるとは限らない場合の最尤推定について説明する．まず，状態ベクトル $\boldsymbol{x} = (x_1, x_2, \cdots, x_{|V|}) = (x_j|j \in V)$ を $(x_1, x_2, \cdots, x_n)$ と $(x_{n+1}, x_{n+2}, \cdots, x_{|V|})$ に分け，D 個の $(|V| - n)$ 次元ベクトルの集合 $\{(x_{n+1}^{(d)}, x_{n+2}^{(d)}, \cdots, x_{|V|}^{(d)})|d=1,2,\cdots,D\}$ がデータ集合として状態ベクトル $(x_{n+1}, x_{n+2}, \cdots, x_{|V|})$ に与えられているとする．そして n 次元状態ベクトル $(x_1, x_2, \cdots, x_n)$ にデータは与えられていない，つまり**欠損 (missing)** しているとする状態ベクトル $\boldsymbol{x} = (x_1, x_2, \cdots, x_{|V|}) = (x_j|j \in V)$ に対して，データベクトル $\{(x_{n+1}^{(d)}, x_{n+2}^{(d)}, \cdots, x_{|V|}^{(d)})|d=1,2,\cdots,D\}$ を，状態ベクトル $\boldsymbol{x}$ に対する**不完全データ (imcomplete data)** または**欠損データ (missing data)** という[9]．一方で 1.3.2 項のように状態ベクトル $\boldsymbol{x}$ のすべての成分に対してデータ点が観測可能であり，D 個のデータベクトル $(x_1^{(d)}, x_2^{(d)}, \cdots, x_{|V|}^{(d)})$ が完全に与えられる状況が実現されている時，このデータを状態ベクトル $\boldsymbol{x}$ に対する**完全データ (complete data)** という．そしてデータが観測されている状態ベクトル $(x_{n+1}, x_{n+2}, \cdots, x_{|V|})$ の各状態変数を**可視変数 (visible variable)** といい，データが欠損している状態ベクトル $(x_1, x_2, \cdots, x_n)$ の各状態変数を**潜在変数 (latent variable)** または**隠れ変数 (hidden variable)** と呼ぶ．この場合の経験確率分布 $P_{\{n+1,n+2,\cdots,|V|\}}^{*}(x_{n+1}, x_{n+2}, \cdots, x_{|V|})$ と $(|V| - n)$ 次元周辺確率 $P_{\{n+1,n+2,\cdots,|V|\}}(x_{n+1}, x_{n+2}, \cdots, x_{|V|}|\boldsymbol{\theta})$ を次のように導入する．

$$P_{\{n+1,n+2,\cdots,|V|\}}^{*}(x_{n+1}, x_{n+2}, \cdots, x_{|V|}) \equiv \frac{1}{D} \sum_{d=1}^{D} \left(\prod_{j=n+1}^{|V|} \delta_{x_j^{(d)}, x_j} \right), \qquad (1.73)$$

---

[9] さらに広い意味で，D 個のデータベクトルの集合の中のいくつかは特定の成分が観測できなかった場合，この観測できなかった成分を含むデータベクトルを不完全データまたは欠損データと呼ぶこともある．

$$P_{\{n+1,n+2,\cdots,|V|\}}(x_{n+1}, x_{n+2}, \cdots, x_{|V|}|\boldsymbol{\theta})$$
$$\equiv \sum_{z_1 \in \Omega}\sum_{z_2 \in \Omega}\cdots\sum_{z_n \in \Omega} P(z_1, z_2, \cdots, z_n, x_{n+1}, x_{n+2}, \cdots, x_{|V|}|\boldsymbol{\theta}). \quad (1.74)$$

$P_{\{n+1,n+2,\cdots,|V|\}}^*(x_{n+1}, x_{n+2}, \cdots, x_{|V|})$ と $P_{\{n+1,n+2,\cdots,|V|\}}(x_{n+1}, x_{n+2}, \cdots, x_{|V|}|\boldsymbol{\theta})$
の間のカルバック・ライブラー情報量

$$\mathrm{KL}[P_{\{n+1,n+2,\cdots,|V|\}}||P_{\{n+1,n+2,\cdots,|V|\}}^*]$$
$$\equiv \sum_{z_{n+1} \in \Omega}\sum_{z_{n+2} \in \Omega}\cdots\sum_{z_{|V|} \in \Omega} P_{\{n+1,n+2,\cdots,|V|\}}^*(z_{n+1}, z_{n+2}, \cdots, z_{|V|})$$
$$\times \ln\left(\frac{P_{\{n+1,n+2,\cdots,|V|\}}^*(x_{n+1}, x_{n+2}, \cdots, x_{|V|})}{P_{\{n+1,n+2,\cdots,|V|\}}(x_{n+1}, x_{n+2}, \cdots, x_{|V|}|\boldsymbol{\theta})}\right) \quad (1.75)$$

を考え，パラメータベクトル $\boldsymbol{\theta}$ の推定値 $\widehat{\boldsymbol{\theta}} = (\widehat{\theta}_1, \widehat{\theta}_2, \cdots, \widehat{\theta}_K)$ は，このカルバック・ライブラー情報量 $\mathrm{KL}[P_{\{n+1,n+2,\cdots,|V|\}}||P_{\{n+1,n+2,\cdots,|V|\}}^*]$ を最小化するように学習することとする．

$$\widehat{\boldsymbol{\theta}} = \underset{\boldsymbol{\theta}}{\mathrm{argmin}}\,\mathrm{KL}[P_{\{n+1,n+2,\cdots,|V|\}}||P_{\{n+1,n+2,\cdots,|V|\}}^*]. \quad (1.76)$$

式 (1.75) に式 (1.73) を代入することで，推定値 $\widehat{\boldsymbol{\theta}} = (\widehat{\theta}_1, \widehat{\theta}_2, \cdots, \widehat{\theta}_K)$ に対する決定方程式は

$$\widehat{\boldsymbol{\theta}} = \underset{\boldsymbol{\theta}}{\mathrm{argmax}}\prod_{d=1}^{D} P_{\{n+1,n+2,\cdots,|V|\}}(x_{n+1}^{(d)}, x_{n+2}^{(d)}, \cdots, x_{|V|}^{(d)}|\boldsymbol{\theta}) \quad (1.77)$$

の形に帰着される．式 (1.77) は

$$P(\{(x_{n+1}^{(d)}, x_{n+2}^{(d)}, \cdots, x_{|V|}^{(d)})|d = 1, 2, \cdots, D\}|\boldsymbol{\theta})$$
$$\equiv \prod_{d=1}^{D} P_{\{n+1,n+2,\cdots,|V|\}}(x_{n+1}^{(d)}, x_{n+2}^{(d)}, \cdots, x_{|V|}^{(d)}|\boldsymbol{\theta}) \quad (1.78)$$

をデータベクトルの集合 $\{(x_{n+1}^{(d)}, x_{n+2}^{(d)}, \cdots, x_{|V|}^{(d)})|d = 1, 2, \cdots, D\}$ が与えられた時の $\boldsymbol{\theta}$ に対する尤度と見なして，$\boldsymbol{\theta}$ に対して最大化する最尤推定の一つの枠組みと考えることができる．式 (1.78) の $P_{\{n+1,n+2,\cdots,|V|\}}(x_{n+1}, x_{n+2}, \cdots, x_{|V|}|\boldsymbol{\theta})$

は，$P(\boldsymbol{x}) = P(x_1, x_2, \cdots, x_{|V|})$ を $(x_1, x_2, \cdots, x_n)$ についての周辺化を通して導入されたものであり，その意味で $P(\{(x_{n+1}^{(d)}, x_{n+2}^{(d)}, \cdots, x_{|V|}^{(d)})|d = 1, 2, \cdots, D\}|\boldsymbol{\theta})$ は**周辺尤度 (marginal likelihood)** と呼ばれる．この場合，周辺化した隠れ状態ベクトル $(x_1, x_2, \cdots, x_n)$ がパラメータベクトルとして位置付けられ，もともとの定義に基づけば

$$P(\{(x_{n+1}^{(d)}, x_{n+2}^{(d)}, \cdots, x_{|V|}^{(d)})|d = 1, 2, \cdots, D\}|x_1, x_2, \cdots, x_n, \boldsymbol{\theta})$$
$$\equiv P_{\{n+1, n+2, \cdots, |V|\}}(x_{n+1}, x_{n+2}, \cdots, x_{|V|}|x_1, x_2, \cdots, x_n, \boldsymbol{\theta}) \quad (1.79)$$

が尤度となる．このため，状態ベクトルが可視状態ベクトルと潜在状態ベクトルに分けられる時，$\theta_k(k = 1, 2, \cdots, K)$ は**ハイパパラメータ (hyperparameter)** と呼ばれる．本書ではこの $\boldsymbol{\theta} = (\theta_1, \theta_2, \cdots, \theta_K)$ を**ハイパパラメータベクトル (hyperparameter vector)** と呼ぶこととする．

式 (1.40) の証明と同様にして，次の統計的不等式が成り立つことが確かめられる．

$$\sum_{\boldsymbol{z}} P_{\{n+1, n+2, \cdots, |V|\}}(z_{n+1}, z_{n+2}, \cdots, z_{|V|}|\boldsymbol{\theta}^*)$$
$$\times \ln\big(P_{\{n+1, n+2, \cdots, |V|\}}(z_{n+1}, z_{n+2}, \cdots, z_{|V|}|\boldsymbol{\theta})\big)$$
$$\leq \sum_{\boldsymbol{z}} P_{\{n+1, n+2, \cdots, |V|\}}(z_{n+1}, z_{n+2}, \cdots, z_{|V|}|\boldsymbol{\theta}^*)$$
$$\times \ln\big(P_{\{n+1, n+2, \cdots, |V|\}}(z_{n+1}, z_{n+2}, \cdots, z_{|V|}|\boldsymbol{\theta}^*)\big). \quad (1.80)$$

この不等式は，ハイパパラメータベクトル $\boldsymbol{\theta}$ の値が $\boldsymbol{\theta}^*$ に固定された確率分布 $P_{\{n+1, n+2, \cdots, |V|\}}(x_{n+1}, x_{n+2}, \cdots, x_{|V|}|\boldsymbol{\theta}^*)$ に従って（データ数 D が膨大であるという意味で）大規模なデータ集合 $\{(x_{n+1}^{(d)}, x_{n+2}^{(d)}, \cdots, x_{|V|}^{(d)})|d = 1, 2, \cdots, D\}$ がすべて生成されたとし，それを $\ln\big(P_{\{n+1, n+2, \cdots, |V|\}}(x_{n+1}, x_{n+2}, \cdots, x_{|V|}|\boldsymbol{\theta})\big)$ に代入して周辺尤度の $\boldsymbol{\theta}$-依存性を調べると，その値は $\boldsymbol{\theta} = \boldsymbol{\theta}^*$ の時に最大となることを意味している．

$$\lim_{D \to +\infty} \sum_{d=1}^{D} \ln\big(P_{\{n+1, n+2, \cdots, |V|\}}(x_{n+1}, x_{n+2}, \cdots, x_{|V|}|\boldsymbol{\theta})\big)$$

$$\leq \lim_{D \to +\infty} \sum_{d=1}^{D} \ln\big(P_{\{n+1,n+2,\cdots,|V|\}}(x_{n+1}, x_{n+2}, \cdots, x_{|V|}|\boldsymbol{\theta}^*)\big). \quad (1.81)$$

1.3.4 EM アルゴリズム

式 (1.77) の周辺尤度最大化を具体的に実現するアルゴリズムの一つとして，**期待値最大化 (EM)** アルゴリズムがある [2, 4, 6]．以後は EM アルゴリズムと略することにする．EM アルゴリズムにおいては，次の定義で $\mathcal{Q}\big(\boldsymbol{\theta}\big|\boldsymbol{\theta}', \{(x_{n+1}^{(d)}, x_{n+2}^{(d)}, \cdots, x_{|V|}^{(d)})|d = 1, 2, \cdots, D\}\big)$ を導入する．

$$\mathcal{Q}\big(\boldsymbol{\theta}\big|\boldsymbol{\theta}', \{(x_{n+1}^{(d)}, x_{n+2}^{(d)}, \cdots, x_{|V|}^{(d)})|d = 1, 2, \cdots, D\}\big)$$
$$\equiv \sum_{d=1}^{D} \sum_{z_1 \in \Omega} \sum_{z_2 \in \Omega} \cdots \sum_{z_n \in \Omega} P\big(z_1, z_2, \cdots, z_n \big| x_{n+1}^{(d)}, x_{n+2}^{(d)}, \cdots, x_{|V|}^{(d)}, \boldsymbol{\theta}'\big)$$
$$\times \ln P\big(z_1, z_2, \cdots, z_n, x_{n+1}^{(d)}, x_{n+2}^{(d)}, \cdots, x_{|V|}^{(d)}\big|\boldsymbol{\theta}\big), \quad (1.82)$$

$$P(x_1, x_2, \cdots, x_n | x_{n+1}, x_{n+2}, \cdots, x_{|V|}, \boldsymbol{\theta})$$
$$\equiv \frac{P(x_1, x_2, \cdots, x_n, x_{n+1}, x_{n+2}, \cdots, x_{|V|}|\boldsymbol{\theta})}{P_{\{n+1,n+2,\cdots,|V|\}}(x_{n+1}, x_{n+2}, \cdots, x_{|V|}|\boldsymbol{\theta})}. \quad (1.83)$$

$\mathcal{Q}\big(\boldsymbol{\theta}\big|\boldsymbol{\theta}', \{(x_{i+1}^{(d)}, x_{i+2}^{(d)}, \cdots, x_{|V|}^{(d)})|d = 1, 2, \cdots, D\}\big)$ は，EM アルゴリズムにおいては $\mathcal{Q}$ 関数 ($\mathcal{Q}$-function) と呼ばれる．EM アルゴリズムは，まず $\widehat{\boldsymbol{\theta}}$ に初期値を設定し，次の手順を $\widehat{\boldsymbol{\theta}}$ が収束するまで繰り返すというものである．

アルゴリズム 1.1 EM アルゴリズム

1. **E ステップ**: $\mathcal{Q}\big(\boldsymbol{\theta}\big|\widehat{\boldsymbol{\theta}}, \{(x_{n+1}^{(d)}, x_{n+2}^{(d)}, \cdots, x_{|V|}^{(d)})|d = 1, 2, \cdots, D\}\big)$ を計算する．
2. **M ステップ**: $\widehat{\boldsymbol{\theta}}$ を

$$\widehat{\boldsymbol{\theta}} \leftarrow \underset{\boldsymbol{\theta} \in (-\infty, +\infty)^K}{\mathrm{argmax}} \mathcal{Q}\big(\boldsymbol{\theta}\big|\widehat{\boldsymbol{\theta}}, \{(x_{n+1}^{(d)}, x_{n+2}^{(d)}, \cdots, x_{|V|}^{(d)})|d = 1, 2, \cdots, D\}\big)$$
$$(1.84)$$

によって更新する．

この手順によって，なぜ，周辺尤度の最大化が行われるかについて説明す

24　第 1 章　統計的機械学習の基礎

る．上記の M ステップの最大化のために $\ln\mathcal{Q}\left(\boldsymbol{\theta}\middle|\widehat{\boldsymbol{\theta}},\{(x_{n+1}^{(d)},x_{n+2}^{(d)},\cdots,x_{|V|}^{(d)})|d=1,2,\cdots,D\}\right)$ の $\boldsymbol{\theta}$ に関する極値条件を考える．

$$
\left[\frac{\partial}{\partial\theta_k}\ln\mathcal{Q}\left(\boldsymbol{\theta}\middle|\widehat{\boldsymbol{\theta}},\{(x_{n+1}^{(d)},x_{n+2}^{(d)},\cdots,x_{|V|}^{(d)})|d=1,2,\cdots,D\}\right)\right]_{\boldsymbol{\theta}=\widehat{\boldsymbol{\theta}}}=0
$$
$$
(k=1,2,\cdots,K). \tag{1.85}
$$

式 (1.82) と式 (1.83) を用いることで，式 (1.85) の右辺は次のように書き換えられる．

$$
\left[\frac{\partial}{\partial\theta_k}\ln\mathcal{Q}\left(\boldsymbol{\theta}\middle|\widehat{\boldsymbol{\theta}},\{(x_{n+1}^{(d)},x_{n+2}^{(d)},\cdots,x_{|V|}^{(d)})|d=1,2,\cdots,D\}\right)\right]_{\boldsymbol{\theta}=\widehat{\boldsymbol{\theta}}}
$$
$$
=\sum_{d=1}^{D}\left[\sum_{z_1\in\Omega}\sum_{z_2\in\Omega}\cdots\sum_{z_n\in\Omega}P\left(z_1,z_2,\cdots,z_n\middle|x_{n+1}^{(d)},x_{n+2}^{(d)},\cdots,x_{|V|}^{(d)},\widehat{\boldsymbol{\theta}}\right)\right.
$$
$$
\left.\times\frac{\frac{\partial}{\partial\theta_k}P\left(z_1,z_2,\cdots,z_n,x_{n+1}^{(d)},x_{n+2}^{(d)},\cdots,x_{|V|}^{(d)}\middle|\boldsymbol{\theta}\right)}{P\left(z_1,z_2,\cdots,z_n,x_{n+1}^{(d)},x_{n+2}^{(d)},\cdots,x_{|V|}^{(d)}\middle|\boldsymbol{\theta}\right)}\right]_{\boldsymbol{\theta}=\widehat{\boldsymbol{\theta}}}
$$
$$
=\sum_{d=1}^{D}\left[\sum_{z_1\in\Omega}\sum_{z_2\in\Omega}\cdots\sum_{z_n\in\Omega}\frac{P\left(z_1,z_2,\cdots,z_n,x_{n+1}^{(d)},x_{n+2}^{(d)},\cdots,x_{|V|}^{(d)}\middle|\widehat{\boldsymbol{\theta}}\right)}{P_{\{n+1,n+2,\cdots,|V|\}}\left(x_{n+1}^{(d)},x_{n+2}^{(d)},\cdots,x_{|V|}^{(d)}\middle|\widehat{\boldsymbol{\theta}}\right)}\right.
$$
$$
\left.\times\frac{\frac{\partial}{\partial\theta_k}P\left(z_1,z_2,\cdots,z_n,x_{n+1}^{(d)},x_{n+2}^{(d)},\cdots,x_{|V|}^{(d)}\middle|\boldsymbol{\theta}\right)}{P\left(z_1,z_2,\cdots,z_n,x_{n+1}^{(d)},x_{n+2}^{(d)},\cdots,x_{|V|}^{(d)}\middle|\boldsymbol{\theta}\right)}\right]_{\boldsymbol{\theta}=\widehat{\boldsymbol{\theta}}}
$$
$$
=\sum_{d=1}^{D}\left[\sum_{z_1\in\Omega}\sum_{z_2\in\Omega}\cdots\sum_{z_n\in\Omega}\frac{1}{P_{\{n+1,n+2,\cdots,|V|\}}\left(x_{n+1}^{(d)},x_{n+2}^{(d)},\cdots,x_{|V|}^{(d)}\middle|\widehat{\boldsymbol{\theta}}\right)}\right.
$$
$$
\left.\times\left[\frac{\partial}{\partial\theta_k}P\left(z_1,z_2,\cdots,z_n,x_{n+1}^{(d)},x_{n+2}^{(d)},\cdots,x_{|V|}^{(d)}\middle|\boldsymbol{\theta}\right)\right]\right]_{\boldsymbol{\theta}=\widehat{\boldsymbol{\theta}}}
$$
$$
=\sum_{d=1}^{D}\sum_{z_1\in\Omega}\sum_{z_2\in\Omega}\cdots\sum_{z_n\in\Omega}\left[\frac{\partial}{\partial\theta_k}\ln P\left(z_1,z_2,\cdots,z_n,x_{n+1}^{(d)},x_{n+2}^{(d)},\cdots,x_{|V|}^{(d)}\middle|\boldsymbol{\theta}\right)\right]_{\boldsymbol{\theta}=\widehat{\boldsymbol{\theta}}}
$$
$$
=\sum_{d=1}^{D}\left[\frac{\partial}{\partial\theta_k}\ln P\left(x_{n+1}^{(d)},x_{n+2}^{(d)},\cdots,x_{|V|}^{(d)}\middle|\boldsymbol{\theta}\right)\right]_{\boldsymbol{\theta}=\widehat{\boldsymbol{\theta}}}. \tag{1.86}
$$

式 (1.85) の $\mathcal{Q}$-関数の極値条件は

$$\left[\frac{\partial}{\partial \theta_k} \sum_{d=1}^{D} \ln P_{\{n+1,n+2,\cdots,|V|\}} \left(x_{n+1}^{(d)}, x_{n+2}^{(d)}, \cdots, x_{|V|}^{(d)} \middle| \boldsymbol{\theta} \right) \right]_{\boldsymbol{\theta}=\widehat{\boldsymbol{\theta}}} = 0$$

$$(k = 1, 2, \cdots, K), \tag{1.87}$$

すなわち

$$\left[\frac{\partial}{\partial \theta_k} \prod_{d=1}^{D} P_{\{n+1,n+2,\cdots,|V|\}} \left(x_{n+1}^{(d)}, x_{n+2}^{(d)}, \cdots, x_{|V|}^{(d)} \middle| \boldsymbol{\theta} \right) \right]_{\boldsymbol{\theta}=\widehat{\boldsymbol{\theta}}} = 0$$

$$(k = 1, 2, \cdots, K) \tag{1.88}$$

という形に帰着され,これは周辺尤度 $\prod_{d=1}^{D} P_{\{n+1,n+2,\cdots,|V|\}} \left(x_{n+1}^{(d)}, x_{n+2}^{(d)}, \cdots, x_{|V|}^{(d)} \middle| \boldsymbol{\theta} \right)$ の極値条件に等価であることがわかる.これにより,EM アルゴリズムが周辺尤度のハイパパラメータ $\boldsymbol{\theta}$ に関する極値条件を満たす解を探索するアルゴリズムになっていることがわかる.

1.4 確率的グラフィカルモデルと統計的機械学習理論

最後に確率的グラフィカルモデル [3,11,14,21] について触れておく.確率的グラフィカルモデルとは,確率分布の構造が**頂点 (node)** の集合とそのいくつかの頂点対を結ぶ**辺 (edge)** からなる,グラフ上で定義された確率分布により表現された確率モデルのことである.

1.4.1 確率的グラフィカルモデル

$|V|$ 個の頂点からなる集合 $V = \{1, 2, \cdots, |V|\}$ とし,その頂点対の中のいくつかの頂点対が辺で結ばれている時,すべての頂点対の集合を E として定義されているグラフ (V, E) を考える.頂点 i と j が辺で結ばれている時,この辺を $\{i, j\}$ という記号で表すことにする.各頂点 i には状態空間 Ω 上で定義された状態変数 x_i に対して定義された関数 $w_i(x_i)$ が割り当てられているものとする.また,E に属する各辺 $\{i, j\}$ には,状態変数 x_i と x_j に対して定義された関数 $w_{\{i,j\}}(x_i, x_j)$ が割り当てられている.状態ベクトル $\boldsymbol{x} = (x_1, x_2, \cdots, x_{|V|})$ に対する確率分布 $P(\boldsymbol{x}) = P(x_1, x_2, \cdots, x_{|V|})$ を考え,これが

26　第 1 章　統計的機械学習の基礎

$$P(\boldsymbol{x}) = \frac{\left(\prod_{i \in V} w_i(x_i)\right)\left(\prod_{\{i,j\} \in E} w_{\{i,j\}}(x_i, x_j)\right)}{\sum_{z_1 \in \Omega}\sum_{z_2 \in \Omega} \cdots \sum_{z_{|V|} \in \Omega}\left(\prod_{i \in V} w_i(z_i)\right)\left(\prod_{\{i,j\} \in E} w_{\{i,j\}}(z_i, z_j)\right)}$$

(1.89)

により定義されている時，この確率分布とグラフ (V, E) を対応付けて考えると頂点間の状態変数の依存関係を可視化することができる．この表現は離散状態空間のみならず連続状態空間の場合も可能となる．

このようなグラフ表現と対応付けることができる確率モデルを，総称して**確率的グラフィカルモデル (probabilistic graphical model)** と呼んでいる．各頂点 i の状態空間が連続区間 $(-\infty, +\infty)$ により与えられる場合は，確率密度関数 $P(\boldsymbol{x})$ が

$$P(\boldsymbol{x}) = \frac{\left(\prod_{i \in V} w_i(x_i)\right)\left(\prod_{\{i,j\} \in E} w_{\{i,j\}}(x_i, x_j)\right)}{\int_{-\infty}^{+\infty}\int_{-\infty}^{+\infty} \cdots \int_{-\infty}^{+\infty}\left(\prod_{i \in V} w_i(z_i)\right)\left(\prod_{\{i,j\} \in E} w_{\{i,j\}}(z_i, z_j)\right)dz_1 dz_2 \cdots dz_{|V|}}$$

(1.90)

により定義される場合も同様に連続状態変数に対する確率的グラフィカルモデルとして位置付けられる．確率的グラフィカルモデルは，**マルコフ確率場 (Markov random field)** [1, 13, 15–17] と呼ばれる確率場の一つである．マルコフ確率場とは，頂点 i の近傍頂点の集合 $\{j|\{i,j\} \in \partial i\}$ における状態変数の集合とすると

$$\boldsymbol{x}_{\partial i} \equiv \{x_j|\{i,j\} \in \partial i\}$$

(1.91)

に対して

$$P(x_i|\boldsymbol{x}_{V \setminus \{i\}}) = P(x_i|\boldsymbol{x}_{V \setminus (\{i\} \cup \partial i)}) \quad (i \in V, x_i \in \Omega)$$

(1.92)

が成り立つ状態変数を総称したものである．式 (1.89) の結合確率分布および式 (1.90) の結合確率密度関数はこの条件を満たしており，マルコフ確率場になっている．簡単な場合として，本項の後半の 1 次元鎖グラフの場合に対して

これを確認して見られると容易に理解できる.

D 個の $|V|$ 次元データベクトル $\boldsymbol{x}^{(d)} = \left(x_1^{(d)}, x_2^{(d)}, \cdots, x_1^{(d)}\right)^{\mathrm{T}}$ $(d = 1, 2, \cdots, D)$ に対する経験分布に近くなるようガウシアングラフィカルモデルの確率密度関数を学習するものとする.

$$\boldsymbol{\theta} \equiv \left(\left(w_i(x_i) \big| i \in V, x_i \in \Omega\right), \left(w_{\{i,j\}}(x_i, x_j) \big| \{i,j\} \in E\, x_i \in \Omega, x_j \in \Omega\right)\right) \quad (1.93)$$

という $|V||\Omega| + |E||\Omega|^2$ 次元ベクトルを導入した上で式 (1.99) の右辺を $P(\boldsymbol{x}) = P(\boldsymbol{x}|\boldsymbol{\theta})$ と表すと,この $\boldsymbol{\theta}$ がパラメータベクトルとなり,最尤推定の立場から以下の式に帰着される.

$$\begin{aligned}
\widehat{\boldsymbol{\theta}} &= \underset{\boldsymbol{\theta}}{\operatorname{argmax}}\left\{\sum_{d=1}^{D} \ln\left(P\left(\boldsymbol{x}^{(d)}\big|\boldsymbol{\theta}\right)\right)\right\} \\
&= \underset{\boldsymbol{\theta}}{\operatorname{argmin}}\Bigg\{\ln\left(\sum_{z_1 \in \Omega}\sum_{z_2 \in \Omega}\cdots\sum_{z_{|V|} \in \Omega}\left(\prod_{i \in V}w_i(z_i)\right)\left(\prod_{\{i,j\} \in E}w_{\{i,j\}}(z_i, z_j)\right)\right) \\
&\quad - \frac{1}{D}\sum_{d=1}^{D}\sum_{i \in V}\ln\left(w_i\left(x_i^{(d)}\right)\right) - \frac{1}{D}\sum_{d=1}^{D}\sum_{\{i,j\} \in E}\ln\left(w_{\{i,j\}}\left(x_i^{(d)}, x_j^{(d)}\right)\right)\Bigg\}.
\end{aligned}$$
$$(1.94)$$

パラメータベクトル $\boldsymbol{\theta}$ に対する極値条件を考えることにより,下記の方程式に帰着する.

$$P_i(x_i) = \frac{1}{D}\sum_{d=1}^{D}\delta_{x_i, x_i^{(d)}}, \quad (1.95)$$

$$P_{\{i,j\}}(x_i, x_j) = \frac{1}{D}\sum_{d=1}^{D}\left(\delta_{x_i, x_i^{(d)}}\delta_{x_j, x_j^{(d)}}\right) \quad (1.96)$$

$P(\boldsymbol{x}) = P(\boldsymbol{x}|\boldsymbol{\theta})$ が確率密度関数の場合には,クロネッカーのデルタがディラックのデルタに置き換えられるだけである.

式 (1.90) の確率密度関数において $w_i(x_i)$ と $w_{\{i,j\}}(x_i, x_j)$ の対数 $\ln w_i(x_i)$ および $\ln(w_{\{i,j\}}(x_i, x_j))$ が $\boldsymbol{x}$ の 2 次形式

$$\ln(w_i(x_i)) \equiv -\frac{1}{2}A_{\{i,i\}}x_i^{\,2} \quad (i \in V) \quad (1.97)$$

28　第 1 章　統計的機械学習の基礎

$$\ln\big(w_{\{i,j\}}(x_i, x_j)\big) \equiv -\frac{1}{2} A_{\{i,j\}} x_i x_j \quad (\{i,j\} \in E) \tag{1.98}$$

によって与えられる時 [10],

$$P(\boldsymbol{x}) = \frac{\exp\left(-\frac{1}{2}(\boldsymbol{x} - \boldsymbol{m})^{\mathrm{T}} \boldsymbol{A}(\boldsymbol{x} - \boldsymbol{m})\right)}{\displaystyle\int_{-\infty}^{+\infty} \int_{-\infty}^{+\infty} \cdots \int_{-\infty}^{+\infty} \exp\left(-\frac{1}{2}(\boldsymbol{z} - \boldsymbol{m})^{\mathrm{T}} \boldsymbol{A}(\boldsymbol{z} - \boldsymbol{m})^{\mathrm{T}}\right) dz_1 dz_2 \cdots dz_{|V|}} \tag{1.99}$$

$$\boldsymbol{m} \equiv \begin{pmatrix} m_1 \\ m_2 \\ \vdots \\ m_{|V|} \end{pmatrix}, \ \boldsymbol{A} \equiv \begin{pmatrix} A_{\{1,1\}} & A_{\{1,2\}} & \cdots & A_{\{1,|V|\}} \\ A_{\{1,2\}} & A_{\{2,2\}} & \cdots & A_{\{2,|V|\}} \\ \vdots & \vdots & \ddots & \vdots \\ A_{\{1,|V|\}} & A_{\{2,|V|\}} & \cdots & A_{\{|V|,|V|\}} \end{pmatrix} \tag{1.100}$$

と書き換えられ，これを**ガウシアングラフィカルモデル (Gaussian graphical model)** または**ガウス・マルコフ確率場 (Gaussian Markov random field)** という [13,16,17,20]．ここで，$\partial i \equiv \{\{i,j\}|\{i,j\} \in E\}$ は辺により結ばれたすべての頂点対の集合であり，$\{i,j\}$ が E の要素でない時は $A_{\{i,j\}}$ はゼロとなる．

$$A_{\{i,j\}} = 0 \quad (\{i,j\} \notin E). \tag{1.101}$$

ガウシアングラフィカルモデルはこの場合，$|V|$ 次元ガウス分布の形をとり，行列 $\boldsymbol{A}$ は実対称行列である．その固有値がすべて正値をとる正定値実対称行列である時，

$$\int_{-\infty}^{+\infty} \int_{-\infty}^{+\infty} \cdots \int_{-\infty}^{+\infty} \exp\left(-\frac{1}{2}(\boldsymbol{z} - \boldsymbol{m})^{\mathrm{T}} \boldsymbol{A}(\boldsymbol{z} - \boldsymbol{m})\right) dz_1 dz_2 \cdots dz_{|V|} = \sqrt{\frac{(2\pi)^{|V|}}{\det(\boldsymbol{A})}} \tag{1.102}$$

が成り立ち，平均ベクトルは $\boldsymbol{m}$ となり，共分散行列は $\boldsymbol{A}^{-1}$ により与えられることが知られている．

---

[10] $\{i,j\} = \{j,i\}$ が成り立つので $A_{\{i,j\}} = A_{\{j,i\}}$ $(\{i,j\} \in E)$ が自動的に成り立っているものとする．

$$\int_{-\infty}^{+\infty}\int_{-\infty}^{+\infty}\cdots\int_{-\infty}^{+\infty} \boldsymbol{z}P(\boldsymbol{z})dz_1 dz_2\cdots dz_{|V|} = \boldsymbol{m} \quad (i\in V), \tag{1.103}$$

$$\int_{-\infty}^{+\infty}\int_{-\infty}^{+\infty}\cdots\int_{-\infty}^{+\infty} (\boldsymbol{z}-\boldsymbol{m})^{\mathrm{T}}(\boldsymbol{z}-\boldsymbol{m})P(\boldsymbol{z})dz_1 dz_2\cdots dz_{|V|} = \boldsymbol{A}^{-1}. \tag{1.104}$$

行列 $\boldsymbol{A}$ の逆行列が共分散行列になることから, 行列 $\boldsymbol{A}$ をガウシアングラフィカルモデルの**逆共分散行列 (inverse covariant matrix)** と呼ぶことがある. この結果は $|V|$ 重積分の計算が高々 $|V|$ 行 $|V|$ 列の行列の逆行列の計算に帰着されることを意味していることに注意されたい. 行列 $\boldsymbol{A}$ は実対称行列であり, $\boldsymbol{U}^{\mathrm{T}}\boldsymbol{A}\boldsymbol{U}$ を対角行列とする直交行列（すなわち $\boldsymbol{U}^{\mathrm{T}}\boldsymbol{U}=\boldsymbol{U}\boldsymbol{U}^{\mathrm{T}}=\boldsymbol{I}$ を満足する行列）$\boldsymbol{U}$ が存在する. しかも $\boldsymbol{U}$ は実行列に選ぶことができる. そこでこの対角行列を $\boldsymbol{\Lambda}$ とする.

$$\boldsymbol{\Lambda} \equiv \boldsymbol{U}^{\mathrm{T}}\boldsymbol{A}\boldsymbol{U}. \tag{1.105}$$

$\boldsymbol{\Lambda}$ の対角成分は行列 $\boldsymbol{A}$ の固有値である. 詳細は省略するが, このこととガウス積分の公式 (1.56) を用いると式 (1.102) が導かれる. この計算手順は後で述べる式 (2.25) から式 (2.35) を導出する計算過程と基本的に同じである. 式 (1.103) は, $(\boldsymbol{x}-\boldsymbol{m})P(\boldsymbol{x})$ が $\boldsymbol{x}$ の奇関数であることから導かれる. 式 (1.104) は式 (1.102) の両辺の対数をとった上で行列 $\boldsymbol{A}$ の第 (i,j) 成分 $A_{\{i,j\}}=\langle i|\boldsymbol{A}|j\rangle=\langle j|\boldsymbol{A}|i\rangle$ による微分を考え, $\boldsymbol{A}$ が対称行列であることを意識して行った偏微分 $\frac{\partial}{\partial A_{\{i,j\}}}\ln(\det\boldsymbol{A})=(2-\delta_{i,j})\langle i|\boldsymbol{A}^{-1}|j\rangle$ という等式を用いることで導かれる.

式 (1.99) の確率密度関数の周辺確率密度関数 $P_{\{i,j\}}(x_i,x_j)$ が平均ベクトル (m_i,m_j), 共分散行列 $\begin{pmatrix}\langle i|\boldsymbol{A}^{-1}|i\rangle & \langle i|\boldsymbol{A}^{-1}|j\rangle \\ \langle j|\boldsymbol{A}^{-1}|i\rangle & \langle j|\boldsymbol{A}^{-1}|j\rangle\end{pmatrix}$ をもつ 2 次元ガウス分布によって与えられることは直感的には容易に理解できるが, このことを具体的に導いてみることにする [11]. 式変形が煩雑になるが, 多少なりとも簡単になるように周辺確率密度関数 $P_{\{1,2\}}(x_1,x_2)$ の場合に導くことにする. 周辺確率密度関数 $P_{\{i,j\}}(x_i,x_j)$ の導出への拡張は容易なのでここでは省略する.

まず, 状態ベクトル $\boldsymbol{x}$ と平均ベクトル $\boldsymbol{m}$, および $\{1,2\}$ に関係する成分と関

---

[11] 以下の導出は, 参考文献 [6] の 4.3.4 項のガウシアングラフィカルモデルの条件付き確率密度関数を導出する際の式変形を参考にして書かれたものである.

30　第 1 章　統計的機械学習の基礎

係しない成分に分けて表現する.

$$
\boldsymbol{x} = \begin{pmatrix} \boldsymbol{x}_{\{1,2\}} \\ \boldsymbol{x}_{V \setminus \{1,2\}} \end{pmatrix}, \ \boldsymbol{x}_{\{1,2\}} \equiv \begin{pmatrix} x_1 \\ x_2 \end{pmatrix}, \ \boldsymbol{x}_{V \setminus \{1,2\}} \equiv \begin{pmatrix} x_3 \\ x_4 \\ \vdots \\ x_{|V|} \end{pmatrix}, \tag{1.106}
$$

$$
\boldsymbol{m} = \begin{pmatrix} \boldsymbol{m}_{\{1,2\}} \\ \boldsymbol{m}_{V \setminus \{1,2\}} \end{pmatrix}, \ \boldsymbol{m}_{\{1,2\}} \equiv \begin{pmatrix} m_1 \\ m_2 \end{pmatrix}, \ \boldsymbol{m}_{V \setminus \{1,2\}} \equiv \begin{pmatrix} m_3 \\ m_4 \\ \vdots \\ m_{|V|} \end{pmatrix}. \tag{1.107}
$$

これに合わせて行列 $\boldsymbol{A}$ を 4 つのブロックに分けて表現する.

$$
\boldsymbol{A} = \begin{pmatrix} \boldsymbol{A}_{\{1,2\} \times \{1,2\}} & \boldsymbol{A}_{\{1,2\} \times (V \setminus \{1,2\})} \\ \boldsymbol{A}_{\{1,2\} \times (V \setminus \{1,2\})}^{\mathrm{T}} & \boldsymbol{A}_{(V \setminus \{1,2\}) \times (V \setminus \{1,2\})} \end{pmatrix}, \tag{1.108}
$$

$$
\boldsymbol{A}_{\{1,2\} \times \{1,2\}} \equiv \begin{pmatrix} A_{\{1,1\}} & A_{\{1,2\}} \\ A_{\{1,2\}} & A_{\{2,2\}} \end{pmatrix}, \tag{1.109}
$$

$$
\boldsymbol{A}_{\{1,2\} \times (V \setminus \{1,2\})} \equiv \begin{pmatrix} A_{\{1,3\}} & A_{\{1,4\}} & \cdots & A_{\{1,|V|\}} \\ A_{\{2,3\}} & A_{\{2,4\}} & \cdots & A_{\{2,|V|\}} \end{pmatrix}, \tag{1.110}
$$

$$
\boldsymbol{A}_{(V \setminus \{1,2\}) \times (V \setminus \{1,2\})} \equiv \begin{pmatrix} A_{\{3,3\}} & A_{\{3,4\}} & \cdots & A_{\{3,|V|\}} \\ A_{\{3,4\}} & A_{\{4,4\}} & \cdots & A_{\{4,|V|\}} \\ \vdots & \vdots & \ddots & \vdots \\ A_{\{3,|V|\}} & A_{\{4,|V|\}} & \cdots & A_{\{|V|,|V|\}} \end{pmatrix}. \tag{1.111}
$$

式 (1.99) の右辺の exp の中の $\boldsymbol{x}$ の 2 次形式は,これらの表現を用いて次のように i 状態ベクトル $\boldsymbol{x}_{V \setminus \{1,2\}} (x_3, x_4, \cdots, x_{|V|})^{\mathrm{T}}$ についての平方完成の形に書き換えられる.

$$
\frac{1}{2}(\boldsymbol{x} - \boldsymbol{m})^{\mathrm{T}} \boldsymbol{A} (\boldsymbol{x} - \boldsymbol{m})
$$
$$
= \frac{1}{2} \big(\boldsymbol{x}_{\{1,2\}} - \boldsymbol{m}_{\{1,2\}} \big)^{\mathrm{T}}
$$

$$
\times \Big(\boldsymbol{A}_{\{1,2\}\times\{1,2\}} + \boldsymbol{A}_{\{1,2\}\times(V\setminus\{1,2\})} \boldsymbol{A}^{-1}_{(V\setminus\{1,2\})\times(V\setminus\{1,2\})} \boldsymbol{A}^{\mathrm{T}}_{\{1,2\}\times(V\setminus\{1,2\})} \Big)
$$

$$
\times \big(\boldsymbol{x}_{\{1,2\}} - \boldsymbol{m}_{\{1,2\}} \big)
$$

$$
+ \frac{1}{2} \Big(\boldsymbol{x}_{V\setminus\{1,2\}} - \boldsymbol{m}_{V\setminus\{1,2\}}
$$

$$
- \boldsymbol{A}^{-1}_{(V\setminus\{1,2\})\times(V\setminus\{1,2\})} \boldsymbol{A}^{\mathrm{T}}_{\{1,2\}\times(V\setminus\{1,2\})} \big(\boldsymbol{x}_{\{1,2\}} - \boldsymbol{m}_{\{1,2\}} \big) \Big)^{\mathrm{T}}
$$

$$
\times \boldsymbol{A}_{(V\setminus\{1,2\})\times(V\setminus\{1,2\})}
$$

$$
\times \Big(\boldsymbol{x}_{V\setminus\{1,2\}} - \boldsymbol{m}_{V\setminus\{1,2\}}
$$

$$
- \boldsymbol{A}^{-1}_{(V\setminus\{1,2\})\times(V\setminus\{1,2\})} \boldsymbol{A}^{\mathrm{T}}_{\{1,2\}\times(V\setminus\{1,2\})} \big(\boldsymbol{x}_{\{1,2\}} - \boldsymbol{m}_{\{1,2\}} \big) \Big).
$$

$$
\tag{1.112}
$$

式 (1.99) の分子を状態ベクトル $\boldsymbol{x}_{V\setminus\{1,2\}} = \big(x_3, x_4, \cdots, x_{|V|} \big)^{\mathrm{T}}$ に関する積分が

$$
\int_{-\infty}^{+\infty} \int_{-\infty}^{+\infty}
$$

$$
\cdots \int_{-\infty}^{+\infty} \delta(z_1 - x_1) \delta(z_2 - x_2) \exp\Big(-\frac{1}{2}(\boldsymbol{z} - \boldsymbol{m})^{\mathrm{T}} \boldsymbol{A} (\boldsymbol{z} - \boldsymbol{m})^{\mathrm{T}} \Big) dz_1 dz_2 \cdots dz_{|V|}
$$

$$
= \sqrt{\frac{(2\pi)^{|V|-2}}{\det \boldsymbol{A}_{(V\setminus\{1,2\})\times(V\setminus\{1,2\})}}} \exp\Big(-\frac{1}{2} \big(\boldsymbol{x}_{\{1,2\}} - \boldsymbol{m}_{\{1,2\}} \big)^{\mathrm{T}}
$$

$$
\times \Big(\boldsymbol{A}_{\{1,2\}\times\{1,2\}} + \boldsymbol{A}_{\{1,2\}\times(V\setminus\{1,2\})} \boldsymbol{A}^{-1}_{(V\setminus\{1,2\})\times(V\setminus\{1,2\})} \boldsymbol{A}^{\mathrm{T}}_{\{1,2\}\times(V\setminus\{1,2\})} \Big)
$$

$$
\times \big(\boldsymbol{x}_{\{1,2\}} - \boldsymbol{m}_{\{1,2\}} \big) \Big)
$$

$$
\tag{1.113}
$$

という形に計算され, 周辺確率密度関数 $P_{\{1,2\}}(x_1, x_2)$ は以下のように導かれる.

$$
P_{\{1,2\}}(x_1, x_2)
$$

$$
= \sqrt{\frac{\det \Big(\boldsymbol{A}_{\{1,2\}\times\{1,2\}} + \boldsymbol{A}_{\{1,2\}\times(V\setminus\{1,2\})} \boldsymbol{A}^{-1}_{(V\setminus\{1,2\})\times(V\setminus\{1,2\})} \boldsymbol{A}^{\mathrm{T}}_{\{1,2\}\times(V\setminus\{1,2\})} \Big)}{(2\pi)^2}}
$$

$$
\times \exp\Big(-\frac{1}{2} \big(\boldsymbol{x}_{\{1,2\}} - \boldsymbol{m}_{\{1,2\}} \big)^{\mathrm{T}}
$$

$$
\times \Big(\boldsymbol{A}_{\{1,2\}\times\{1,2\}} + \boldsymbol{A}_{\{1,2\}\times(V\setminus\{1,2\})} \boldsymbol{A}^{-1}_{(V\setminus\{1,2\})\times(V\setminus\{1,2\})} \boldsymbol{A}^{\mathrm{T}}_{\{1,2\}\times(V\setminus\{1,2\})} \Big)
$$

$$
\times \big(\boldsymbol{x}_{\{1,2\}} - \boldsymbol{m}_{\{1,2\}} \big) \Big).
$$

$$
\tag{1.114}
$$

32   第 1 章　統計的機械学習の基礎

ここで行列 $\boldsymbol{A}$ を式 (1.108) から出発して次のように書き換える.

$$
\boldsymbol{A} = \begin{pmatrix} \boldsymbol{I} & \boldsymbol{A}_{\{1,2\}\times(V\setminus\{1,2\})}\boldsymbol{A}^{-1}_{(V\setminus\{1,2\})\times(V\setminus\{1,2\})} \\ \boldsymbol{0} & \boldsymbol{I} \end{pmatrix}
$$
$$
\times \begin{pmatrix} \boldsymbol{A}_{\{1,2\}\times\{1,2\}} - \boldsymbol{A}_{\{1,2\}\times(V\setminus\{1,2\})}\boldsymbol{A}^{-1}_{(V\setminus\{1,2\})\times(V\setminus\{1,2\})}\boldsymbol{A}^{\mathrm{T}}_{\{1,2\}\times(V\setminus\{1,2\})} & \boldsymbol{0} \\ \boldsymbol{0} & \boldsymbol{A}_{(V\setminus\{1,2\})\times(V\setminus\{1,2\})} \end{pmatrix}
$$
$$
\times \begin{pmatrix} \boldsymbol{I} & \boldsymbol{0} \\ \boldsymbol{A}^{-1}_{(V\setminus\{1,2\})\times(V\setminus\{1,2\})}\boldsymbol{A}^{\mathrm{T}}_{\{1,2\}\times(V\setminus\{1,2\})} & \boldsymbol{I} \end{pmatrix}. \tag{1.115}
$$

式 (1.115) は，右辺から出発してブロック化された 3 つの行列の積を注意して計算することで式 (1.108) の右辺に帰着することから確かめられる．式 (1.115) から行列 $\boldsymbol{A}$ の逆行列 $\boldsymbol{A}^{-1}$ が次のような表現として表される.

$$
\boldsymbol{A}^{-1} = \begin{pmatrix} \boldsymbol{I} & \boldsymbol{0} \\ -\boldsymbol{A}^{-1}_{(V\setminus\{1,2\})\times(V\setminus\{1,2\})}\boldsymbol{A}^{\mathrm{T}}_{\{1,2\}\times(V\setminus\{1,2\})} & \boldsymbol{I} \end{pmatrix}
$$
$$
\times \begin{pmatrix} \left(\boldsymbol{A}_{\{1,2\}\times\{1,2\}} - \boldsymbol{A}_{\{1,2\}\times(V\setminus\{1,2\})}\boldsymbol{A}^{-1}_{(V\setminus\{1,2\})\times(V\setminus\{1,2\})}\boldsymbol{A}^{\mathrm{T}}_{\{1,2\}\times(V\setminus\{1,2\})}\right)^{-1} & \boldsymbol{0} \\ \boldsymbol{0} & \boldsymbol{A}^{-1}_{(V\setminus\{1,2\})\times(V\setminus\{1,2\})} \end{pmatrix}
$$
$$
\times \begin{pmatrix} \boldsymbol{I} & -\boldsymbol{A}_{\{1,2\}\times(V\setminus\{1,2\})}\boldsymbol{A}^{-1}_{(V\setminus\{1,2\})\times(V\setminus\{1,2\})} \\ \boldsymbol{0} & \boldsymbol{I} \end{pmatrix}. \tag{1.116}
$$

逆行列 $\boldsymbol{A}^{-1}$ の第 (1,1) 成分，第 (2,1) 成分，第 (1,2) 成分，第 (2,2) 成分と式 (1.116) のブロック化された表現の対応する成分との間には以下の関係が成り立つことがわかる [12].

---

[12] このことは，式 (1.116) の右辺でブロック化された表現を保ったまま 3 つの行列の積をもう一度計算した上で第 (1,1) 成分，第 (2,1) 成分，第 (1,2) 成分，第 (2,2) 成分のブロックに着目すると，それが式 (1.117) の右辺になっていることから確かめられる.

$$\left(\boldsymbol{A}_{\{1,2\}\times\{1,2\}} - \boldsymbol{A}_{\{1,2\}\times(V\setminus\{1,2\})} \boldsymbol{A}_{(V\setminus\{1,2\})\times(V\setminus\{1,2\})}^{-1} \boldsymbol{A}_{\{1,2\}\times(V\setminus\{1,2\})}^{\mathrm{T}} \right)^{-1}$$

$$= \begin{pmatrix} \langle 1|\boldsymbol{A}^{-1}|1\rangle & \langle 1|\boldsymbol{A}^{-1}|2\rangle \\ \langle 2|\boldsymbol{A}^{-1}|1\rangle & \langle 2|\boldsymbol{A}^{-1}|2\rangle \end{pmatrix}. \tag{1.117}$$

式 (1.114) と式 (1.117) を比較することで，最終的に周辺確率密度関数 $P_{\{1,2\}}(x_1, x_2)$ は次のように与えられる．

$$P_{\{1,2\}}(x_1, x_2) = \sqrt{\cfrac{1}{(2\pi)^2 \det \begin{pmatrix} \langle 1|\boldsymbol{A}^{-1}|1\rangle & \langle 1|\boldsymbol{A}^{-1}|2\rangle \\ \langle 2|\boldsymbol{A}^{-1}|1\rangle & \langle 2|\boldsymbol{A}^{-1}|2\rangle \end{pmatrix}}}$$

$$\times \exp\left(-\frac{1}{2}(x_1 - m_1, x_2 - m_2) \begin{pmatrix} \langle 1|\boldsymbol{A}^{-1}|1\rangle & \langle 1|\boldsymbol{A}^{-1}|2\rangle \\ \langle 2|\boldsymbol{A}^{-1}|1\rangle & \langle 2|\boldsymbol{A}^{-1}|2\rangle \end{pmatrix}^{-1} \begin{pmatrix} x_1 - m_1 \\ x_2 - m_2 \end{pmatrix} \right). \tag{1.118}$$

この導出は一般性を失うことなく任意の辺 $\{i,j\}(\in E)$ に対する周辺確率密度関数 $P_{\{i,j\}}(x_i, x_j)$ の導出にも拡張され，式 (1.118) において $\{1,2\}$ を $\{i,j\}$ に置き換えたものとして与えられる．

$$P_{\{i,j\}}(x_i, x_j) = \sqrt{\cfrac{1}{(2\pi)^2 \det \begin{pmatrix} \langle i|\boldsymbol{A}^{-1}|i\rangle & \langle i|\boldsymbol{A}^{-1}|j\rangle \\ \langle j|\boldsymbol{A}^{-1}|i\rangle & \langle j|\boldsymbol{A}^{-1}|j\rangle \end{pmatrix}}}$$

$$\times \exp\left(-\frac{1}{2}(x_i - m_i, x_j - m_j) \begin{pmatrix} \langle i|\boldsymbol{A}^{-1}|i\rangle & \langle i|\boldsymbol{A}^{-1}|j\rangle \\ \langle j|\boldsymbol{A}^{-1}|i\rangle & \langle j|\boldsymbol{A}^{-1}|j\rangle \end{pmatrix}^{-1} \begin{pmatrix} x_i - m_i \\ x_j - m_j \end{pmatrix} \right). \tag{1.119}$$

さらに任意の頂点 $i(\in V)$ に対する周辺確率密度関数 $P_i(x_i)$ も，同様の計算過程により以下のように導かれる．

$$P_i(x_i) = \sqrt{\frac{1}{(2\pi)\langle i|\boldsymbol{A}^{-1}|i\rangle}} \exp\left(-\frac{1}{2}\langle i|\boldsymbol{A}^{-1}|i\rangle^{-1}(x_i - m_i)^2 \right). \tag{1.120}$$

D 個の $|V|$ 次元データベクトル $\boldsymbol{x}^{(d)} = \left(x_1^{(d)}, x_2^{(d)}, \cdots, x_1^{(d)} \right)^{\mathrm{T}}$ $(d = 1, 2, \cdots, D)$

34 第 1 章 統計的機械学習の基礎

に対する経験分布に近くなるようにガウシアングラフィカルモデルの確率密度
関数をデータから学習しようとすると，式 (1.99) の右辺を $P(\boldsymbol{x}|\boldsymbol{A},\boldsymbol{m})$ と表す
こととして，平均ベクトル $\boldsymbol{m}$ と逆共分散行列 $\boldsymbol{A}$ がパラメータとなり，その推
定値 $\widehat{\boldsymbol{m}}$ および $\widehat{\boldsymbol{A}}$ の学習は，最尤推定の立場から以下の式に帰着される．

$$
\begin{aligned}
(\widehat{\boldsymbol{m}}, \widehat{\boldsymbol{A}}) &= \underset{(\boldsymbol{m}, \boldsymbol{A})}{\operatorname{argmax}}\left\{\sum_{d=1}^{D}\ln\Big(P\big(\boldsymbol{x}^{(d)}|\boldsymbol{m}, \boldsymbol{A}\big)\Big)\right\} \\
&= \underset{(\boldsymbol{m}, \boldsymbol{A})}{\operatorname{argmin}}\left\{-\frac{1}{2}\ln(\det(\boldsymbol{A})) + \frac{1}{2}\sum_{d=1}^{D}\big(\boldsymbol{x}^{(d)} - \widehat{\boldsymbol{m}}\big)^{\mathrm{T}}\boldsymbol{A}\big(\boldsymbol{x}^{(d)} - \widehat{\boldsymbol{m}}\big)\right\}.
\end{aligned}
$$
(1.121)

極値条件を考えることにより，下記の方程式に帰着される．

$$
\widehat{\boldsymbol{m}} = \frac{1}{D}\sum_{d=1}^{D}\boldsymbol{x}^{(d)}
$$

$$
\widehat{\boldsymbol{A}} = \left(\frac{1}{D}\sum_{d=1}^{D}\big(\boldsymbol{x}^{(d)} - \widehat{\boldsymbol{m}}\big)\big(\boldsymbol{x}^{(d)} - \widehat{\boldsymbol{m}}\big)^{\mathrm{T}}\right)^{-1}.
$$
(1.122)

式 (1.122) は，式 (1.95)-(1.96) と式 (1.119) を比較することでも導かれる．
　次に，グラフが 1 次元鎖である場合，すなわち

$$
E \equiv \Big\{\{1, 2\}, \{2, 3\}, \{3, 4\}, \cdots, \{|V| - 1, |V|\}\Big\}
$$
(1.123)

により与えられる場合，式 (1.89) の右辺の分母の和を以下の 2 通りのやり方で
和を順番にとることによる計算が可能となる．

$$
\begin{aligned}
&\sum_{z_1 \in \Omega}\sum_{z_2 \in \Omega}\cdots\sum_{z_{|V|} \in \Omega}\Big(\prod_{\{i,j\} \in E}w_{\{i,j\}}(z_i, z_j)\Big)\Big(\prod_{i \in V}w_i(z_i)\Big) \\
&= \sum_{z_1 \in \Omega}\sum_{z_2 \in \Omega}\cdots\sum_{z_{|V|-1} \in \Omega}w_1(z_1)\left(\prod_{i=1}^{|V|-2}w_{\{i,j\}}(z_i, z_{i+1})w_i(z_{i+1})\right) \\
&\qquad\times\Big(\sum_{z_{|V|} \in \Omega}w_{\{|V|-1, |V|\}}(z_{|V|-1}, z_{|V|})w_{|V|}(z_{|V|})\Big) \\
&= \sum_{z_1 \in \Omega}\sum_{z_2 \in \Omega}\cdots\sum_{z_{|V|-2} \in \Omega}w_1(z_1)\left(\prod_{i=1}^{|V|-2}w_{\{i,j\}}(z_i, z_{i+1})w_{i+1}(z_{i+1})\right)
\end{aligned}
$$

$$
\times \Big(\sum_{z_{|V|-1} \in \Omega} w_{\{|V|-2, |V|-1\}}(z_{|V|-2}, z_{|V|-1}) w_{|V|-1}(z_{|V|-1})
$$
$$
\times \Big(\sum_{z_{|V|} \in \Omega} w_{\{|V|-1, |V|\}}(z_{|V|-1}, z_{|V|}) w_{|V|}(z_{|V|}) \Big) \Big)
$$
$$
= \cdots
$$
$$
= \sum_{z_1 \in \Omega} w_1(z_1) \Big(\sum_{z_2 \in \Omega} w_{\{1,2\}}(z_1, z_2) w_2(z_2)
$$
$$
\times \cdots \times \Big(\sum_{z_{|V|-1} \in \Omega} w_{\{|V|-2, |V|-1\}}(z_{|V|-2}, z_{|V|-1}) w_{|V|-1}(z_{|V|-1})
$$
$$
\times \Big(\sum_{z_{|V|} \in \Omega} w_{\{|V|-1, |V|\}}(z_{|V|-1}, z_{|V|}) w_{|V|}(z_{|V|}) \Big) \Big) \Big),
$$

$$\tag{1.124}$$

$$
\sum_{z_1 \in \Omega} \sum_{z_2 \in \Omega} \cdots \sum_{z_{|V|} \in \Omega} \Big(\prod_{i \in V} w_i(z_i) \Big) \Big(\prod_{\{i,j\} \in E} w_{\{i,j\}}(z_i, z_j) \Big)
$$
$$
= \sum_{z_2 \in \Omega} \sum_{z_3 \in \Omega} \cdots \sum_{z_{|V|} \in \Omega} \Big(\Big(\sum_{z_1 \in \Omega} w_1(z_1) w_{\{1,2\}}(z_1, z_2) \Big)
$$
$$
\times \prod_{i=2}^{|V|-1} w_i(z_i) w_{\{i,j\}}(z_i, z_{i+1}) \Big) w_{|V|}(z_{|V|})
$$
$$
= \sum_{z_3 \in \Omega} \sum_{z_4 \in \Omega} \cdots \sum_{z_{|V|} \in \Omega} \Big(\Big(\sum_{z_2 \in \Omega} \Big(\sum_{z_1 \in \Omega} w_1(z_1) w_{\{1,2\}}(z_1, z_2) \Big) w_2(z_2) w_{\{2,3\}}(z_2, z_3) \Big)
$$
$$
\times \prod_{i=3}^{|V|-1} w_i(z_i) w_{\{i,j\}}(z_i, z_{i+1}) \Big) w_{|V|}(z_{|V|})
$$
$$
= \cdots
$$
$$
= \sum_{z_{|V|} \in \Omega} \Big(\sum_{z_{|V|-1} \in \Omega} \cdots \Big(\sum_{z_2 \in \Omega} \Big(\sum_{z_1 \in \Omega} w_1(z_1) w_{\{1,2\}}(z_1, z_2) \Big) w_2(z_2) w_{\{2,3\}}(z_2, z_3) \Big)
$$
$$
\times \cdots \times w_{|V|-1}(z_{|V|-1}) w_{\{|V|-1, |V|\}}(z_{|V|-1}, z_{|V|}) \Big) w_{|V|}(z_{|V|}).
$$

$$\tag{1.125}$$

式 (1.124) は頂点 $|V|, |V|-1, |V|-2, \cdots, 2, 1$ の順に和をとる操作に対応し，式 (1.125) は $1, 2, 3, \cdots, |V|-1, |V|$ の順に和をとる操作に対応している．これをもとに，$M_{i \leftarrow i+1}(x_i)$ および $M_{i-1 \to i}(x_i)$ を以下の定義により導入する．

36   第 1 章　統計的機械学習の基礎

$$M_{i \leftarrow i+1}(x_i) \equiv \sum_{z_{i+1} \in \Omega} w_{\{i,i+1\}}(x_i, z_{i+1}) w_{i+1}(z_{i+1})$$

$$\times \Big(\sum_{z_{i+2} \in \Omega} w_{\{i+1,i+2\}}(z_{i+1}, z_{i+2}) w_{i+2}(z_{i+2})$$

$$\times \cdots \times \Big(\sum_{z_{|V|-1} \in \Omega} w_{\{|V|-2,|V|-1\}}(z_{|V|-2}, z_{|V|-1}) w_{|V|-1}(z_{|V|-1})$$

$$\times \Big(\sum_{z_{|V|} \in \Omega} w_{\{|V|-1,|V|\}}(z_{|V|-1}, z_{|V|}) w_{|V|}(z_{|V|}) \Big) \Big) \Big),$$

$$\tag{1.126}$$

$$M_{i-1 \to i}(x_i)$$
$$\equiv \sum_{z_{i-1} \in \Omega} \Big(\sum_{z_{i-2} \in \Omega} \cdots \Big(\sum_{z_2 \in \Omega} \Big(\sum_{z_1 \in \Omega} w_1(z_1) w_{\{1,2\}}(z_1, z_2) \Big) w_2(z_2) w_{\{2,3\}}(z_2, z_3) \Big)$$

$$\times \cdots \times w_{i-2}(z_{i-2}) w_{\{i-2,i-1\}}(z_{i-2}, z_{i-1}) \Big) w_{i-1}(z_{i-1}) w_{\{i-1,i\}}(z_{i-1}, x_i).$$

$$\tag{1.127}$$

$M_{i \leftarrow i+1}(x_i)$ と $M_{i-1 \to i}(x_i)$ に対して以下の漸化式が成り立つことは，容易に確かめられる．

$$M_{i \leftarrow i+1}(x_i) = \sum_{z_{i+1} \in \Omega} w_{\{i,i+1\}}(x_i, z_{i+1}) w_{i+1}(z_{i+1}) M_{i+1 \leftarrow i+2}(z_{i+1})$$

$$(i = 1, 2, \cdots, |V| - 1), \tag{1.128}$$

$$M_{i-1 \to i}(x_i) = \sum_{z_{i-1} \in \Omega} M_{i-2 \to i-1}(z_{i-1}) w_{i-1}(z_{i-1}) w_{i-1,i}(z_{i-1}, x_i)$$

$$(i = 2, 3, 4, \cdots, |V|), \tag{1.129}$$

$$M_{0 \to 1}(x_1) = M_{|V| \leftarrow |V|+1}(x_i) = 1. \tag{1.130}$$

この漸化式から $M_{|V| \leftarrow |V|+1}(x_i) = M_{0 \to 1}(x_i) = 1$ として

$$\sum_{z_1 \in \Omega} \sum_{z_2 \in \Omega} \cdots \sum_{z_{|V|} \in \Omega} \delta_{x_k, z_k} \Big(\prod_{i \in V} w_i(z_i) \Big) \Big(\prod_{\{i,j\} \in E} w_{\{i,j\}}(z_i, z_j) \Big)$$

$$= M_{k-1 \to k}(x_k) w_k(x_k) M_{k \leftarrow k+1}(x_k)$$

$$(k = 1, 2, \cdots, |V|), \tag{1.131}$$

$$\sum_{z_1 \in \Omega} \sum_{z_2 \in \Omega} \cdots \sum_{z_{|V|} \in \Omega} \delta_{x_k, z_k} \delta_{x_{k+1}, z_{k+1}} \Big(\prod_{i \in V} w_i(z_i) \Big) \Big(\prod_{\{i,j\} \in E} w_{\{i,j\}}(z_i, z_j) \Big)$$

$$= M_{k-1 \to k}(x_k) w_k(x_k) w_{\{k,k+1\}}(x_k, x_{k+1}) w_{k+1}(x_{k+1}) M_{k+1 \leftarrow k+2}(x_{k+1})$$

$$(k = 1, 2, \cdots, |V| - 1) \tag{1.132}$$

という等式が成り立つことから，$M_{i \leftarrow i+1}(x_i)$, と $M_{i-1 \to i}(x_i)$ を用いて頂点 i と辺 $\{i, j\}$ の周辺確率分布は

$$P_i(x_i) = \frac{M_{i-1 \to i}(x_i) w_i(x_i) M_{i \leftarrow i+1}(x_i)}{\displaystyle\sum_{z_i \in \Omega} M_{i-1 \to i}(z_i) w_i(z_i) M_{i \leftarrow i+1}(z_i)}, \tag{1.133}$$

$$P_{\{i, i+1\}}(x_i, x_{i+1})$$
$$= \frac{M_{i-1 \to i}(x_i) w_i(x_i) w_{\{i, i+1\}}(x_i, x_{i+1}) w_{i+1}(x_{i+1}) M_{i+1 \leftarrow i+2}(x_{i+1})}{\displaystyle\sum_{z_i \in \Omega} \sum_{z_{i+1} \in \Omega} M_{i-1 \to i}(z_i) w_i(z_i) w_{\{i, i+1\}}(z_i, z_{i+1}) w_{i+1}(z_{i+1}) M_{i+1 \leftarrow i+2}(z_{i+1})}$$

$$\tag{1.134}$$

として与えられる．式 (1.128)-(1.130) によって $\{M_{i-1 \to i}(x_i), M_{i \leftarrow i+1}(x_i) | x_i \in \Omega, i = 1, 2, \cdots, |V|\}$ をすべて計算した上で，式 (1.133)-(1.134) により周辺確率分布 $\{P_{\{i\}}(x_i) | i = 1, 2, \cdots, |V|\}$ と $\{P_{\{i, i+1\}}(x_i, x_{i+1}) | i = 1, 2, \cdots, |V| - 1\}$ を計算するアルゴリズムが構成できる．このアルゴリズムは**前向き・後向きアルゴリズム (forward-backward algorithm)** と呼ばれている [2, 6].

式 (1.133)-(1.134) の結果から与えられた確率分布と周辺確率分布の間には以下の関係が成り立つことが導かれる．

$$P(\boldsymbol{x}) = \frac{P_{\{1,2\}}(x_1, x_2) P_{\{2,3\}}(x_2, x_3) \times \cdots \times P_{\{|V|-1, |V|\}}(x_{|V|-1}, x_{|V|})}{P_2(x_2) P_3(x_3) \times \cdots \times P_{|V|-1}(x_{|V|-1})}$$
$$= P_1(x_1) P_2(x_2) \times \cdots \times P_{|V|}(x_{|V|})$$
$$\times \left(\frac{P_{\{1,2\}}(x_1, x_2)}{P_1(x_1) P_2(x_2)} \right) \left(\frac{P_{\{2,3\}}(x_2, x_3)}{P_2(x_2) P_3(x_3)} \right) \times \cdots \times \left(\frac{P_{\{|V|-1, |V|\}}(x_{|V|-1}, x_{|V|})}{P_{|V|-1}(x_{|V|-1}) P_{|V|}(x_{|V|})} \right)$$

$$\tag{1.135}$$

一般にグラフ (V, E) が閉路を含まないグラフ，すなわち木構造をもつグラフにおいても，式 (1.129)-(1.130) および式 (1.133)-(1.134) により与えられる

38   第 1 章 統計的機械学習の基礎

前向き・後向きアルゴリズムに対応する計算手順として拡張することができる. この拡張によって式 (1.128)-(1.130) に対応して構成される漸化式に現れる $\{M_{j \to i}(x_i), M_{i \leftarrow j}(x_i) | x_i \in \Omega, \{i, j\} \in E\}$ をメッセージ, その漸化式を**メッセージ伝搬規則 (message passing rule)** と呼ぶ. そしてこの前向き・後向きアルゴリズムを木構造をもつグラフに拡張した方法を**確率伝搬法 (belief propagation)** と呼ぶ [5,6,9–11,16–19,21,22]. 木構造をもつグラフ上では次の関係式が成り立つことが知られている.

$$P(\boldsymbol{x}) = \mathcal{Z}^{|V|-|E|-1} \Big(\prod_{i \in V} P_i(x_i)^{1-|\partial i|} \Big) \Big(\prod_{\{i,j\} \in E} P_{\{i,j\}}(x_i, x_j) \Big)$$

$$= \mathcal{Z}^{|V|-|E|-1} \Big(\prod_{i \in V} P_i(x_i) \Big) \Big(\prod_{\{i,j\} \in E} \frac{P_{\{i,j\}}(x_i, x_j)}{P_i(x_i) P_j(x_j)} \Big), \tag{1.136}$$

$$\mathcal{Z} \equiv \sum_{z_1 \in \Omega} \sum_{z_2 \in \Omega} \cdots \sum_{z_{|V|} \in \Omega} \Big(\prod_{i \in V} w_i(z_i) \Big) \Big(\prod_{\{i,j\} \in E} w_{\{i,j\}}(z_i, z_j) \Big). \tag{1.137}$$

この 1 次元鎖および木構造をもつグラフ上の確率的グラフィカルモデルの性質は, 連続状態空間でも成立する. 上述の表式の和 $\sum_{z_i \in \Omega}$ が積分 $\int_{-\infty}^{+\infty} \cdots dz_i$ に置き換えられるだけである.

閉路をもたないグラフ上で式 (1.89) により与えられた確率分布 $P(\boldsymbol{x})$ の D 個の $|V|$ 次元データベクトル $\boldsymbol{x}^{(d)} = \left(x_1^{(d)}, x_2^{(d)}, \cdots, x_1^{(d)} \right)^{\mathrm{T}}$ $(d = 1, 2, \cdots, D)$ からの学習は, 式 (1.95)-(1.96) を式 (1.136) に代入することで達成される. これらの取り扱いは閉路をもたないグラフ上の確率的グラフィカルモデルで可能であり, 閉路をもつグラフィカルモデルでは, 式 (1.136) のようなもともとの確率分布 $P(\boldsymbol{x})$ とその周辺確率分布 $P_i(x_i)$ $(i \in V)$, および $P_{\{i,j\}}(x_i, x_j)$ $(\{i, j\} \in E)$ の間に閉じた関係が常に成立する保証はない. 式 (1.89) または式 (1.90) のような制約の下で与えられた確率的グラフィカルモデルであっても, 完全データにより与えられた経験分布に近くなるように学習するスキームですら達成することは容易ではない [13].

---

[13] 閉路をもつグラフ上で式 (1.89) により与えられるグラフィカルモデルの完全データからの学習は, 後述の節で紹介する確率伝搬法により定式化することができる. これについては Yasuda, M., Kataoka, S., Tanaka, K.: *J Physical Soc Japan*, **81**, no.4, ID.044801 (2012) を参照.

1.4.2 潜在変数を伴う確率的グラフィカルモデル

本項では潜在変数を伴う確率的グラフィカルモデルの学習アルゴリズムについて，1.3.3 項の定式化に沿って説明する．1.3.3 項では $\boldsymbol{x} = \left(x_1, x_2, \cdots, x_{|V|}\right)^{\mathrm{T}}$ を第 n 成分までと第 $n+1$ 成分以降に分け，潜在変数と可視変数として説明した．本項では潜在変数状態ベクトルと可視変数の状態ベクトルを同じ $|V|$ 次元ベクトルとしてそれぞれ $\boldsymbol{x} = \left(x_1, x_2, \cdots, x_{|V|}\right)^{\mathrm{T}}$ と $\boldsymbol{y} = \left(y_1, y_2, \cdots, y_{|V|}\right)^{\mathrm{T}}$ という記号により表し，各ノードの状態空間は簡単のため Ω により表されるものとする [14]．この時，$\boldsymbol{x}$ と $\boldsymbol{y}$ は次の確率分布に従うものとする．

$$P(\boldsymbol{x}, \boldsymbol{y}|\boldsymbol{\theta})$$

$$= \frac{\left(\prod_{i\in V} v_i(x_i, y_i)\right)\left(\prod_{\{i,j\}\in E} w_{\{i,j\}}(x_i, x_j, y_i, y_j)\right)}{\sum_{z_1\in\Omega}\sum_{z_2\in\Omega}\cdots\sum_{z_{|V|}\in\Omega}\sum_{z'_1\in\Omega}\sum_{z'_2\in\Omega}\cdots\sum_{z'_{|V|}\in\Omega}\left(\prod_{i\in V} v_i(z_i, z'_i)\right)\left(\prod_{\{i,j\}\in E} w_{\{i,j\}}(z_i, z_j, z'_i, z'_j)\right)},$$

$$\tag{1.138}$$

$$\boldsymbol{\theta} \equiv \left(\left(w_i(x_i, y_i)\big|i\in V, x_i\in\Omega, y_i\in\Omega\right),\right.$$

$$\left.\left(w_{\{i,j\}}(x_i, x_j, y_i, y_j)\big|\{i,j\}\in E, x_i\in\Omega, x_j\in\Omega, y_i\in\Omega, y_j\in\Omega\right)\right).$$

$$\tag{1.139}$$

状態ベクトル $\boldsymbol{y}$ に対して D 個の $|V|$ 次元データベクトル $\boldsymbol{y}^{(d)} = \left(y_1^{(d)}, y_2^{(d)}, \cdots, y_{|V|}^{(d)}\right)^{\mathrm{T}}$ $(d = 1, 2, \cdots, D)$ が与えられているが，状態ベクトル $\boldsymbol{x}$ に対してはデータが与えられていないものとする．この時，$x_i(i\in V)$ が潜在変数，$y_i(i\in V)$ が可視変数である．最尤推定では $\boldsymbol{y}$ がデータベクトル，$\boldsymbol{x}$ がパラメータベクトルであり，$\boldsymbol{\theta}$ がハイパパラメータとなる．いま与えられたデータセット $\left\{\boldsymbol{y}^{(d)} = \left(y_1^{(d)}, y_2^{(d)}, \cdots, y_{|V|}^{(d)}\right)^{\mathrm{T}}\big|d = 1, 2, \cdots, D\right\}$ から $\boldsymbol{\theta}$ を推定しようとしているので，潜在変数ベクトル $\boldsymbol{x}$ については周辺化し，

$$P(\boldsymbol{y}|\boldsymbol{\theta}) \equiv \sum_{\boldsymbol{z}} P(\boldsymbol{z}, \boldsymbol{y}|\boldsymbol{\theta}) \tag{1.140}$$

---

[14] たとえば $\boldsymbol{x}$ は離散状態空間，$\boldsymbol{y}$ は連続状態空間とするといった場合への拡張は，和を積分に置き換えるなどの読み替えをするだけで容易に拡張できる．

40　第 1 章　統計的機械学習の基礎

を考える．与えられた D 個の $|V|$ 次元データベクトル $\boldsymbol{y}^{(d)} = \left(y_1^{(d)}, y_2^{(d)}, \cdots, y_{|V|}^{(d)}\right)^{\mathrm{T}}$ $(d = 1, 2, \cdots, D)$ に対する経験分布に近くなるように確率分布 (1.138) の $\boldsymbol{\theta}$ を学習しようとすると，最尤推定の立場から以下の式に帰着される．

$$\widehat{\boldsymbol{\theta}} = \underset{\boldsymbol{\theta}}{\operatorname{argmax}} \left\{ \sum_{d=1}^{D} \ln \Big(P\Big(\boldsymbol{y}^{(d)}\Big|\boldsymbol{\theta}\Big) \Big) \right\} \tag{1.141}$$

$\sum_{d=1}^{D} \ln \Big(P\Big(\boldsymbol{y}^{(d)}\Big|\boldsymbol{\theta}\Big) \Big)$ のハイパパラメータ $\boldsymbol{\theta}$ に対する極値条件は以下のように導かれる．

$$P_{\{i,j\}}(x_i, x_j, y_i, y_j) = \frac{1}{D} \sum_{d=1}^{D} \delta_{y_i, y_i^{(d)}} \delta_{y_j, y_j^{(d)}} P_{\{i,j\}}\Big(x_i, x_j \Big| \boldsymbol{y}^{(d)}\Big), \tag{1.142}$$

$$P_i(x_i, y_i) = \frac{1}{D} \sum_{d=1}^{D} \delta_{y_i, y_i^{(d)}} P_i\Big(x_i \Big| \boldsymbol{y}^{(d)}\Big). \tag{1.143}$$

ここで式 (1.142)-(1.143) のそれぞれの左辺の $P_{\{i,j\}}(x_i, x_j, y_i, y_j)$ と $P_i(x_i, y_i)$ は，式 (1.138) の $P(\boldsymbol{x}, \boldsymbol{y}|\boldsymbol{\theta})$ の周辺確率分布である．

$$P_{\{i,j\}}(x_i, x_j, y_i, y_j) \equiv \sum_{\boldsymbol{z}} \sum_{\boldsymbol{z}'} \delta_{x_i, z_i} \delta_{x_j, z_j} \delta_{y_i, z_i'} \delta_{y_j, z_j'} P(\boldsymbol{z}, \boldsymbol{z}'|\boldsymbol{\theta}), \tag{1.144}$$

$$P_i(x_i, y_i) \equiv \sum_{\boldsymbol{z}} \sum_{\boldsymbol{z}'} \delta_{x_i, z_i} \delta_{y_i, z_i'} P(\boldsymbol{z}, \boldsymbol{z}'|\boldsymbol{\theta}). \tag{1.145}$$

また，左辺の $P_{\{i,j\}}(x_i, x_j|\boldsymbol{y})$ と $P_i(x_i|\boldsymbol{y})$ は，データベクトル $\boldsymbol{y}$ が与えられた時のパラメータベクトル $\boldsymbol{x}$ に対する条件付き確率分布

$$P(\boldsymbol{x}|\boldsymbol{y}, \boldsymbol{\theta}) = \frac{P(\boldsymbol{x}, \boldsymbol{y}|\boldsymbol{\theta})}{P(\boldsymbol{y}|\boldsymbol{\theta})} \tag{1.146}$$

の辺 $\{i,j\}$ および頂点 i に対する周辺確率分布である．

$$P_{\{i,j\}}(x_i, x_j|\boldsymbol{y}) \equiv \sum_{\boldsymbol{z}} \delta_{x_i, z_i} \delta_{x_j, z_j} P(\boldsymbol{z}|\boldsymbol{y}, \boldsymbol{\theta}), \tag{1.147}$$

$$P_{\{i,j\}}(x_i|\boldsymbol{y}) \equiv \sum_{\boldsymbol{z}} \delta_{x_i, z_i} P(\boldsymbol{z}|\boldsymbol{y}, \boldsymbol{\theta}). \tag{1.148}$$

ここで，グラフは E が式 (1.123) により与えられる 1 次元鎖を考える．式 (1.138)

の $P(\boldsymbol{x}, \boldsymbol{y}|\boldsymbol{\theta})$ は，x_i と y_i が同じ頂点 i に割り当てられていると見なせば 1 次元鎖グラフ上の確率的グラフィカルモデルであり，前項の取り扱いが同様に適用され，その周辺確率分布との間に以下の関係が成り立つことは容易に確認できる．

$$
\begin{aligned}
P(\boldsymbol{x}, \boldsymbol{y}|\boldsymbol{\theta}) &= \frac{\begin{array}{c} P_{\{1,2\}}(x_1, x_2, y_1, y_2) P_{\{2,3\}}(x_2, x_3, y_2, y_3) \\ \times \cdots \times P_{\{|V|-1,|V|\}}(x_{|V|-1}, x_{|V|}, y_{|V|-1}, y_{|V|}) \end{array}}{P_2(x_2, y_2) P_3(x_3, y_3) \times \cdots \times P_{|V|-1}(x_{|V|-1}, y_{|V|-1})} \\
&= P_1(x_1, y_1) P_2(x_2, y_2) \times \cdots \times P_{|V|}(x_{|V|}, y_{|V|}) \\
&\quad \times \left(\frac{P_{\{1,2\}}(x_1, x_2, y_1, y_2)}{P_1(x_1, y_1) P_2(x_2, y_2)} \right) \left(\frac{P_{\{2,3\}}(x_2, x_3, y_2, y_3)}{P_2(x_2, y_2) P_3(x_3, y_3)} \right) \\
&\quad \times \cdots \times \left(\frac{P_{\{|V|-1,|V|\}}(x_{|V|-1}, x_{|V|}, y_{|V|-1}, y_{|V|})}{P_{|V|-1}(x_{|V|-1}, y_{|V|-1}) P_{|V|}(x_{|V|}, y_{|V|})} \right)
\end{aligned}
\tag{1.149}
$$

式 (1.138)，式 (1.142)-(1.143) および式 (1.149) を比較することで，ハイパパラメータ $\boldsymbol{\theta}$ を与えられたデータセットから学習するための計算手順が導出される．そのアルゴリズムは以下のように与えられる．

アルゴリズム 1.2　潜在変数を伴う 1 次元鎖グラフ上における確率的グラフィカルモデルの学習アルゴリズム

---

1. D 個の $|V|$ 次元データベクトル $\boldsymbol{y}^{(d)} = \left(y_1^{(d)}, y_2^{(d)}, \cdots, y_1^{(d)} \right)^{\mathrm{T}}$ $(d = 1, 2, \cdots, D)$ を入力する．$\boldsymbol{\theta}$ に初期値を設定する．
2. $d = 1, 2, \cdots, D$ のそれぞれに対して，$P_i(x_i|\boldsymbol{y}^{(d)})$ と $P_{\{i,j\}}(x_i, x_j|\boldsymbol{y}^{(d)})$ を以下の前向き・後向きアルゴリズムにより計算する．

$$
M_{0 \to 1}(x_1|\boldsymbol{y}^{(d)}) \leftarrow 1, \tag{1.150}
$$

$$
M_{|V| \leftarrow |V|+1}(x_{|V|}|\boldsymbol{y}^{(d)}) \leftarrow 1, \tag{1.151}
$$

$$
\begin{aligned}
& M_{i \leftarrow i+1}\left(x_i \middle| y_{i+1}^{(d)}, y_{i+2}^{(d)}, \cdots, y_{|V|}^{(d)} \right) \\
& \quad \leftarrow \sum_{z_{i+1} \in \Omega} w_{\{i,i+1\}}(x_i, z_{i+1}, y_i, y_{i+1}) v_{i+1}(z_{i+1}, y_{i+1}) \\
& \qquad \times M_{i+1 \leftarrow i+2}\left(z_{i+1} \middle| y_{i+2}^{(d)}, y_{i+3}^{(d)}, \cdots, y_{|V|}^{(d)} \right) \\
& \quad (i = 1, 2, \cdots, |V|-1),
\end{aligned}
\tag{1.152}
$$

$$M_{i-1 \to i}\left(x_i \middle| y_1^{(d)}, y_2^{(d)}, \cdots, y_{i-1}^{(d)}\right)$$
$$\leftarrow \sum_{z_{i-1} \in \Omega} M_{i-2 \to i-1}\left(z_{i-1} \middle| y_1^{(d)}, y_2^{(d)}, \cdots, y_{i-2}^{(d)}\right)$$
$$\times v_{i-1}(z_{i-1}, y_{i-1}) w_{i-1,i}(z_{i-1}, x_i, y_{i-1} y_i)$$
$$(i = 2, 3, 4, \cdots, |V|), \tag{1.153}$$

$$\mathcal{Z}_i\left(\boldsymbol{y}^{(d)}\right) \leftarrow \sum_{z_i \in \Omega} M_{i-1 \to i}\left(z_i \middle| y_1^{(d)}, y_2^{(d)}, \cdots, y_{i-1}^{(d)}\right) v_i\left(z_i, y_i^{(d)}\right)$$
$$\times M_{i \leftarrow i+1}\left(z_i \middle| y_{i+1}^{(d)}, y_{i+2}^{(d)}, \cdots, y_{|V|}^{(d)}\right)$$
$$(i = 1, 2, \cdots, |V|), \tag{1.154}$$

$$\mathcal{Z}_{\{i,i+1\}}\left(\boldsymbol{y}^{(d)}\right)$$
$$\leftarrow \sum_{z_i \in \Omega} \sum_{z_{i+1} \in \Omega} M_{i-1 \to i}\left(z_i \middle| y_1^{(d)}, y_2^{(d)}, \cdots, y_{i-1}^{(d)}\right)$$
$$\times v_i\left(z_i, y_i^{(d)}\right) w_{\{i,i+1\}}\left(z_i, z_{i+1}, y_i^{(d)}, y_{i+1}^{(d)}\right) v_{i+1}\left(z_{i+1}, y_{i+1}^{(d)}\right)$$
$$\times M_{i+1 \leftarrow i+2}\left(z_{i+1} \middle| y_{i+2}^{(d)}, y_{i+3}^{(d)}, \cdots, y_{|V|}^{(d)}\right)$$
$$(i = 1, 2, \cdots, |V| - 1), \tag{1.155}$$

$$P_i(x_i | \boldsymbol{y}^{(d)}) \leftarrow \frac{1}{\mathcal{Z}_i\left(\boldsymbol{y}^{(d)}\right)} M_{i-1 \to i}\left(x_i \middle| y_1^{(d)}, y_2^{(d)}, \cdots, y_{i-1}^{(d)}\right) w_i\left(x_i, y_i^{(d)}\right)$$
$$\times M_{i \leftarrow i+1}\left(x_i \middle| y_{i+1}^{(d)}, y_{i+2}^{(d)}, \cdots, y_{|V|}^{(d)}\right)$$
$$(i = 1, 2, \cdots, |V|), \tag{1.156}$$

$$P_{\{i,i+1\}}(x_i, x_{i+1} | \boldsymbol{y}^{(d)})$$
$$\leftarrow \frac{1}{\mathcal{Z}_{\{i,i+1\}}\left(\boldsymbol{y}^{(d)}\right)} M_{i-1 \to i}\left(x_i \middle| y_1^{(d)}, y_2^{(d)}, \cdots, y_{i-1}^{(d)}\right)$$
$$\times v_i\left(x_i, y_i^{(d)}\right) w_{\{i,i+1\}}\left(x_i, x_{i+1}, y_i^{(d)}, y_{i+1}^{(d)}\right) v_{i+1}\left(x_{i+1}, y_{i+1}^{(d)}\right)$$
$$\times M_{i+1 \leftarrow i+2}\left(x_{i+1} \middle| y_{i+2}^{(d)}, y_{i+3}^{(d)}, \cdots, y_{|V|}^{(d)}\right)$$
$$(i = 1, 2, \cdots, |V| - 1). \tag{1.157}$$

3. ハイパパラメータ $\boldsymbol{\theta}$, すなわちすべての頂点 i に対する $w_i(x_i, y_i)$ とすべての辺 $\{i, j\}$ に対する $w_{\{i,j\}}(x_i, x_j, y_i, y_j)$ を更新する.

$$w_i(x_i, y_i) \leftarrow \frac{1}{D} \sum_{d=1}^{D} \delta_{y_i, y_i^{(d)}} P_i(x_i | \boldsymbol{y}^{(d)}) \quad (i = 1, 2, \cdots, |V| - 1), \tag{1.158}$$

$$w_{\{i,i+1\}}(x_i, x_{i+1}, y_i, y_{i+1})$$

$$\leftarrow \frac{\dfrac{1}{D} \sum_{d=1}^{D} \delta_{y_i, y_i^{(d)}} \delta_{y_{i+1}, y_{i+1}^{(d)}} P_{\{i,i+1\}}(x_i, x_{i+1} | \boldsymbol{y}^{(d)})}{\left(\dfrac{1}{D} \sum_{d=1}^{D} \delta_{y_i, y_i^{(d)}} P_i(x_i | \boldsymbol{y}^{(d)}) \right) \left(\dfrac{1}{D} \sum_{d=1}^{D} \delta_{y_{i+1}, y_{i+1}^{(d)}} P_i(x_{i+1} | \boldsymbol{y}^{(d)}) \right)}$$

$$(i = 1, 2, \cdots, |V| - 1). \tag{1.159}$$

4. ハイパパラメータ $\boldsymbol{\theta}$ が収束すれば終了し，収束していなければステップ 2 に戻って
   繰り返す.

上記のアルゴリズムにおいて，ステップ 2 とステップ 3 は EM アルゴリズム
の E ステップと M ステップにそれぞれ対応している．このことは式 (1.138) の
確率分布に対して Q-関数を定義することで容易に確認できる.

式 (1.138) において，$w_i(x_i, y_i)$ と $w_{\{i,j\}}(x_i, x_j, y_i, y_j)$ が頂点 i および辺 $\{i,j\}$
に依存せず空間的に一様な場合に構成された

$$P(\boldsymbol{x}, \boldsymbol{y} | \boldsymbol{\theta}) = \frac{\left(\prod_{i \in V} v(x_i, y_i) \right) \left(\prod_{\{i,j\} \in E} w(x_i, x_j) \right)}{\sum_{z_1 \in \Omega} \sum_{z_2 \in \Omega} \cdots \sum_{z_{|V|} \in \Omega} \sum_{z_1' \in \Omega} \sum_{z_2' \in \Omega} \cdots \sum_{z_{|V|}' \in \Omega} \left(\prod_{i \in V} v(z_i, z_i') \right) \left(\prod_{\{i,j\} \in E} w(z_i, z_j) \right)}$$

$$\tag{1.160}$$

は隠れマルコフモデル (hidden Markov model) と呼ばれ，頂点の集合
$\{1, 2, \cdots, |V|\}$ の各点を時刻，状態ベクトル $\boldsymbol{x} = (x_1, x_2, \cdots, x_{|V|})$ と $\boldsymbol{y} = (y_1, y_2, \cdots, y_{|V|})$ を時系列としての潜在変数に対する状態ベクトルと可視変数
に対する状態ベクトルと見なし，音声認識などの分野でよく用いられている.
この場合は，1 個のデータベクトル $\boldsymbol{y}$ が与えられた時に $\{v(x_i, y_i) | x_i \in \Omega, y_i \in \Omega\}$
と $\{w(x_i, x_j) | x_i \in \Omega, x_j \in \Omega\}$ を推定することとなる．その基本的な考え方は上述
と同様であるが，式 (1.158)-(1.159) における $d = 1, 2, \cdots, D$ に対する標本平均
操作は時系列方向すなわち $i = 1, 2, \cdots, |V|$ に対するものに置き換えられ，その

44　第1章　統計的機械学習の基礎

アルゴリズムはバウム・ウェルチアルゴリズム (Baum-Welchi algorithm) [2] と呼ばれている.

1.4.3　制限ボルツマンマシン

　本項では潜在変数を伴うグラフィカルモデルのもう一つの例として，**制限ボルツマンマシン (restriced Boltzmann machine)** について 1.3.3 項の定式化に沿って説明する. 制限ボルツマンマシンも前項同様に潜在変数を伴う確率的グラフィカルモデルの一つであるが，まず頂点集合 $V = \{1, 2, \cdots, |V|\}$ を $V_{\boldsymbol{x}}$ と $V_{\boldsymbol{y}}$ に分け，$V_{\boldsymbol{x}}$ に属する頂点を**隠れ素子 (hidden unit)**，$V_{\boldsymbol{y}}$ に属する頂点を**可視素子 (visible unit)** とする. そのそれぞれの頂点に対応する状態変数を潜在変数および可視変数として，潜在変数状態ベクトルと可視変数の状態ベクトルをそれぞれ $\boldsymbol{x} = (x_i | i \in V_{\boldsymbol{x}})$ および $\boldsymbol{y} = (y_i | j \in V_{\boldsymbol{y}})$ という記号により表し，各頂点の状態空間は Ω により表されるものとする. $V_{\boldsymbol{x}}$ に属する頂点と $V_{\boldsymbol{y}}$ に属する頂点対にのみ辺が存在するものとし，その辺の集合を E により表すこととする. これにより表されるグラフ $(V_{\boldsymbol{x}} \cup V_{\boldsymbol{y}}, E)$ は，**2部グラフ (bipartite graph)** と呼ばれる. $\boldsymbol{x}$ と $\boldsymbol{y}$ は次の確率分布に従うものとする.

$$P(\boldsymbol{x}, \boldsymbol{y}|\boldsymbol{\theta}) = \frac{1}{\mathcal{Z}(\boldsymbol{\theta})} \Big(\prod_{i \in V_{\boldsymbol{x}}} w_i(x_i) \Big) \Big(\prod_{j \in V_{\boldsymbol{y}}} w_j(y_j) \Big) \Big(\prod_{\{i,j\} \in E} w_{\{i,j\}}(x_i, y_j) \Big),$$

$$(1.161)$$

$$\mathcal{Z}(\boldsymbol{\theta}) \equiv \sum_{\boldsymbol{z} \in \Omega^{|V_{\boldsymbol{x}}|}} \sum_{\boldsymbol{z}' \in \Omega^{|V_{\boldsymbol{y}}|}} \Big(\prod_{i \in V_{\boldsymbol{x}}} w_i(z_i) \Big) \Big(\prod_{j \in V_{\boldsymbol{y}}} w_j(z_j') \Big) \Big(\prod_{\{i,j\} \in E} w_{\{i,j\}}(z_i, z_j') \Big),$$

$$(1.162)$$

$$\boldsymbol{\theta} \equiv \Big\{ \big(w_i(x_i) \big| i \in V_{\boldsymbol{x}}, x_i \in \Omega \big), \big(w_j(y_j) \big| j \in V_{\boldsymbol{y}}, y_i \in \Omega \big),$$

$$\big(w_{\{i,j\}}(x_i, y_j) \big| \{i,j\} \in E, x_i \in \Omega, y_i \in \Omega \big) \Big\}. \qquad (1.163)$$

前項までと同様に $\boldsymbol{\theta}$ は

$$P(\boldsymbol{y}|\boldsymbol{\theta}) = \sum_{\boldsymbol{z} \in \Omega^{|V_{\boldsymbol{x}}|}} P(\boldsymbol{z}, \boldsymbol{y}|\boldsymbol{\theta}) \qquad (1.164)$$

により，$\boldsymbol{y}$ に対する確率分布から定義される対数周辺尤度 $\sum_{d=1}^{D} \ln\Big(P\big(\boldsymbol{y}^{(d)}\big|\boldsymbol{\theta}\big)\Big)$ を最大化するように決定される．

$$\widehat{\boldsymbol{\theta}} = \underset{\boldsymbol{\theta}}{\operatorname{argmax}} \sum_{d=1}^{D} \ln\Big(P\big(\boldsymbol{y}^{(d)}\big|\boldsymbol{\theta}\big)\Big). \tag{1.165}$$

対数周辺尤度 $\sum_{d=1}^{D} \ln\Big(P\big(\boldsymbol{y}^{(d)}\big|\boldsymbol{\theta}\big)\Big)$ のハイパパラメータ $\boldsymbol{\theta}$ に対する極値条件は式 (1.142)-(1.143) の導出と同様に以下のように導かれる．

$$P_i(x_i) = \frac{1}{D} \sum_{d=1}^{D} P_i\Big(x_i\big|\boldsymbol{y}^{(d)}\Big) \quad (i\in V_{\boldsymbol{x}}), \tag{1.166}$$

$$P_j(y_j) = \frac{1}{D} \sum_{d=1}^{D} \delta_{y_j,y_j^{(d)}} \quad (j\in V_{\boldsymbol{y}}), \tag{1.167}$$

$$P_{\{i,j\}}(x_i,y_j) = \frac{1}{D} \sum_{d=1}^{D} \delta_{y_i,y_i^{(d)}} P_i\Big(x_i\big|\boldsymbol{y}^{(d)}\Big) \quad (\{i,j\}\in E) \tag{1.168}$$

と与えられる．式 (1.168) の左辺の $P_{\{i,j\}}(x_i,y_i)$ は，式 (1.161) の $P(\boldsymbol{x},\boldsymbol{y}|\boldsymbol{\theta})$ の周辺確率分布である．

$$P_i(x_i,y_i) \equiv \sum_{\boldsymbol{z}\in V_{\boldsymbol{x}}} \sum_{\boldsymbol{z}'\in V_{\boldsymbol{y}}} \delta_{x_i,z_i} \delta_{y_i,z_i'} P\big(\boldsymbol{z},\boldsymbol{z}'\big|\boldsymbol{\theta}\big). \tag{1.169}$$

また，式 (1.168) の右辺の $P_i\big(x_i|\boldsymbol{y}^{(d)}\big)$ は，データベクトル $\boldsymbol{y}$ が与えられた時のパラメータベクトル $\boldsymbol{x}$ に対する条件付き確率分布

$$P(\boldsymbol{x}|\boldsymbol{y},\boldsymbol{\theta}) = \frac{P(\boldsymbol{x},\boldsymbol{y}|\boldsymbol{\theta})}{P(\boldsymbol{y}|\boldsymbol{\theta})} \tag{1.170}$$

の頂点 i に対する周辺確率分布

$$P_{\{i,j\}}(x_i|\boldsymbol{y}) \equiv \sum_{\boldsymbol{z}\in\Omega^{|V_{\boldsymbol{x}}|}} \delta_{x_i,z_i} P\big(\boldsymbol{z}\big|\boldsymbol{y},\boldsymbol{\theta}\big) \tag{1.171}$$

から定義される．この条件付き確率分布 $P_i\Big(x_i\big|\boldsymbol{y}^{(d)}\Big)$ は式 (1.161) からさらに

46 第 1 章 統計的機械学習の基礎

$$P_i\left(x_i\middle|\boldsymbol{y}^{(d)}\right) = \frac{\prod_{j\in\partial i} w_i(x_i)w_{\{i,j\}}\left(x_i, y_j^{(d)}\right)}{\sum_{z_i\in\Omega}\prod_{j\in\partial i} w_i(z_i)w_{\{i,j\}}\left(z_i, y_j^{(d)}\right)} \qquad (1.172)$$

と表されるため，計算が容易となる．

ここまでが制限ボルツマンマシンの一般的枠組みである．すなわち式 (1.161) の確率分布のハイパパラメータ $\boldsymbol{\theta}$ を，可視状態ベクトルに対して与えられたデータ集合から式 (1.165) の対数周辺尤度最大化により決める枠組みが制限ボルツマンマシンと呼ばれている．ハイパパラメータ $\boldsymbol{\theta}$ の決定には式 (1.167)-(1.168) の極値条件を解くアルゴリズムとして構成してもよいし，対数周辺尤度 $\sum_{d=1}^{D}\ln\left(P\left(\boldsymbol{y}^{(d)}\middle|\boldsymbol{\theta}\right)\right)$ に勾配上昇法を用いてもよいし，それ以外の連続最適化のアルゴリズムを用いてもよい．

2 部グラフ $(V_{\boldsymbol{x}}\cup V_{\boldsymbol{y}}, E)$ が木構造である場合，式 (1.136) と同様に 2 部グラフ上で $P(\boldsymbol{x},\boldsymbol{y}|\boldsymbol{\theta})$ とその周辺確率分布の間に以下の関係が成り立つこととなる．

$$\begin{aligned}
P(\boldsymbol{x},\boldsymbol{y}|\boldsymbol{\theta}) = {}& \mathcal{Z}^{|V_{\boldsymbol{x}}|+|V_{\boldsymbol{y}}|-|E|-1}\Big(\prod_{i\in V_{\boldsymbol{x}}} P_i(x_i)\Big)\Big(\prod_{j\in V_{\boldsymbol{y}}} P_j(y_j)\Big) \\
&\times\Big(\prod_{\{i,j\}\in E}\frac{P_{\{i,j\}}(x_i,y_j)}{P_i(x_i)P_j(y_j)}\Big).
\end{aligned} \qquad (1.173)$$

式 (1.161) と式 (1.173) を比較することで，式 (1.167)-(1.168) の極値条件は次の形の方程式に帰着される．

$$w_i(x_i) = \frac{1}{D}\sum_{d=1}^{D} P_i\left(x_i\middle|\boldsymbol{y}^{(d)}\right) \quad (i\in V_{\boldsymbol{x}}), \qquad (1.174)$$

$$w_j(y_j) = \frac{1}{D}\sum_{d=1}^{D}\delta_{y_j, y_j^{(d)}} \quad (j\in V_{\boldsymbol{y}}), \qquad (1.175)$$

$$w_{\{i,j\}}(x_i, y_j) = \left(\frac{1}{w_i(x_i)w_j(y_j)}\right)\left(\frac{1}{D}\sum_{d=1}^{D}\delta_{y_j^{(d)}, y_j} P_i\left(x_i\middle|\boldsymbol{y}^{(d)}\right)\right) \ (\{i,j\}\in E). \qquad (1.176)$$

式 (1.174)-(1.176) を解くアルゴリズムの一例を以下に与える．

アルゴリズム 1.3　木構造をもつ 2 部グラフ上の制限ボルツマンマシンの学習アルゴリズム

---

1. D 個の $|V_{\boldsymbol{y}}|$ 次元データベクトル $\boldsymbol{y}^{(d)} = \left(y_j^{(d)}\big|j\in V_{\boldsymbol{y}}\right)^{\mathrm{T}}$ $(d = 1, 2, \cdots, D)$ を入力する. $\boldsymbol{\theta}$ に初期値を設定する.

2. $P_i\left(x_i\big|\boldsymbol{y}^{(d)}\right)$ を以下の式で計算する.

$$P_i\left(x_i\big|\boldsymbol{y}^{(d)}\right) \leftarrow \frac{\displaystyle\prod_{j\in\partial i} w_i(x_i)w_{\{i,j\}}\left(x_i, y_j^{(d)}\right)}{\displaystyle\sum_{z_i\in\Omega}\prod_{j\in\partial i} w_i(z_i)w_{\{i,j\}}\left(z_i, y_j^{(d)}\right)} \quad (i\in V_{\boldsymbol{x}}). \tag{1.177}$$

3. $\boldsymbol{\theta}$ を以下の式で更新する.

$$w_i(x_i) \leftarrow \frac{1}{D}\sum_{d=1}^{D} P_i\left(x_i\big|\boldsymbol{y}^{(d)}\right) \quad (i\in V_{\boldsymbol{x}}), \tag{1.178}$$

$$w_j(y_j) \leftarrow \frac{1}{D}\sum_{d=1}^{D}\delta_{y_j, y_j^{(d)}} \quad (j\in V_{\boldsymbol{y}}), \tag{1.179}$$

$$w_{\{i,j\}}(x_i, y_j) \leftarrow \left(\frac{1}{w_i(x_i)w_j(y_j)}\right)\left(\frac{1}{D}\sum_{d=1}^{D}\delta_{y_j^{(d)}, y_j} P_i\left(x_i\big|\boldsymbol{y}^{(d)}\right)\right) \quad (\{i,j\}\in E). \tag{1.180}$$

4. $\boldsymbol{\theta}$ が収束すれば終了し, 収束しなければステップ 2 に戻る.

1.5　まとめ

　本章では統計的機械学習理論の基礎となるベイズ推定と最尤推定の定式化を導入し, その上で確率的グラフィカルモデルについて概説した. ベイズ統計と最尤推定は, 本書全体に関係する数学的基礎となる. 本章で紹介した周辺化の操作は, 統計的機械学習理論全体にわたって重要な操作の一つである. また, 確率モデルとして解析的操作が可能である多次元ガウス分布の統計量の計算について, できるだけ途中の計算過程を省略せずに記載した. 後続の章ではこれらの枠組みと計算過程が根底にあることをここで言及しておきたい.

　統計的機械学習理論は, 定義された状態変数のすべてに対してデータが完全に

48 第1章 統計的機械学習の基礎

与えられている完全データからの学習と，データが得られない潜在変数とデータが得られる可視変数に状態変数が分かれてしまう不完全データからの学習に分けられる．両者とも経験分布を定義した上でカルバック・ライブラー情報量の最小化の立場で学習アルゴリズムを構築できるが，完全データの場合は尤度最大化，不完全データの場合は周辺尤度最大化という形の最尤推定に帰着される．そして周辺尤度最大化を実現するアルゴリズムの代表例として EM アルゴリズムを紹介した．

　確率的グラフィカルモデルは多くの場合，潜在変数をもつ．このため，確率的グラフィカルモデルの学習は周辺尤度最大化に帰着され，EM アルゴリズムは統計的機械学習理論の要素技術として重要な位置付けとなる．多層ニューラルネットワークの結合係数の学習は教師データを用いて決定されるが，その定式化も最尤推定の一つとして解釈することができる．後続の章でベイズ推定や最尤推定が再度登場し，各章で必要に応じて説明が与えられるが，詳細を再度確認したい場合には本章に立ち返ってみてほしい．

参考文献

[1] Geman, D.: *Random Fields and Inverse Problems in Imaging* (*Lecture Notes in Mathematics*), no.1427, pp. 113-193, Springer-Verlag (1990).
[2] 石井健一郎・上田修功：続・わかりやすいパターン認識—教師なし学習入門—．オーム社 (2014), 326p.
[3] Koller, D., Friedman, N.: *Probabilistic Graphical Models: Principles and Techniques*. MIT Press (2009), 1266p.
[4] Mengersen, K. L., Robert, C. P., Titterington, D. M.: *Mixtures: Estimation and Applications*. John Wiley & Sons (2011), 330p.
[5] Mézard, M., Montanari, A.: *Information, Physics and Computation*. Oxford University Press (2009), 569p.
[6] Murphy, K. P.: *Machine Learning: A Probabilistic Perspective*. MIT Press (2012), 1104p.
[7] 西森秀稔・大関真之：量子コンピュータが人工知能を加速する．日経 BP 社 (2016), 187p.
[8] 西森秀稔・大関真之：量子アニーリングの基礎．共立出版 (2018), 156p.
[9] Opper, M., Saad, D. (eds): *Advanced Mean Field Methods: Theory and Practice*. MIT Press (2001), 300p.
[10] 汪金芳・田栗正章・手塚集・樺島祥介・上田修功：統計科学のフロンティア/計算統計 I —確率計算の新しい手法—．岩波書店 (2003), 196p.

[11] Pelizzola, A.: Cluster variation method in statistical physics and probabilistic graphical models. *Journal of Physics A: Mathematical and General*, **38**, R309-R339 (2005) (Topical Review).

[12] Rabiner, L.R.: A tutorial in hidden Markov models and selected applications in speech recognition, *Proceedings of the IEEE*, **77**, pp.257-286 (1989).

[13] Rue, H., Held, L.: *Gaussian Markov Random Fields: Theory and Applications.* Chapman & Hall/CRC (2005), 280p.

[14] Sucar, L. E., Enrique, L.: *Probabilistic Graphical Models: Principles and Applications.* Springer-Verlag (2015), 277p.

[15] S.Z.Li: *Markov Random Field Modeling in Computer Vision.* Springer-Verlag (1995), 280p.

[16] Tanaka, K.: Statistical-mechanical approach to image processing. *Journal of Physics A: Mathematical and General*, **35**, R81-R150 (2002) (Topical Review).

[17] 田中和之：確率モデルによる画像処理技術入門．森北出版 (2006), 180p.

[18] 田中和之：ベイジアンネットワークの統計的推論の数理．コロナ社 (2009), 257p.

[19] Wainwright, M. J., Jordan, M. I.: *Graphical Models, Exponential Families, and Variational Inference.* NOW (2008), 319p.

[20] Willsky, A.S.: Multire solution Markov models for signal and image processing, *Proceedings of IEEE*, **90**, pp.1396-1458 (2002).

[21] 渡辺有祐：グラフィカルモデル．講談社 (2016), 171p.

[22] 安田宗樹・片岡駿・田中和之：第6章 大規模確率場と確率的画像処理の深化と展開（八木康史・斎藤英雄 編：CVIM チュートリアルシリーズ コンピュータビジョン最先端ガイド3）．アドコム・メディア株式会社 (2010), 185p.

2

ガウシアングラフィカルモデルの統計的機械学習理論

2.1 はじめに

本章では，不完全データからの統計的機械学習の例として，ノイズ除去のためのガウシアングラフィカルモデルによる EM（期待最大化）アルゴリズムについて概説する．2.2 節で，最も基本的な相互作用項をもつガウシアングラフィカルモデルの EM アルゴリズムの導出を説明する．2.3 節では，相互作用項にスパース性を導入することで拡張した一般化されたスパースガウシアングラフィカルモデルの EM アルゴリズムを，確率伝搬法と組み合わせた形での汎用性のある近似アルゴリズムとして構築する手順を紹介する．

2.2 ガウシアングラフィカルモデルによるノイズ除去と EM アルゴリズム

本節では，頂点間が辺で結ばれたグラフ構造をもつグラフィカルモデルの中でも厳密な取り扱いが可能なガウシアングラフィカルモデル [2, 15, 17, 18] によるノイズ除去における EM アルゴリズムについて概説する．

2.2.1 ガウシアングラフィカルモデルと不完全データにおける最尤推定

$|V|$ 個の頂点 (node) からなる集合 $V = \{1, 2, \cdots, |V|\}$ とする．頂点 i と j の間に辺 (edge) が存在する時，その辺を $\{i, j\}$ と表すこととし，すべての辺の集合を E とする．すべての頂点に状態変数 x_i と $y_i (i \in V)$ を導入する．x_i と y_i は，

2.2 ガウシアングラフィカルモデルによるノイズ除去と EM アルゴリズム 51

いずれも区間 $(-\infty, +\infty)$ を状態空間として，任意の実数をとるものとする．この状態変数からなる状態ベクトル $\boldsymbol{x} = (x_1, x_2, \cdots, x_{|V|})^{\mathrm{T}}$, $\boldsymbol{y} = (y_1, y_2, \cdots, y_{|V|})^{\mathrm{T}}$ に対するハイパパラメータ α, β および γ によってパラメトライズされた事前確率密度関数 $P(\boldsymbol{x}|\alpha, \gamma)$ と条件付き確率密度関数 $P(\boldsymbol{y}|\boldsymbol{x}, \beta)$ を，以下の定義により導入する．

$$P(\boldsymbol{x}|\alpha, \gamma) \equiv \frac{1}{Z(\alpha, \gamma)} \exp\left(-\frac{1}{2}\alpha \sum_{\{i,j\}\in E} (x_i - x_j)^2 - \frac{1}{2}\gamma \sum_{i\in V} x_i{}^2\right) \quad (\alpha > 0, \ \gamma > 0),$$

$$(2.1)$$

$$P(\boldsymbol{y}|\boldsymbol{x}, \beta) \equiv \sqrt{\left(\frac{\beta}{2\pi}\right)^{|V|}} \exp\left(-\frac{1}{2}\beta \sum_{i\in V} (x_i - y_i)^2\right) \quad (\beta > 0). \qquad (2.2)$$

$Z(\alpha, \gamma)$ は，事前確率密度関数 $P(\boldsymbol{x}|\alpha, \gamma)$ の規格化定数である．

$$Z(\alpha, \gamma) \equiv \int_{-\infty}^{+\infty} \int_{-\infty}^{+\infty}$$
$$\cdots \int_{-\infty}^{+\infty} \exp\left(-\frac{1}{2}\alpha \sum_{\{i,j\}\in E} (z_i - z_j)^2 - \frac{1}{2}\gamma \sum_{i\in V} z_i{}^2\right) dz_1 dz_2 \cdots dz_{|V|}$$

$$(2.3)$$

式 (2.1) の $P(\boldsymbol{x}|\alpha, \gamma)$ と式 (2.2) の $P(\boldsymbol{y}|\boldsymbol{x}, \beta)$ から，パラメータベクトル $\boldsymbol{x}$ とデータベクトル $\boldsymbol{y}$ の結合確率密度 $P(\boldsymbol{x}, \boldsymbol{y}|\alpha, \beta, \gamma)$ およびデータベクトル $\boldsymbol{y}$ が与えられた時のパラメータベクトル $\boldsymbol{x}$ に対する事後確率密度関数 $P(\boldsymbol{x}|\boldsymbol{y}, \alpha, \beta, \gamma)$ は，式 (1.29) と式 (1.34) をもとにして次のように定義される．

$$P(\boldsymbol{x}, \boldsymbol{y}|\alpha, \beta, \gamma) \equiv P(\boldsymbol{y}|\boldsymbol{x}, \beta) P(\boldsymbol{x}|\alpha, \gamma), \qquad (2.4)$$

$$P(\boldsymbol{x}|\boldsymbol{y}, \alpha, \beta, \gamma) \equiv \frac{P(\boldsymbol{y}|\boldsymbol{x}, \beta) P(\boldsymbol{x}|\alpha, \gamma)}{P(\boldsymbol{y}|\alpha, \beta, \gamma)}. \qquad (2.5)$$

右辺の分母の $P(\boldsymbol{y}|\alpha, \beta, \gamma)$ は状態ベクトル $\boldsymbol{y}$ の確率密度関数であり，式 (1.30) をもとにして次のように定義される．

$$P(\boldsymbol{y}|\alpha, \beta, \gamma) \equiv \int_{-\infty}^{+\infty} \int_{-\infty}^{+\infty} \cdots \int_{-\infty}^{+\infty} P(\boldsymbol{z}, \boldsymbol{y}|\alpha, \beta, \gamma) dz_1 dz_2 \cdots dz_{|V|}. \quad (2.6)$$

52 第 2 章 ガウシアングラフィカルモデルの統計的機械学習理論

式 (1.77) と同様に，$P(\boldsymbol{y}|\alpha,\beta,\gamma)$ をデータ $\boldsymbol{y}$ が与えられた時の α, β, γ に対する周辺尤度として，これを最大化するように α, β, γ の推定値 $\widehat{\alpha}, \widehat{\beta}, \widehat{\gamma}$ を次のように決定する．

$$(\widehat{\alpha}, \widehat{\beta}, \widehat{\gamma}) = \underset{(\alpha,\beta,\gamma)}{\operatorname{argmax}} P(\boldsymbol{y}|\alpha,\beta,\gamma). \tag{2.7}$$

このハイパパラメータを推定した上で，式 (1.38) をもとに周辺事後確率密度関数 $P_i(x_i|\boldsymbol{y},\widehat{\alpha},\widehat{\beta},\widehat{\gamma})$ から $\widehat{x}_i(\widehat{\alpha},\widehat{\beta},\widehat{\gamma}|\boldsymbol{y})$ $(i(\in V)$ を各頂点ごとに以下のように決定する．

$$\widehat{x}_i(\widehat{\alpha}, \widehat{\beta}, \widehat{\gamma}|\boldsymbol{y}) = \underset{z_i \in (-\infty,+\infty)}{\operatorname{argmax}} P_i(z_i|\boldsymbol{y},\widehat{\alpha},\widehat{\beta},\widehat{\gamma}) \quad (i \in V), \tag{2.8}$$

$$P_i(x_i|\boldsymbol{y},\widehat{\alpha},\widehat{\beta},\widehat{\gamma}) \equiv \int_{-\infty}^{+\infty} \int_{-\infty}^{+\infty} \cdots \int_{-\infty}^{+\infty} \delta(z_i - x_i) P(\boldsymbol{z}|\boldsymbol{y},\widehat{\alpha},\widehat{\beta},\widehat{\gamma}) dz_1 dz_2 \cdots dz_{|V|}$$
$$(i \in V). \tag{2.9}$$

式 (2.1) と式 (2.2) を式 (2.4) と式 (2.5) に代入することで，パラメータベクトル $\boldsymbol{x}$ とデータベクトル $\boldsymbol{y}$ の結合確率密度 $P(\boldsymbol{x},\boldsymbol{y}|\alpha,\beta,\gamma)$，およびデータベクトル $\boldsymbol{y}$ が与えられた時のパラメータベクトル $\boldsymbol{x}$ に対する事後確率密度関数 $P(\boldsymbol{x}|\boldsymbol{y},\alpha,\beta,\gamma)$ は，以下のように具体的表式としてそれぞれ与えられる．

$$P(\boldsymbol{x},\boldsymbol{y}|\alpha,\beta,\gamma) = \frac{1}{Z(\alpha,\gamma)} \sqrt{\left(\frac{\beta}{2\pi}\right)^{|V|}} \exp\left(-\frac{1}{2}\alpha \sum_{\{i,j\}\in E} (x_i - x_j)^2\right.$$
$$\left. -\frac{1}{2}\gamma \sum_{i\in V} x_i{}^2 - \frac{1}{2}\beta \sum_{i\in V} (x_i - y_i)^2\right), \tag{2.10}$$

$$P(\boldsymbol{x}|\boldsymbol{y},\alpha,\beta,\gamma) = \frac{1}{Z(\boldsymbol{y},\alpha,\beta,\gamma)} \exp\left(-\frac{1}{2}\alpha \sum_{\{i,j\}\in E} (x_i - x_j)^2\right.$$
$$\left. -\frac{1}{2}\gamma \sum_{i\in V} x_i{}^2 - \frac{1}{2}\beta \sum_{i\in V} (x_i - y_i)^2\right). \tag{2.11}$$

式 (2.10) と式 (2.11) において $Z(\alpha,\gamma)$ は式 (2.3) により定義され，$Z(\boldsymbol{y},\alpha,\beta,\gamma)$ は事後確率密度関数の規格化定数である．

$$Z(\boldsymbol{y}, \alpha, \beta, \gamma) \equiv \int_{-\infty}^{+\infty} \int_{-\infty}^{+\infty} \cdots \int_{-\infty}^{+\infty} \exp\Big(-\frac{1}{2}\alpha \sum_{\{i,j\}\in E} (z_i - z_j)^2$$
$$-\frac{1}{2}\gamma \sum_{i\in V} z_i{}^2 - \frac{1}{2}\beta \sum_{i\in V} (z_i - y_i)^2\Big) dz_1 dz_2 \cdots dz_{|V|}. \quad (2.12)$$

式 (2.6) に式 (2.10) を代入することにより，周辺尤度の表式が以下のように与えられる.

$$P(\boldsymbol{y}|\alpha, \beta, \gamma) = \sqrt{\Big(\frac{\beta}{2\pi}\Big)^{|V|}} \frac{Z(\boldsymbol{y}, \alpha, \beta, \gamma)}{Z(\alpha, \gamma)}. \quad (2.13)$$

2.2.2 ガウシアングラフィカルモデルにおける EM アルゴリズム

EM アルゴリズムを構成するために，まず Q 関数を次のように定義することで導入する.

$$\mathcal{Q}(\alpha, \beta, \gamma|\alpha', \beta', \gamma', \boldsymbol{y}) \equiv \int_{-\infty}^{+\infty} \int_{-\infty}^{+\infty} \cdots \int_{-\infty}^{+\infty} P(\boldsymbol{z}|\boldsymbol{y}, \alpha', \beta', \gamma')$$
$$\times \ln\Big(P(\boldsymbol{z}, \boldsymbol{y}|\alpha, \beta, \gamma)\Big) dz_1 dz_2 \cdots dz_{|V|}. \quad (2.14)$$

EM アルゴリズムの M ステップにおける更新規則は

$$(\alpha(t), \beta(t), \gamma(t)) \leftarrow \operatorname*{argmax}_{(\alpha, \beta, \gamma)} \mathcal{Q}\Big(\alpha, \beta, \gamma\Big|\alpha(t-1), \beta(t-1), \gamma(t-1), \boldsymbol{y}\Big)$$
$$(2.15)$$

によって与えられる．式 (2.10) を式 (2.14) に代入することで $\mathcal{Q}\Big(\alpha, \beta, \gamma\Big|\alpha(t), \beta(t),$ $\gamma(t), \boldsymbol{y}\Big)$ を書き下す.

$$\mathcal{Q}\Big(\alpha, \beta, \gamma\Big|\alpha(t-1), \beta(t-1), \gamma(t-1), \boldsymbol{y}\Big) = \frac{|V|}{2}\ln\Big(\frac{\beta}{2\pi}\Big) - \ln\big(Z(\alpha, \gamma)\big)$$
$$-\frac{1}{2}\alpha \sum_{\{i,j\}\in E} \int_{-\infty}^{+\infty} \int_{-\infty}^{+\infty} \cdots \int_{-\infty}^{+\infty} (z_i - z_j)^2 P(\boldsymbol{z}|\boldsymbol{y}, \alpha(t), \beta(t), \gamma(t)) dz_1 dz_2 \cdots dz_{|V|}$$
$$-\frac{1}{2}\gamma \sum_{i\in V} \int_{-\infty}^{+\infty} \int_{-\infty}^{+\infty} \cdots \int_{-\infty}^{+\infty} z_i{}^2 P(\boldsymbol{z}|\boldsymbol{y}, \alpha(t), \beta(t), \gamma(t)) dz_1 dz_2 \cdots dz_{|V|}$$
$$-\frac{1}{2}\beta \sum_{i\in V} \int_{-\infty}^{+\infty} \int_{-\infty}^{+\infty} \cdots \int_{-\infty}^{+\infty} (z_i - y_i)^2 P(\boldsymbol{z}|\boldsymbol{y}, \alpha(t), \beta(t), \gamma(t)) dz_1 dz_2 \cdots dz_{|V|}.$$
$$(2.16)$$

54　第2章　ガウシアングラフィカルモデルの統計的機械学習理論

$\mathcal{Q}$ 関数の α, β, γ の極値条件を考えることで，式 (2.15) は

$$
\begin{cases}
\left[\frac{\partial}{\partial \alpha} \mathcal{Q}\Big(\alpha, \beta, \gamma \Big| \alpha(t-1), \beta(t-1), \gamma(t-1), \boldsymbol{y}\Big) \right]_{(\alpha,\beta,\gamma)=(\alpha(t),\beta(t),\gamma(t))} = 0 \\[2mm]
\left[\frac{\partial}{\partial \beta} \mathcal{Q}\Big(\alpha, \beta, \gamma \Big| \alpha(t-1), \beta(t-1), \gamma(t-1), \boldsymbol{y}\Big) \right]_{(\alpha,\beta,\gamma)=(\alpha(t),\beta(t),\gamma(t))} = 0 \\[2mm]
\left[\frac{\partial}{\partial \gamma} \mathcal{Q}\Big(\alpha, \beta, \gamma \Big| \alpha(t-1), \beta(t-1), \gamma(t-1), \boldsymbol{y}\Big) \right]_{(\alpha,\beta,\gamma)=(\alpha(t),\beta(t),\gamma(t))} = 0
\end{cases}
\tag{2.17}
$$

という形に帰着される．式 (2.17) に式 (2.16) を代入することで，式 (2.17) の $(\alpha(t-1), \beta(t-1), \gamma(t-1))$ から $(\alpha(t), \beta(t), \gamma(t))$ への更新式は，$(\alpha(t-1), \beta(t-1), \gamma(t-1))$ を固定して，次の方程式を $(\alpha(t), \beta(t), \gamma(t))$ について解く手順に置き換えられる．

$$
\int_{-\infty}^{+\infty} \int_{-\infty}^{+\infty} \cdots \int_{-\infty}^{+\infty} \Big(\frac{1}{|E|} \sum_{\{i,j\}\in E} (z_i - z_j)^2 \Big) P(\boldsymbol{z}|\alpha(t), \beta(t)) dz_1 dz_2 \cdots dz_{|V|}
$$
$$
= \int_{-\infty}^{+\infty} \int_{-\infty}^{+\infty}
$$
$$
\cdots \int_{-\infty}^{+\infty} \Big(\frac{1}{|E|} \sum_{\{i,j\}\in E} (z_i - z_j)^2 \Big) P(\boldsymbol{z}|\boldsymbol{y}, \alpha(t-1), \beta(t-1), \gamma(t-1)) dz_1 dz_2 \cdots dz_{|V|},
\tag{2.18}
$$

$$
\int_{-\infty}^{+\infty} \int_{-\infty}^{+\infty} \cdots \int_{-\infty}^{+\infty} \Big(\frac{1}{|V|} \sum_{i\in V} z_i{}^2 \Big) P(\boldsymbol{z}|\alpha(t), \gamma(t)) dz_1 dz_2 \cdots dz_{|V|}
$$
$$
= \int_{-\infty}^{+\infty} \int_{-\infty}^{+\infty}
$$
$$
\cdots \int_{-\infty}^{+\infty} \Big(\frac{1}{|V|} \sum_{i\in V} z_i{}^2 \Big) P(\boldsymbol{z}|\boldsymbol{y}, \alpha(t-1), \beta(t-1), \gamma(t-1)) dz_1 dz_2 \cdots dz_{|V|},
\tag{2.19}
$$

$$
\beta(t)^{-1} = \int_{-\infty}^{+\infty} \int_{-\infty}^{+\infty}
$$
$$
\cdots \int_{-\infty}^{+\infty} \Big(\frac{1}{|V|} \sum_{i\in V} (z_i - y_i)^2 \Big) P(\boldsymbol{z}|\boldsymbol{y}, \alpha(t-1), \beta(t-1), \gamma(t-1)) dz_1 dz_2 \cdots dz_{|V|}.
\tag{2.20}
$$

式 (2.18) の右辺の積分は，$Z(\boldsymbol{y}, \alpha, \beta, \gamma)$ を用いて次のように表される．

$$\int_{-\infty}^{+\infty}\int_{-\infty}^{+\infty}\cdots\int_{-\infty}^{+\infty}\left(\frac{1}{|E|}\sum_{\{i,j\}\in E}(z_i-z_j)^2\right)P(\boldsymbol{z}|\boldsymbol{y},\alpha,\beta,\gamma)dz_1dz_2\cdots dz_{|V|}$$

$$=-\frac{2}{|E|}\frac{\partial}{\partial\alpha}\ln\left(Z(\boldsymbol{y},\alpha,\beta,\gamma)\right). \tag{2.21}$$

$Z(\boldsymbol{y},\alpha,\beta,\gamma)$ の多重積分を計算するために,まず式 (2.10)-(2.12) の exp の中の 2 次形式を行列とベクトルを用いた形に書き直し,平方完成する.

$$-\frac{1}{2}\beta\sum_{i\in V}(x_i-y_i)^2-\frac{1}{2}\gamma\sum_{i\in V}{x_i}^2-\frac{1}{2}\alpha\sum_{\{i,j\}\in E}(x_i-x_j)^2$$

$$=-\frac{1}{2}\beta(\boldsymbol{x}-\boldsymbol{y})^{\mathrm{T}}(\boldsymbol{x}-\boldsymbol{y})-\frac{1}{2}\gamma\boldsymbol{x}^{\mathrm{T}}\boldsymbol{x}-\frac{1}{2}\alpha\boldsymbol{x}^{\mathrm{T}}\boldsymbol{C}\boldsymbol{x}$$

$$=-\frac{1}{2}\beta\boldsymbol{x}^{\mathrm{T}}\boldsymbol{x}+\frac{1}{2}\beta\boldsymbol{x}^{\mathrm{T}}\boldsymbol{y}+\frac{1}{2}\beta\boldsymbol{y}^{\mathrm{T}}\boldsymbol{x}-\frac{1}{2}\beta\boldsymbol{y}^{\mathrm{T}}\boldsymbol{y}-\frac{1}{2}\gamma\boldsymbol{x}^{\mathrm{T}}\boldsymbol{x}-\frac{1}{2}\alpha\boldsymbol{x}^{\mathrm{T}}\boldsymbol{C}\boldsymbol{x}$$

$$=-\frac{1}{2}\boldsymbol{x}^{\mathrm{T}}\big((\beta+\gamma)\boldsymbol{I}+\alpha\boldsymbol{C}\big)\boldsymbol{x}+\frac{1}{2}\beta\boldsymbol{x}^{\mathrm{T}}\boldsymbol{y}+\frac{1}{2}\beta\boldsymbol{y}^{\mathrm{T}}\boldsymbol{x}-\frac{1}{2}\beta\boldsymbol{y}^{\mathrm{T}}\boldsymbol{y}$$

$$=-\frac{1}{2}\big(\boldsymbol{x}-\beta((\beta+\gamma)\boldsymbol{I}+\alpha\boldsymbol{C})^{-1}\boldsymbol{y}\big)^{\mathrm{T}}\big((\beta+\gamma)\boldsymbol{I}+\alpha\boldsymbol{C}\big)\big(\boldsymbol{x}-\beta((\beta+\gamma)\boldsymbol{I}+\alpha\boldsymbol{C})^{-1}\boldsymbol{y}\big)$$

$$\qquad+\frac{1}{2}\beta^2\boldsymbol{y}^{\mathrm{T}}((\beta+\gamma)\boldsymbol{I}+\alpha\boldsymbol{C})^{-1}\boldsymbol{y}^{\mathrm{T}}-\frac{1}{2}\beta\boldsymbol{y}\boldsymbol{y}$$

$$=-\frac{1}{2}\big(\boldsymbol{x}-\beta((\beta+\gamma)\boldsymbol{I}+\alpha\boldsymbol{C})^{-1}\boldsymbol{y}\big)^{\mathrm{T}}\big((\beta+\gamma)\boldsymbol{I}+\alpha\boldsymbol{C}\big)\big(\boldsymbol{x}-\beta((\beta+\gamma)\boldsymbol{I}+\alpha\boldsymbol{C})^{-1}\boldsymbol{y}\big)$$

$$\qquad-\frac{1}{2}\beta\boldsymbol{y}^{\mathrm{T}}\big(\gamma\boldsymbol{I}+\alpha\boldsymbol{C}\big)\big((\beta+\gamma)\boldsymbol{I}+\alpha\boldsymbol{C}\big)^{-1}\boldsymbol{y}. \tag{2.22}$$

行列 $\boldsymbol{C}$ は,(i,j) 成分 $\langle i|\boldsymbol{C}|j\rangle$ $(i\in V,\,i\in V)$ が次の式で定義される $|V|$ 行 $|V|$ 列の実対称行列である [1].

$$\langle i|\boldsymbol{C}|j\rangle\equiv\begin{cases}|\partial i| & (i=j)\\-1 & (\{i,j\}\in E)\\0 & (\text{otherwise})\end{cases}. \tag{2.23}$$

この時,$\partial i\equiv\{\{i,j\}|\{i,j\}\in E\}$ は辺により結ばれたすべての頂点対の集合である.$\boldsymbol{I}$ は $|V|$ 行 $|V|$ 列の単位行列である.

---

[1] 行列 $\boldsymbol{A}$ に対してその第 (i,j) 成分を,$A_{i,j}$,$(\boldsymbol{A})_{i,j}$ の代わりに $\langle i|\boldsymbol{A}|j\rangle$ により表すことにする.また,ベクトル $\boldsymbol{v}$ の第 i 成分は,v_i,$(\boldsymbol{v})_i$ の代わりに $\langle i|\boldsymbol{v}$ により表すことにする.$\langle i|$ および $|i\rangle$ は,第 i 成分が 1,それ以外の成分は 0 である横ベクトルおよび縦ベクトルをそれぞれ意味する.これにより $\langle i|\boldsymbol{A}|j\rangle$ および $\langle i|\boldsymbol{v}$ は,その第 (i,j) 成分および第 i 成分を取り出す演算の形になっていることを意味する.

$$\langle i | \boldsymbol{I} | j \rangle \equiv \begin{cases} 1 & (i = j) \\ 0 & (\text{otherwise}) \end{cases}. \tag{2.24}$$

これにより，式 (2.12) は以下のように書き換えられる．

$$Z(\boldsymbol{y}, \alpha, \beta, \gamma) = \exp\left(-\frac{1}{2}\beta\boldsymbol{y}^{\mathrm{T}}(\gamma\boldsymbol{I} + \alpha\boldsymbol{C})\big((\beta + \gamma)\boldsymbol{I} + \alpha\boldsymbol{C}\big)^{-1}\boldsymbol{y}\right)$$
$$\times \int_{-\infty}^{+\infty}\int_{-\infty}^{+\infty}\cdots\int_{-\infty}^{+\infty} \exp\left(-\frac{1}{2}\big(\boldsymbol{z} - \beta((\beta + \gamma)\boldsymbol{I} + \alpha\boldsymbol{C})^{-1}\boldsymbol{y}\big)^{\mathrm{T}}\right.$$
$$\left.\times\big((\beta + \gamma)\boldsymbol{I} + \alpha\boldsymbol{C}\big)\big(\boldsymbol{z} - \beta((\beta + \gamma)\boldsymbol{I} + \alpha\boldsymbol{C})^{-1}\boldsymbol{y}\big)\right) dz_1 dz_2 \cdots dz_{|V|}. \tag{2.25}$$

行列 $\boldsymbol{C}$ は実対称行列であり，$\boldsymbol{U}^{\mathrm{T}}\boldsymbol{C}\boldsymbol{U}$ を対角行列とする直交行列（すなわち $\boldsymbol{U}^{\mathrm{T}}\boldsymbol{U} = \boldsymbol{U}\boldsymbol{U}^{\mathrm{T}} = \boldsymbol{I}$ を満足する行列）$\boldsymbol{U}$ が存在する．そこでこの対角行列を $\boldsymbol{\Lambda}$ とする．

$$\boldsymbol{\Lambda} \equiv \boldsymbol{U}^{\mathrm{T}}\boldsymbol{C}\boldsymbol{U}. \tag{2.26}$$

$\boldsymbol{\Lambda}$ の対角成分は，行列 $\boldsymbol{C}$ の固有値である．式 (2.26) から行列 $\boldsymbol{C}$ は $\boldsymbol{C} = \boldsymbol{U}\boldsymbol{\Lambda}\boldsymbol{U}^{\mathrm{T}}$ と表され，これを式 (2.25) に代入することで以下のように書き換えられる．

$$Z(\boldsymbol{y}, \alpha, \beta, \gamma) = \exp\left(-\frac{1}{2}\beta\boldsymbol{y}^{\mathrm{T}}\boldsymbol{U}(\gamma\boldsymbol{I} + \alpha\boldsymbol{\Lambda})\big((\beta + \gamma)\boldsymbol{I} + \alpha\boldsymbol{\Lambda}\big)^{-1}\boldsymbol{U}^{\mathrm{T}}\boldsymbol{y}\right)$$
$$\times \int_{-\infty}^{+\infty}\int_{-\infty}^{+\infty}\cdots\int_{-\infty}^{+\infty} \exp\left(-\frac{1}{2}\big(\boldsymbol{U}^{\mathrm{T}}\boldsymbol{z} - \beta((\beta + \gamma)\boldsymbol{I} + \alpha\boldsymbol{\Lambda})^{-1}\boldsymbol{U}^{\mathrm{T}}\boldsymbol{y}\big)\right.$$
$$\left.\times((\beta + \gamma)\boldsymbol{I} + \alpha\boldsymbol{\Lambda})\big(\boldsymbol{U}^{\mathrm{T}}\boldsymbol{z} - \beta((\beta + \gamma)\boldsymbol{I} + \alpha\boldsymbol{\Lambda})^{-1}\boldsymbol{U}^{\mathrm{T}}\boldsymbol{y}\big)\right) dz_1 dz_2 \cdots dz_{|V|}. \tag{2.27}$$

実対称行列の固有値はすべて実数であり，固有ベクトルもすべて実ベクトルに選べることから，直交行列 $\boldsymbol{U}$ も実行列に選ぶことができる．そこで

$$\boldsymbol{\zeta} = \big(\zeta_1, \zeta_2, \cdots, \zeta_{|V|}\big)^{\mathrm{T}}$$

$$= \boldsymbol{U}^{\mathrm{T}}\boldsymbol{z} - \beta\big((\beta+\gamma)\boldsymbol{I} + \alpha\boldsymbol{\Lambda}\big)^{-1}\boldsymbol{U}^{\mathrm{T}}\boldsymbol{y} \tag{2.28}$$

という変数変換を導入すると，$\boldsymbol{U}$ が実行列であることから変換後の積分変数 $\zeta_i (i \in V)$ の積分区間も $(-\infty, +\infty)$ の実数値となる．また $\det(\boldsymbol{U}) = \det(\boldsymbol{U}^{\mathrm{T}}) = 1$ が成り立つことからヤコビアンは 1 であり，式 (2.25) の多重積分はガウス積分の公式を用いて次の形に求められる．

$$
\begin{aligned}
Z(\boldsymbol{y}, \alpha, \beta, \gamma) &= \exp\left(-\frac{1}{2}\beta\boldsymbol{y}^{\mathrm{T}}\boldsymbol{U}\big(\gamma\boldsymbol{I}+\alpha\boldsymbol{\Lambda}\big)\big((\beta+\gamma)\boldsymbol{I}+\alpha\boldsymbol{\Lambda}\big)^{-1}\boldsymbol{U}^{\mathrm{T}}\boldsymbol{y}\right) \\
&\quad \times \int_{-\infty}^{+\infty}\int_{-\infty}^{+\infty}\cdots\int_{-\infty}^{+\infty}\exp\left(-\frac{1}{2}\boldsymbol{\zeta}^{\mathrm{T}}\big((\beta+\gamma)\boldsymbol{I}+\alpha\boldsymbol{\Lambda}\big)\boldsymbol{\zeta}\right)dz_1 dz_2\cdots dz_{|V|} \\
&= \exp\left(-\frac{1}{2}\sum_{i\in V}\beta\boldsymbol{y}^{\mathrm{T}}\boldsymbol{U}|i\rangle\frac{\gamma+\alpha\Lambda_i}{\beta+\gamma+\alpha\Lambda_i}\langle i|\boldsymbol{U}^{\mathrm{T}}\boldsymbol{y}\right) \\
&\quad \times \prod_{i\in V}\int_{-\infty}^{+\infty}\exp\left(-\frac{1}{2}(\beta+\gamma+\alpha\Lambda_i){\zeta_i}^2\right)d\zeta_i \\
&= \exp\left(-\frac{1}{2}\sum_{i\in V}\beta\boldsymbol{y}^{\mathrm{T}}\boldsymbol{U}|i\rangle\frac{\gamma+\alpha\Lambda_i}{\beta+\gamma+\alpha\Lambda_i}\langle i|\boldsymbol{U}^{\mathrm{T}}\boldsymbol{y}\right)\prod_{i\in V}\sqrt{\frac{2\pi}{\beta+\gamma+\alpha\Lambda_i}}.
\end{aligned}
\tag{2.29}
$$

式 (2.29) を用いることで，式 (2.21) の右辺の微分は次のように与えられる．

$$
\begin{aligned}
\frac{\partial}{\partial\alpha}&\ln\big(Z(\boldsymbol{y}, \alpha, \beta, \gamma)\big) \\
&= \frac{1}{2}\sum_{i\in V}\beta\boldsymbol{y}^{\mathrm{T}}\boldsymbol{U}|i\rangle\frac{\beta\Lambda_i}{(\beta+\gamma+\alpha\Lambda_i)^2}\langle i|\boldsymbol{U}^{\mathrm{T}}\boldsymbol{y} + \frac{1}{2}\sum_{i\in V}\frac{\Lambda_i}{\beta+\gamma+\alpha\Lambda_i} \\
&= \frac{1}{2}\beta^2\boldsymbol{y}^{\mathrm{T}}\boldsymbol{C}\big(((\beta+\gamma)\boldsymbol{I}+\alpha\boldsymbol{C})^{-1}\big)^2\boldsymbol{y} + \frac{1}{2}\mathrm{Tr}\big(\boldsymbol{C}((\beta+\gamma)\boldsymbol{I}+\alpha\boldsymbol{C})^{-1}\big).
\end{aligned}
\tag{2.30}
$$

式 (2.21) に式 (2.30) の結果を代入することで，式 (2.18) の右辺の積分は次のように表される．

$$
\int_{-\infty}^{+\infty}\int_{-\infty}^{+\infty}\cdots\int_{-\infty}^{+\infty}\left(\frac{1}{|E|}\sum_{\{i,j\}\in E}(z_i-z_j)^2\right)P(\boldsymbol{z}|\boldsymbol{y},\alpha,\beta,\gamma)dz_1 dz_2\cdots dz_{|V|}
$$

$$= -\frac{1}{|E|}\beta^2 \boldsymbol{y}^{\mathrm{T}} \boldsymbol{C}\big(((\beta+\gamma)\boldsymbol{I}+\alpha\boldsymbol{C})^{-1}\big)^2 \boldsymbol{y} - \frac{1}{|E|}\mathrm{Tr}\big(\boldsymbol{C}((\beta+\gamma)\boldsymbol{I}+\alpha\boldsymbol{C})^{-1}\big).$$
$$(2.31)$$

式 (2.18)-(2.20) に現れる他の多重積分も同様にして計算され, 式 (2.18)-(2.20) の EM アルゴリズムの更新式は次の形に帰着される.

$$\frac{1}{|E|}\mathrm{Tr}\big(\boldsymbol{C}(\gamma(t)\boldsymbol{I}+\alpha(t)\boldsymbol{C})^{-1}\big) = \frac{1}{|E|}\mathrm{Tr}\big(\boldsymbol{C}((\beta(t-1)+\gamma(t-1))\boldsymbol{I}+\alpha(t-1)\boldsymbol{C})^{-1}\big)$$
$$+ \frac{1}{|E|}\beta(t-1)^2 \boldsymbol{y}^{\mathrm{T}} \boldsymbol{C}\big(((\beta(t-1)+\gamma(t-1))\boldsymbol{I}+\alpha(t-1)\boldsymbol{C})^{-1}\big)^2 \boldsymbol{y}, \quad (2.32)$$

$$\frac{1}{|V|}\mathrm{Tr}(\gamma(t)\boldsymbol{I}+\alpha(t)\boldsymbol{C})^{-1} = \frac{1}{|V|}\mathrm{Tr}((\beta(t-1)+\gamma(t-1))\boldsymbol{I}+\alpha(t-1)\boldsymbol{C})^{-1}$$
$$+ \frac{1}{|V|}\beta(t-1)^2 \boldsymbol{y}^{\mathrm{T}} \big(((\beta(t-1)+\gamma(t-1))\boldsymbol{I}+\alpha(t-1)\boldsymbol{C})^{-1}\big)^2 \boldsymbol{y}, \quad (2.33)$$

$$\beta(t)^{-1} = \frac{1}{|V|}\mathrm{Tr}((\beta(t-1)+\gamma(t-1))\boldsymbol{I}+\alpha(t-1)\boldsymbol{C})^{-1}$$
$$+ \frac{1}{|V|}\beta(t-1)^2 \boldsymbol{y}^{\mathrm{T}} (\gamma(t-1)\boldsymbol{I}+\alpha(t-1)\boldsymbol{C})^2$$
$$\times \big(((\beta(t-1)+\gamma(t-1))\boldsymbol{I}+\alpha(t-1)\boldsymbol{C})^{-1}\big)^2 \boldsymbol{y}. \quad (2.34)$$

また, 式 (2.29) に式 (2.26) を用いることで $Z(\boldsymbol{y},\alpha,\beta,\gamma)$ は

$$Z(\boldsymbol{y},\alpha,\beta,\gamma) = \exp\left(-\frac{1}{2}\beta \boldsymbol{y}^{\mathrm{T}} \boldsymbol{U}\big(\gamma\boldsymbol{I}+\alpha\boldsymbol{\Lambda}\big)\big((\beta+\gamma)\boldsymbol{I}+\alpha\boldsymbol{\Lambda}\big)^{-1} \boldsymbol{U}^{\mathrm{T}} \boldsymbol{y}\right)$$
$$\times \sqrt{\frac{(2\pi)^{|V|}}{\det((\beta+\gamma)\boldsymbol{I}+\alpha\boldsymbol{C})}} \quad (2.35)$$

という形に書き換えられる. 式 (2.12) の $Z(\boldsymbol{y},\alpha,\beta,\gamma)$ 対して式 (2.25), 式 (2.29) を経て式 (2.35) の表式を得る計算過程を式 (2.3) の $Z(\alpha,\gamma)$ に対して実行することで, 同様にして以下の表式を得ることができる.

$$Z(\alpha,\gamma) = \sqrt{\frac{(2\pi)^{|V|}}{\det(\gamma\boldsymbol{I}+\alpha\boldsymbol{C})}}. \quad (2.36)$$

式 (2.35) と式 (2.22) を式 (2.11) に代入することで, 事後確率密度関数

2.2 ガウシアングラフィカルモデルによるノイズ除去とEMアルゴリズム 59

$P(\boldsymbol{x}|\boldsymbol{y},\widehat{\alpha},\widehat{\beta},\widehat{\gamma})$ は

$$
P(\boldsymbol{x}|\boldsymbol{y},\widehat{\alpha},\widehat{\beta},\widehat{\gamma}) = \sqrt{\frac{(2\pi)^{|V|}}{\det((\beta+\gamma)\boldsymbol{I}+\alpha\boldsymbol{C})}}
$$
$$
\times \exp\left(-\frac{1}{2}\big(\boldsymbol{x}-\beta((\beta+\gamma)\boldsymbol{I}+\alpha\boldsymbol{C})^{-1}\boldsymbol{y}\big)^{\mathrm{T}}\right.
$$
$$
\left. \times ((\beta+\gamma)\boldsymbol{I}+\alpha\boldsymbol{C})\big(\boldsymbol{x}-\beta((\beta+\gamma)\boldsymbol{I}+\alpha\boldsymbol{C})^{-1}\boldsymbol{y}\big)\right) \tag{2.37}
$$

と書き換えられ，これにより式 (2.8) の MPM 推定は

$$
\widehat{\boldsymbol{x}}(\widehat{\alpha},\widehat{\beta},\widehat{\gamma}|\boldsymbol{y}) = \widehat{\beta}\left(\left(\widehat{\beta}+\widehat{\gamma}\right)\boldsymbol{I}+\widehat{\alpha}\boldsymbol{C}\right)^{-1}\boldsymbol{y} \tag{2.38}
$$

に帰着される．さらに，式 (2.35)-(2.36) を式 (2.13) に代入することで，周辺尤度 $P(\boldsymbol{y}|\alpha,\beta,\gamma)$ は次のように与えられる．

$$
P(\boldsymbol{y}|\alpha,\beta,\gamma) = \sqrt{\frac{\det\left(\beta(\gamma\boldsymbol{I}+\alpha\boldsymbol{C})\right)}{(2\pi)^{|V|}\det\left((\beta+\gamma)\boldsymbol{I}+\alpha\boldsymbol{C}\right)}}
$$
$$
\times \exp\left(-\frac{1}{2}\beta\boldsymbol{y}^{\mathrm{T}}(\gamma\boldsymbol{I}+\alpha\boldsymbol{C})((\beta+\gamma)\boldsymbol{I}+\alpha\boldsymbol{C})^{-1}\boldsymbol{y}\right). \tag{2.39}
$$

式 (2.32)-(2.34) の EM アルゴリズムの更新式からハイパパラメータの推定値 $\widehat{\alpha},\widehat{\beta},\widehat{\gamma}$ を求め，式 (2.38) により $\widehat{\boldsymbol{x}}\left(\widehat{\alpha},\widehat{\beta},\widehat{\gamma}|\boldsymbol{y}\right)$ を得る具体的なアルゴリズムの一例を以下に与える．

アルゴリズム 2.1 ガウシアングラフィカルモデルによる EM アルゴリズム

---

1. 与えられたデータベクトル $\boldsymbol{y}$ を入力し，繰り返し回数 t を $t\leftarrow 0$ として初期化する．$\alpha(0), \beta(0), \gamma(0)$ に初期値を設定し，$\boldsymbol{y}$ を以下の更新式に従って更新する．

$$
\overline{b} \leftarrow \frac{1}{|V|}\sum_{i\in V}\langle i|\boldsymbol{y}, \tag{2.40}
$$
$$
\langle i|\boldsymbol{y} \leftarrow \langle i|\boldsymbol{y}-\overline{b} \quad (i\in V). \tag{2.41}
$$

2. 繰り返し回数 t を $t\leftarrow t+1$ により更新した上で，u, v および $\beta(t)$ を，$\alpha(t-1), \beta(t-1), \gamma(t-1)$ から次の式により計算する．

60　第 2 章　ガウシアングラフィカルモデルの統計的機械学習理論

$$u \leftarrow \frac{1}{|E|} \mathrm{Tr}\left(\boldsymbol{C}((\beta(t-1) + \gamma(t-1))\boldsymbol{I} + \alpha(t-1)\boldsymbol{C})^{-1} \right)$$
$$+ \frac{1}{|E|} \beta(t-1)^2 \boldsymbol{y}^{\mathrm{T}} \boldsymbol{C} \left(((\beta(t-1) + \gamma(t-1))\boldsymbol{I} + \alpha(t-1)\boldsymbol{C})^{-1} \right)^2 \boldsymbol{y}, \quad (2.42)$$

$$v \leftarrow \frac{1}{|E|} \mathrm{Tr}\left(((\beta(t-1) + \gamma(t-1))\boldsymbol{I} + \alpha(t-1)\boldsymbol{C})^{-1} \right)$$
$$+ \frac{1}{|E|} \beta(t-1)^2 \boldsymbol{y}^{\mathrm{T}} \left(((\beta(t-1) + \gamma(t-1))\boldsymbol{I} + \alpha(t-1)\boldsymbol{C})^{-1} \right)^2 \boldsymbol{y}, \quad (2.43)$$

$$\beta(t) \leftarrow \left(\frac{1}{|V|} \mathrm{Tr}(((\beta(t-1) + \gamma(t-1))\boldsymbol{I} + \alpha(t-1)\boldsymbol{C})^{-1}) \right.$$
$$+ \frac{1}{|V|} \beta(t-1) \boldsymbol{y}^{\mathrm{T}} (\gamma(t-1)\boldsymbol{I} + \alpha(t-1)\boldsymbol{C})^2$$
$$\left. \times \left(((\beta(t-1) + \gamma(t-1))\boldsymbol{I} + \alpha(t-1)\boldsymbol{C})^{-1} \right)^2 \boldsymbol{y} \right)^{-1}. \quad (2.44)$$

3. 次の更新式を，$\alpha(t)$ と $\gamma(t)$ が収束するまで繰り返す．

$$\alpha(t) \leftarrow \alpha(t) \left(\frac{1}{u|E|} \mathrm{Tr}\left(\boldsymbol{C}(\gamma(t)\boldsymbol{I} + \alpha(t)\boldsymbol{C})^{-1} \right) \right)^{1/2}, \quad (2.45)$$

$$\gamma(t) \leftarrow \gamma(t) \left(\frac{1}{v|E|} \mathrm{Tr}\left((\gamma(t)\boldsymbol{I} + \alpha(t)\boldsymbol{C})^{-1} \right) \right)^{1/2}. \quad (2.46)$$

4. $\widehat{\alpha} \leftarrow \alpha(t)$, $\widehat{\beta} \leftarrow \beta(t)$, $\widehat{\gamma} \leftarrow \gamma(t)$ と更新した上で，$\widehat{\alpha}, \widehat{\beta}, \widehat{\gamma}$ が収束していればステップ 5 に進む．$\widehat{\alpha}, \widehat{\beta}, \widehat{\gamma}$ が収束していなければステップ 2 に戻る．

5. 各頂点 $i(\in V)$ ごとに $\widehat{x}_i(\widehat{\alpha}, \widehat{\beta}, \widehat{\gamma}|\boldsymbol{y})$ を

$$\widehat{\boldsymbol{x}}(\widehat{\alpha}, \widehat{\beta}, \widehat{\gamma}|\boldsymbol{y}) \leftarrow \widehat{\beta}\left((\widehat{\beta} + \widehat{\gamma})\boldsymbol{I} + \widehat{\alpha}\boldsymbol{C} \right)^{-1} \boldsymbol{y} \quad (2.47)$$

により計算する．

$$\widehat{x}_i(\widehat{\alpha}, \widehat{\beta}, \widehat{\gamma}|\boldsymbol{y}) \leftarrow \overline{b} + \widehat{x}_i(\widehat{\alpha}, \widehat{\beta}, \widehat{\gamma}|\boldsymbol{y}) \quad (i \in V) \quad (2.48)$$

と更新した上で，$\widehat{\alpha}, \widehat{\beta}, \widehat{\gamma}$ と $\widehat{\boldsymbol{x}}(\widehat{\alpha}, \widehat{\beta}, \widehat{\gamma}|\boldsymbol{y})$ を出力して終了する．

ステップ 3 の式 (2.45) と式 (2.46) の更新式は

$$\frac{1}{|E|} \mathrm{Tr}\left(\boldsymbol{C}(\gamma(t)\boldsymbol{I} + \alpha(t)\boldsymbol{C})^{-1} \right) = u, \quad (2.49)$$

$$\frac{1}{|E|}\mathrm{Tr}\big((\gamma(t)\boldsymbol{I}+\alpha(t)\boldsymbol{C})^{-1}\big)=v \tag{2.50}$$

という方程式を $\alpha(t)$ と $\gamma(t)$ について繰り返し計算により解くために構成されたものである.もちろん,勾配降下法などで構成した更新式に置き換えることも可能である.

2.2.3 画像処理におけるガウシアングラフィカルモデルと EM アルゴリズム

画像処理を想定してグラフ $G=(V,E)$ とし,2次元平面上の x 軸方向と y 軸方向に周期境界条件をもつ $|V|=M\times N$ 個の頂点からなる正方格子を考える.$M=6, N=5$ の場合の例を図 2.1 に与える.実数 a に対して $\lfloor a \rfloor \equiv a - a \bmod 1$ を a の整数部分を出力する**床関数 (floor function)** として,i 番目の頂点の位置座標が

$$\boldsymbol{r}_i \equiv \left((i-1)\bmod(M), \left\lfloor \frac{i-1}{M} \right\rfloor\right). \tag{2.51}$$

により表されるものとする.位置ベクトル $\boldsymbol{r}_i$ の x 座標を m,y 座標を n,すなわち $\boldsymbol{r}_i=(m,n)$ とすると,周期境界条件から $m=M$ と $n=N$ は $m=0$ と $n=0$ にそれぞれ自動的に読み替えるものとする.$\boldsymbol{r}_i=(m,n)$,$\boldsymbol{r}_j=(m',n')$ とすると,行列 $\boldsymbol{C}$ の (i,j) 成分 $\langle i|\boldsymbol{C}|j\rangle$ は $\langle m,n|\boldsymbol{C}|m',n'\rangle$ と書き換えられる.また,ベ

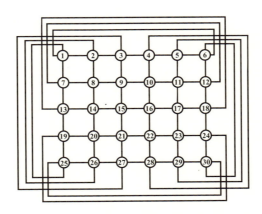

図 2.1 x 軸,y 軸の両方向に周期境界条件をもつ正方格子.

クトル $\boldsymbol{y}$ と $\widehat{\boldsymbol{x}}(\widehat{\alpha},\widehat{\beta},\widehat{\gamma}|\boldsymbol{y})$ の第 i 成分 y_i は $y_{m,n}$ と, $\widehat{x}_i(\widehat{\alpha},\widehat{\beta},\widehat{\gamma}|\boldsymbol{y})$ は $\widehat{x}_{m,n}(\widehat{\alpha},\widehat{\beta},\widehat{\gamma}|\boldsymbol{y})$ とそれぞれ書き換えられる.

この時, $\langle m,n|\boldsymbol{C}|m',n'\rangle$ は行列 $\boldsymbol{C}$ の $(m,n|m',n')$ 成分となり, 正方格子上では以下のように与えられる.

$$\langle m,n|\boldsymbol{C}|m',n'\rangle \equiv 4\delta_{m',m}\delta_{n',n} - \delta_{m',m-1}\delta_{n',n} - \delta_{m',m+1}\delta_{n',n}$$
$$- \delta_{m',m}\delta_{n',n-1} - \delta_{m',m}\delta_{n',n+1}$$
$$(m,m'=0,1,\cdots,M-1;n,n'=0,1,\cdots,N-1). \quad (2.52)$$

また, 単位行列 $\boldsymbol{I}$ も $(m,n|m',n')$ 成分が

$$\langle m,n|\boldsymbol{I}|m',n'\rangle \equiv \delta_{m',m}\delta_{n',n}$$
$$(m,m'=0,1,\cdots,M-1;n,n'=0,1,\cdots,N-1) \quad (2.53)$$

により与えられる.

ここで MN 行 MN 列の行列 $\tilde{\boldsymbol{U}}$ とその共役行列 $\tilde{\boldsymbol{U}}^\dagger$ を次のように導入する.

$$\langle m,n|\tilde{\boldsymbol{U}}|k,l\rangle \equiv \frac{1}{\sqrt{MN}}\exp\Big(-i\frac{2\pi km}{M} - i\frac{2\pi ln}{N}\Big), \quad (2.54)$$

$$\langle k,l|\tilde{\boldsymbol{U}}^\dagger|m,n\rangle \equiv \frac{1}{\sqrt{MN}}\exp\Big(i\frac{2\pi km}{M} + i\frac{2\pi ln}{N}\Big). \quad (2.55)$$

行列 $\tilde{\boldsymbol{U}}$ と $\tilde{\boldsymbol{U}}^\dagger$ の間には次の関係が成立する.

$$\sum_{k=0}^{M-1}\sum_{l=0}^{N-1}\langle m,n|\tilde{\boldsymbol{U}}|k,l\rangle\langle k,l|\tilde{\boldsymbol{U}}^\dagger|m',n'\rangle = \delta_{m,m'}\delta_{n,n'}$$
$$(m,m'=0,1,\cdots,M-1;n,n'=0,1,\cdots,N-1), \quad (2.56)$$

$$\sum_{m=0}^{M-1}\sum_{n=0}^{N-1}\langle k,l|\tilde{\boldsymbol{U}}^\dagger|m,n\rangle\langle m,n|\tilde{\boldsymbol{U}}|k',l'\rangle = \delta_{k,k'}\delta_{l,l'}$$
$$(k,k'=0,1,\cdots,M-1;l,l'=0,1,\cdots,N-1). \quad (2.57)$$

式 (2.56) と式 (2.57) は, 次の計算を使うことで容易に確かめることができる.

$$\sum_{k=0}^{M-1}\exp\Big(-i\frac{2\pi k(m-m')}{M}\Big) = \frac{1-\exp\big(-i2\pi(m-m')\big)}{1-\exp\big(-i\frac{2\pi(m-m')}{M}\big)} = 0$$

$$(m \neq m'; m, m' = 0, 1, \cdots, M - 1). \tag{2.58}$$

式 (2.56) と式 (2.57) は，I を MN 行 MN 列の単位行列として

$$\tilde{U}\tilde{U}^\dagger = \tilde{U}^\dagger\tilde{U} = I \tag{2.59}$$

という関係が成り立つ．これはユニタリ行列であることを意味し，$\tilde{U}$ の逆行列は $\tilde{U}^{-1} = \tilde{U}^\dagger$ によって与えられることになる．行列 C とユニタリ行列 $\tilde{U}$ の間には次の関係が導かれる．

$$\langle k, l | U^\dagger C U | k', l' \rangle$$

$$= \sum_{m=0}^{M-1}\sum_{n=0}^{N-1}\sum_{m'=0}^{M-1}\sum_{n'=0}^{N-1} \langle k, l | \tilde{U}^\dagger | m, n \rangle \langle m, n | C | m', n' \rangle \langle m', n' | \tilde{U} | k', l' \rangle$$

$$= \frac{1}{MN}\sum_{m=0}^{M-1}\sum_{n=0}^{N-1}\sum_{m'=0}^{M-1}\sum_{n'=0}^{N-1} \Big(4\delta_{m',m}\delta_{n',n} - \delta_{m',m-1}\delta_{n',n} - \delta_{m',m+1}\delta_{n',n}$$

$$- \delta_{m',m}\delta_{n',n-1} - \delta_{m',m}\delta_{n',n+1} \Big)$$

$$\times \exp\Big(i\frac{2\pi k m}{M} + i\frac{2\pi l n}{N} \Big) \exp\Big(-i\frac{2\pi k' m'}{M} - i\frac{2\pi l' n'}{N} \Big)$$

$$= \Big(4 - \exp\Big(i\frac{2\pi k}{M}\Big) - \exp\Big(-i\frac{2\pi k}{M}\Big) - \exp\Big(i\frac{2\pi l}{N}\Big) - \exp\Big(-i\frac{2\pi l}{N}\Big) \Big)$$

$$\times \Big(\frac{1}{M}\sum_{m'=0}^{M-1} \exp\Big(i\frac{2\pi(k-k')m'}{M}\Big) \Big) \Big(\frac{1}{N}\sum_{n'=0}^{N-1} \exp\Big(i\frac{2\pi(l-l')n'}{N}\Big) \Big)$$

$$= \delta_{k,k'}\delta_{l,l'} \Big(4 - 2\cos\Big(\frac{2\pi k}{M}\Big) - 2\cos\Big(\frac{2\pi l}{N}\Big) \Big). \tag{2.60}$$

このことは，行列 C がユニタリ行列 $\tilde{U}$ を用いて以下のように対角化されることを意味している．

$$C = \tilde{U}\Lambda\tilde{U}^\dagger. \tag{2.61}$$

Λ は，次のように定義される MN 行 MN 列の対角行列である．

$$\langle k, l | \Lambda | k', l' \rangle \equiv \delta_{k,k'}\delta_{l,l'}\lambda(k, l), \tag{2.62}$$

$$\lambda(k, l) \equiv 4 - 2\cos\Big(\frac{2\pi k}{M}\Big) - 2\cos\Big(\frac{2\pi l}{N}\Big). \tag{2.63}$$

64　第 2 章　ガウシアングラフィカルモデルの統計的機械学習理論

つまり $\lambda(k,l)$ は行列 $\boldsymbol{C}$ の固有値であり，対応する右固有ベクトルが $\tilde{\boldsymbol{U}}|k,l\rangle$ となっていることになる．

　ここで，データ $\boldsymbol{y}$ の離散フーリエ変換

$$\boldsymbol{B} \equiv \boldsymbol{y}\tilde{\boldsymbol{U}}, \tag{2.64}$$

すなわち

$$B(k,l) \equiv \boldsymbol{B}|k,l\rangle = \sum_{m=0}^{M-1}\sum_{n=0}^{N-1} \boldsymbol{y}|m,n\rangle \exp\left(-i\frac{2\pi km}{M} - i\frac{2\pi ln}{N}\right) \tag{2.65}$$

を導入し，式 (2.61)-(2.63) を用いることで，式 (2.42)-(2.46) および式 (2.47) は次の離散フーリエ変換をもとにしたより実用的な表式に書き換えられる．

アルゴリズム 2.2　正方格子上のガウシアングラフィカルモデルにおける EM アルゴリズム

---

1. 与えられたデータベクトル $\boldsymbol{y}$ を入力し，繰り返し回数 t を $t \leftarrow 0$ として初期化する．$\alpha(0), \beta(0), \gamma(0)$ に初期値を設定する．与えられたデータベクトル $\boldsymbol{y}$ から離散フーリエ変換 $B(k,l)$ を計算する．

$$\bar{b} \leftarrow \frac{1}{MN}\sum_{m=0}^{M-1}\sum_{n=0}^{N-1}\langle m,n|\boldsymbol{y}, \tag{2.66}$$

$$b(m,n) \leftarrow \langle m,n|\boldsymbol{y} - \bar{b}, \tag{2.67}$$

$$B(k,l) \leftarrow \sum_{m=0}^{M-1}\sum_{n=0}^{N-1}(b(m,n))\exp\left(-i\frac{2\pi km}{M} - i\frac{2\pi ln}{N}\right). \tag{2.68}$$

2. 繰り返し回数 t を $t \leftarrow t+1$ により更新した上で，u, v および $\beta(t)$ を $\alpha(t-1), \beta(t-1), \gamma(t-1)$ から次の式により計算する．

$$\begin{aligned}
u(t) \leftarrow &\frac{1}{2MN}\sum_{k=0}^{M-1}\sum_{l=0}^{N-1}\frac{\lambda(k,l)}{\beta(t-1)+\gamma(t-1)+\alpha(t-1)\lambda(k,l)} \\
&+ \frac{1}{2MN}\sum_{k=0}^{M-1}\sum_{l=0}^{N-1}|B(k,l)|^2\frac{\beta(t-1)^2\lambda(k,l)}{(\beta(t-1)+\gamma(t-1)+\alpha(t-1)\lambda(k,l))^2},
\end{aligned} \tag{2.69}$$

$$v(t) \leftarrow \frac{1}{2MN}\sum_{k=0}^{M-1}\sum_{l=0}^{N-1}\frac{1}{\beta(t-1)+\gamma(t-1)+\alpha(t-1)\lambda(k,l)}$$

$$+ \frac{1}{2MN} \sum_{k=0}^{M-1} \sum_{l=0}^{N-1} |B(k,l)|^2 \frac{\beta(t-1)^2}{\left(\beta(t-1) + \gamma(t-1) + \alpha(t-1)\lambda(k,l)\right)^2},$$

$$(2.70)$$

$$\beta(t) \leftarrow \left(\frac{1}{MN} \sum_{k=0}^{M-1} \sum_{l=0}^{N-1} \frac{1}{\beta(t-1) + \gamma(t-1) + \alpha(t-1)\lambda(k,l)} \right.$$
$$\left. + \frac{1}{MN} \sum_{k=0}^{M-1} \sum_{l=0}^{N-1} |B(k,l)|^2 \frac{\beta(t-1)^2(\gamma(t-1) + \alpha(t-1)\lambda(k,l))^2}{(\beta(t-1) + \gamma(t-1) + \alpha(t-1)\lambda(k,l))^2} \right)^{-1}.$$

$$(2.71)$$

3. 次の更新式を $\alpha(t)$ と $\gamma(t)$ が収束するまで繰り返す.

$$\alpha(t) \leftarrow \alpha(t) \left(\frac{1}{2MNu(t)} \sum_{k=0}^{M-1} \sum_{l=0}^{N-1} \frac{\lambda(k,l)}{\gamma(t-1) + \alpha(t-1)\lambda(k,l)} \right)^{1/2}, \quad (2.72)$$

$$\gamma(t) \leftarrow \gamma(t) \left(\frac{1}{2MNv(t)} \sum_{k=0}^{M-1} \sum_{l=0}^{N-1} \frac{1}{\gamma(t-1) + \alpha(t-1)\lambda(k,l)} \right)^{1/2}. \quad (2.73)$$

4. $\widehat{\alpha} \leftarrow \alpha(t)$, $\widehat{\beta} \leftarrow \beta(t)$, $\widehat{\gamma} \leftarrow \gamma(t)$ と更新した上で, $\widehat{\alpha}, \widehat{\beta}, \widehat{\gamma}$ が収束していればステップ5に進む. $\widehat{\alpha}, \widehat{\beta}, \widehat{\gamma}$ が収束していなければステップ2に戻る.

5. $\mu_{m,n}(0)$ ($m = 0, 1, \cdots, M^{-1}$; $n = 0, 1, \cdots, N-1$) に初期値として0を設定し, $r \leftarrow 0$ として繰り返し回数 r を $r \leftarrow r+1$ に更新しながら, 次の式により $\mu_{m,n}(r)$ ($m = 0, 1, 2, \cdots, M-1$; $n = 0, 1, 2, \cdots, N-1$) を計算する手順を収束するまで繰り返す.

$$\mu_{m,n}(r) \leftarrow \left(\frac{1}{2}\hat{\beta} + \frac{1}{2}\hat{\gamma} + \frac{1}{2} \times 4\hat{\alpha} \right)^{-1}$$
$$\times \left(\frac{1}{2}\hat{\beta}b(m,n) + \frac{1}{2}\hat{\gamma}\mu_{m,n}(r-1) \right.$$
$$+ \frac{1}{2}\hat{\alpha}(\mu_{m-1,n}(r-1) + \mu_{m+1,n}(r-1)$$
$$\left. + \mu_{m,n-1}(r-1) + \mu_{m,n+1}(r-1)) \right)$$
$$(m = 0, 1, 2, \cdots, M-1; n = 0, 1, 2, \cdots, N-1), \quad (2.74)$$
$$\hat{x}_{m,n}(\hat{\alpha}, \hat{\beta}, \hat{\gamma}|\boldsymbol{y}) \leftarrow \mu_{m,n}(r) + \overline{b}$$
$$(m = 0, 1, 2, \cdots, M-1; n = 0, 1, 2, \cdots, N-1). \quad (2.75)$$

$\hat{x}_{m,n}(\hat{\alpha}, \hat{\beta}, \hat{\gamma}|\boldsymbol{y})$ ($m = 0, 1, 2, \cdots, M-1$; $n = 0, 1, 2, \cdots, N-1$) が収束していれば $\hat{\alpha}, \hat{\beta}, \hat{\gamma}$ と $\hat{x}(\hat{\alpha}, \hat{\beta}, \hat{\gamma}|\boldsymbol{y})$ を出力して終了する.

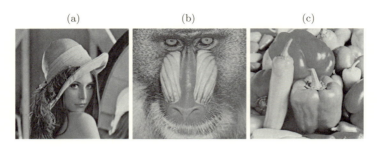

図 **2.2** 標準画像. (a) Lena. (b) Mandrill. (c) Pepper.

式 (2.42)-(2.46) は毎回 $N \times N$ の大規模逆行列 $((\beta(t-1)+\gamma(t-1))\boldsymbol{I}+\alpha(t-1)\boldsymbol{C})^{-1}$ の計算が必要になるのに対して，式 (2.69)-(2.73) は行列 $\boldsymbol{C}$ すなわち $(\beta(t-1)+\gamma(t-1)\boldsymbol{I}+\alpha(t-1)\boldsymbol{C})$ が式 (2.60) を通して解析的に対角化されている分だけ，計算量と必要なメモリー数が削減されることになる．また，アルゴリズム 2.1 のステップ 5 の $\hat{\boldsymbol{x}}(\hat{\alpha},\hat{\beta},\hat{\gamma}|\boldsymbol{y})$ を計算する手順は，アルゴリズム 2.2 では**ガウス・ザイデル法 (Gauss-Seidel method)** [6] に基づくものとしてステップ 5 で与えられている[2]．

ガウシアングラフィカルモデルによるノイズ除去の一例を以下に示して本節を終えることにする．まず原画像 $\boldsymbol{x}$ としては，画像処理の研究で用いられる代表的な標準画像の中から選んだ図 2.2 を用いる．図 2.3 は本節で用いる劣化画像である．これらは，図 2.2 の標準画像 $\boldsymbol{x}$ に平均 0，分散 σ^2 のガウス分布

$$P(n_i) = \frac{1}{\sqrt{2\pi}\sigma}\exp\left(-\frac{1}{2\sigma^2}n_i{}^2\right) \quad (i \in V, n_i \in (-\infty,+\infty), \sigma > 0) \quad (2.76)$$

に従って，生成された乱数ベクトル $\boldsymbol{n} = (n_1, n_2, \cdots, n_{|V|})$ に $\boldsymbol{y} = \boldsymbol{x} + \boldsymbol{n}$ として加法的に加えることで生成されたものである．これは同じ平均，分散をもつガウス分布を**独立同分布 (independent and identity distribution)**

---

[2] アルゴリズム 2.1 のさらなる高速化については Yasuda, M., Watanabe, J., Kataoka, S., Tanaka, K.: *IEICE Trans. Inf. & Syst.*, **E101-D**, no.6, pp.1629-1639 (2018) を参照されたい．また，統計力学の一手法である**繰り込み群の方法 (renormalization group method)** を用いた新たな高速化の試みも進められている．その一つは Tanaka, K, Nakamura, K., Kataoka, S., Ohzeki, M., and Yasuda, M.: *J Physical Soc Japan*, **87**, no.8, ID.085001 (2018) による**運動量空間のくりこみ群の方法による高速化**という形で提案されている．

2.2 ガウシアングラフィカルモデルによるノイズ除去と EM アルゴリズム

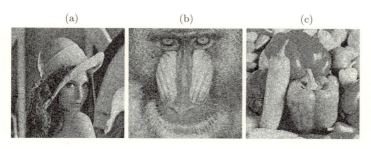

図 2.3 図 2.2 の標準画像に分散 $\sigma^2 = 40^2$ の白色ガウスノイズを加えることで生成された劣化画像. (a) Lena. (b) Mandrill. (c) Pepper.

として，生成された乱数を各成分として構成した乱数ベクトルを用いたノイズを用いていることになる．このノイズは**加法的白色ガウスノイズ (additive white Gaussian noise)** と呼ばれる．中心極限定理により，平均 $\frac{1}{2}$, 分散 σ^2 をもつ確率分布に従って生成された $|V|$ 個の乱数 $\rho_1, \rho_2, \cdots, \rho_{|V|}$ に対して，$\frac{1}{|V|}(\rho_1 + \rho_2 + \cdots + \rho_{|V|}) - \frac{1}{2}$ は $|V| \to +\infty$ で平均 0, 分散 σ^2 のガウス分布に従う．一方，区間 $[0,1]$ の一様分布の平均は $\frac{1}{2}$, 分散 $\frac{1}{12}$ である．そこで，区間 $[0,1]$ の一様分布に従って生成した $|V|$ 個の乱数 $\rho_1, \rho_2, \cdots, \rho_{|V|}$ から $\frac{1}{|V|}(\rho_1 + \rho_2 + \cdots + \rho_{|V|}) - \frac{1}{2}$ により構成した乱数 $\bar{n}$ は，平均 0, 分散 $\frac{1}{12|V|}$ のガウス分布に従う．すなわち $\sqrt{12|V|} \times \left(\frac{1}{|V|}(\rho_1 + \rho_2 + \cdots + \rho_{|V|}) - \frac{1}{2}\right)$ が平均 0, 分散 1 のガウス分布に従う．平均 0, 分散 σ^2 のガウス分布に従う乱数を生成したければ，$\sigma \times \sqrt{12|V|} \times \left(\frac{1}{|V|}(\rho_1 + \rho_2 + \cdots + \rho_{|V|}) - \frac{1}{2}\right)$ を $|V|$ 個出力し，n_i ($i \in V$) として設定すればよいことになる．図 2.3 では $\sigma = 40$ と設定している．
2 つの画像 $\boldsymbol{x}, \boldsymbol{y}$ の間の距離として，平均二乗誤差 (mean squared error: MSE)

$$\mathrm{MSE}(\boldsymbol{x}, \boldsymbol{y}) \equiv \frac{1}{|V|} \sum_{i \in V}(x_i - y_i) \tag{2.77}$$

と信号 $\boldsymbol{x}$ と雑音 $\boldsymbol{y} - \boldsymbol{x}$ の比である信号–雑音比

$$\mathrm{SNR}(\boldsymbol{x}, \boldsymbol{y}) \equiv 10 \log_{10} \left(\frac{\frac{1}{|V|} \sum_{i \in V}(x_i - \bar{a})^2}{\frac{1}{|V|} \sum_{i \in V}(x_i - y_i)^2} \right) \tag{2.78}$$

がよく用いられる．$\bar{a}$ はベクトル $\boldsymbol{x}$ から

表 2.1 図 2.2 の標準画像 x と図 2.3 の y の間の平均二乗誤差 MSE(x,y) と信号–雑音比 SNR(x,y).

	Lena	Mandrill	Pepper
MSE(x,y)	1406.90	1514.35	1446.55
SNR(x,y)	2.887 (dB)	−0.075 (dB)	2.937 (dB)

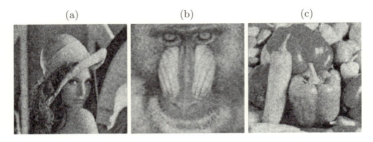

図 2.4 図 2.3 の劣化画像をデータベクトル y として正方格子上のガウシアングラフィカルモデルにおける EM アルゴリズムに入力して得られた出力画像 $\widehat{x}(\widehat{\alpha},\widehat{\beta},\widehat{\gamma}|y)$. (a) Lena. (b) Mandrill. (c) Pepper.

$$\overline{a} \equiv \frac{1}{|V|}\sum_{i\in V}(x_i) \tag{2.79}$$

により定義される量である.図 2.2 の標準画像 x と図 2.3 の劣化画像 y の間の平均二乗誤差 MSE(x,y) および信号–雑音比 SNR(x,y) は,表 2.1 の通りである.

図 2.4 は図 2.3 の劣化画像をデータベクトル y として,正方格子上のガウシアングラフィカルモデルにおける EM アルゴリズムに入力して得られた出力 $\widehat{x}(\widehat{\alpha},\widehat{\beta},\widehat{\gamma}|y)$ である.図 2.3 の劣化画像をデータベクトル y として正方格子上のガウシアングラフィカルモデルにおける EM アルゴリズムに入力して得られた $\widehat{\alpha}, \widehat{\sigma}=1/\sqrt{\widehat{\beta}}, \widehat{\gamma}$ の値および 1 画素あたりの対数周辺尤度 $\frac{1}{|V|}\ln\left(P\left(y|\widehat{\alpha},\widehat{\beta},\widehat{\gamma}\right)\right)$,原画像と推定画像との間の平均二乗誤差 MSE$\left(x,\widehat{x}\left(\widehat{\alpha},\widehat{\beta},\widehat{\gamma}|y\right)\right)$ と信号–雑音比 SNR$\left(x,\widehat{x}\left(\widehat{\alpha},\widehat{\beta},\widehat{\gamma}|y\right)\right)$ を表 2.2 に与える.

表 2.2 図 2.3 の劣化画像をデータベクトル $\boldsymbol{y}$ として正方格子上のガウシアングラフィカルモデルにおける EM アルゴリズムに入力して得られた $\widehat{\alpha}$, $\widehat{\sigma} = 1/\sqrt{\widehat{\beta}}$, $\widehat{\gamma}$ の値および 1 画素あたりの対数周辺尤度 $\frac{1}{|V|} \ln\left(P\left(\boldsymbol{y}|\widehat{\alpha},\widehat{\beta},\widehat{\gamma}\right)\right)$, 原画像と推定画像との間の平均二乗誤差 $\mathrm{MSE}\left(\boldsymbol{x}, \widehat{\boldsymbol{x}}\left(\widehat{\alpha},\widehat{\beta},\widehat{\gamma}|\boldsymbol{y}\right)\right)$ と信号–雑音比 $\mathrm{SNR}\left(\boldsymbol{x}, \widehat{\boldsymbol{x}}\left(\widehat{\alpha},\widehat{\beta},\widehat{\gamma}|\boldsymbol{y}\right)\right)$.

	Lena	Mandrill	Pepper
$\widehat{\alpha}$	0.000522	0.000765	0.000504
$\widehat{\sigma} = 1/\sqrt{\widehat{\beta}}$	31.985	37.982	31.901
$\widehat{\gamma}$	0.0000000135	0.0000000470	0.0000000119
$\frac{1}{|V|} \ln\left(P\left(\boldsymbol{y}|\widehat{\alpha},\widehat{\beta}\right)\right)$	-10.3045	-10.4294	-10.3140
$\mathrm{MSE}\left(\boldsymbol{x}, \widehat{\boldsymbol{x}}\left(\widehat{\alpha},\widehat{\beta}|\boldsymbol{y}\right)\right)$	305.49	315.00	297.38
$\mathrm{SNR}\left(\boldsymbol{x}, \widehat{\boldsymbol{x}}\left(\widehat{\alpha},\widehat{\beta}|\boldsymbol{y}\right)\right)$	9.520 (dB)	6.743 (dB)	9.807 (dB)

2.3 一般化されたスパースガウシアングラフィカルモデル

前節では状態変数が任意の実数をとる場合のガウシアングラフィカルモデルについて紹介したが，本節ではより実際の画像の統計的性質を反映していると考えられる離散状態変数に対する**一般化されたスパースガウシアングラフィカルモデル (generalized sparse Gaussian graphical model)** について紹介する．この確率的グラフィカルモデルは離散状態変数であるがゆえに，前節のような解析的取り扱いが困難である．

ここでは一般化されたスパースガウシアングラフィカルモデルの統計量の計算に**確率伝搬法 (belief propagation)** [5,6,8,11,12,14,17–19,21–23] という近似アルゴリズムを用いて EM アルゴリズムを構成する手順について説明する [3,4]．本節では，離散確率分布の変分原理が数学的基盤であるが，離散確率分布の変分原理は基本的に多変数関数の極値問題に帰着される．そして離散確率分布の条件付き変分原理は多変数関数の条件付き極値問題に帰着される．

---

[3] 本節で説明する一般化されたスパースガウシアングラフィカルモデルによる確率伝搬法の下での近似 EM アルゴリズムは，Tanaka, K., Yasuda, M., Titterington, D.M.: *J Physical Soc Japan.*, **81**, no.11, ID.114802 (2012) の定式化に沿って説明されている．

[4] 確率伝搬法は統計力学材料科学の分野では**クラスター変分法 (cluster variation method: CVM)** と呼ばれている [4,7,14,19]．本章での確率伝搬法の説明は Morita, T.: *J Physical Soc Japan.*, **12**, no.7, pp.753-755 (1957); Morita, T.: *J Math Phys*, **13**, no.1, pp.115-123 (1972); Morita, T.: *J Stat Phys*, **59**, nos3/4, pp.819-825 (1990) での定式化に従ってのものである．

2.3.1 一般化されたスパースガウシアングラフィカルモデルと EM アルゴリズム

前節同様に $|V|$ 個の頂点 (node) からなる集合を $V = \{1, 2, \cdots, |V|\}$ とし，すべての辺の集合を E とする．状態変数 x_i と $y_i (i \in V)$ について，y_i はいずれも区間 $(-\infty, +\infty)$ を状態空間として任意の実数をとるものとするが，x_i は離散状態変数として状態空間は $\Omega \equiv \{0, 1, 2, \cdots, |\Omega| - 1\}$ をとるものとする．この状態変数からなるパラメータベクトル $\boldsymbol{x} = (x_1, x_2, \cdots, x_{|V|})$ が与えられた時のデータベクトル $\boldsymbol{y} = (y_1, y_2, \cdots, y_N)$ が生成される条件付き確率密度関数 $P(\boldsymbol{y}|\boldsymbol{x}, \beta)$ は式 (2.2) で与えられるものとし，パラメータベクトルに対する事前確率分布は，ハイパパラメータ α によってパラメトライズされた $P(\boldsymbol{x}|\alpha, p)$ として以下の定義により導入する．

$$P(\boldsymbol{x}|\alpha, p) \equiv \frac{1}{\mathcal{Z}(\alpha, p)} \exp \left(-\frac{1}{2}\alpha \sum_{\{i,j\} \in E} |x_i - x_j|^p \right), \tag{2.80}$$

$$\mathcal{Z}(\alpha, p) \equiv \sum_{z_1 \in \Omega} \sum_{z_2 \in \Omega} \cdots \sum_{z_N \in \Omega} \exp \left(-\frac{1}{2}\alpha \sum_{\{i,j\} \in E} |z_i - z_j|^p \right). \tag{2.81}$$

式 (2.80) の $P(\boldsymbol{x}|\alpha, p)$ と式 (2.2) の $P(\boldsymbol{y}|\boldsymbol{x}, \beta)$ から，$P(\boldsymbol{x}, \boldsymbol{y}|\alpha, \beta, p)$ およびデータベクトル $\boldsymbol{y}$ が与えられた時のパラメータベクトル $\boldsymbol{x}$ に対する事後確率分布 $P(\boldsymbol{x}|\boldsymbol{y}, \alpha, \beta, p)$ は次のように定義される．

$$P(\boldsymbol{x}, \boldsymbol{y}|\alpha, \beta, p) \equiv P(\boldsymbol{y}|\boldsymbol{x}, \beta)P(\boldsymbol{x}|\alpha, p), \tag{2.82}$$

$$P(\boldsymbol{x}|\boldsymbol{y}, \alpha, \beta, p) \equiv \frac{P(\boldsymbol{y}|\boldsymbol{x}, \beta)P(\boldsymbol{x}|\alpha, p)}{P(\boldsymbol{y}|\alpha, \beta, p)}. \tag{2.83}$$

右辺の分母の $P(\boldsymbol{y}|\alpha, \beta, p)$ は状態ベクトル $\boldsymbol{y}$ の確率密度関数であり，次のように定義される．

$$\begin{aligned} P(\boldsymbol{y}|\alpha, \beta, p) &\equiv \sum_{z_1 \in \Omega} \sum_{z_2 \in \Omega} \cdots \sum_{z_N \in \Omega} P(\boldsymbol{z}, \boldsymbol{y}|\alpha, \beta, p) \\ &= \sum_{z_1 \in \Omega} \sum_{z_2 \in \Omega} \cdots \sum_{z_{|V|} \in \Omega} P(\boldsymbol{y}|\boldsymbol{z}, \beta)P(\boldsymbol{z}|\alpha, p). \end{aligned} \tag{2.84}$$

式 (1.77) と同様に，$P(\boldsymbol{y}|\alpha, \beta, p)$ をデータ $\boldsymbol{y}$ が与えられた時の (α, β, p) に対する

周辺尤度としてこれを最大化するように，α と β の推定値 $\widehat{\alpha}, \widehat{\beta}$ を次のように推定する．

$$(\widehat{\alpha}, \widehat{\beta}) = \operatorname*{argmax}_{(\alpha,\beta)} P(\boldsymbol{y}|\alpha, \beta, p). \tag{2.85}$$

このハイパパラメータを推定した上で，$\widehat{x}_i(\widehat{\alpha}, \widehat{\beta}|\boldsymbol{y}, p)$ $(i(\in V)$ を周辺事後確率密度関数 $P_i(x_i|\boldsymbol{y}, \widehat{\alpha}, \widehat{\beta}, p)$ から各頂点ごとに以下のように MPM 推定によって決定する．

$$\widehat{x}_i(\widehat{\alpha}, \widehat{\beta}|\boldsymbol{y}, p) = \operatorname*{argmax}_{z_i \in \Omega} P_i(z_i|\boldsymbol{y}, \widehat{\alpha}, \widehat{\beta}, p) \quad (i \in V), \tag{2.86}$$

$$P_i(x_i|\boldsymbol{y}, \widehat{\alpha}, \widehat{\beta}, p) \equiv \sum_{z_1 \in \Omega} \sum_{z_2 \in \Omega} \cdots \sum_{z_{|V|} \in \Omega} \delta_{z_i, x_i} P(\boldsymbol{z}|\boldsymbol{y}, \widehat{\alpha}, \widehat{\beta}, p) \quad (i \in V). \tag{2.87}$$

式 (2.2) と式 (2.80) を式 (2.82) と式 (2.83) に代入することで，$P(\boldsymbol{x}, \boldsymbol{y}|\alpha, \beta, p)$ と $P(\boldsymbol{x}|\boldsymbol{y}, \alpha, \beta, p)$ は，以下のようにそれぞれ与えられる．

$$P(\boldsymbol{x}, \boldsymbol{y}|\alpha, \beta, p) = \frac{1}{\mathcal{Z}(\alpha, p)} \sqrt{\left(\frac{\beta}{2\pi}\right)^{|V|}} \exp\left(-\frac{1}{2}\alpha \sum_{\{i,j\} \in E} |x_i - x_j|^p\right.$$
$$\left. -\frac{1}{2}\beta \sum_{i \in V} (x_i - y_i)^2\right), \tag{2.88}$$

$$P(\boldsymbol{x}|\boldsymbol{y}, \alpha, \beta, p) = \frac{1}{\mathcal{Z}(\boldsymbol{y}, \alpha, \beta, p)} \exp\left(-\frac{1}{2}\alpha \sum_{\{i,j\} \in E} |x_i - x_j|^p\right.$$
$$\left. -\frac{1}{2}\beta \sum_{i \in V} (x_i - y_i)^2\right). \tag{2.89}$$

$\mathcal{Z}(\boldsymbol{y}, \alpha, \beta, p)$ は事後確率分布の規格化定数であり，次のように定義される．

$$\mathcal{Z}(\boldsymbol{y}, \alpha, \beta, p) \equiv \sum_{z_1 \in \Omega} \sum_{z_2 \in \Omega} \cdots \sum_{z_{|V|} \in \Omega} \exp\left(-\frac{1}{2}\alpha \sum_{\{i,j\} \in E} |z_i - z_j|^p\right.$$
$$\left. -\frac{1}{2}\beta \sum_{i \in V} (z_i - y_i)^2\right). \tag{2.90}$$

式 (2.84) に式 (2.88) を代入することにより，周辺尤度の表式が以下のように与えられる．

$$P(\boldsymbol{y}|\alpha,\beta,p) = \sqrt{\left(\frac{\beta}{2\pi}\right)^{|V|}\frac{Z(\boldsymbol{y},\alpha,\beta,p)}{Z(\alpha,p)}}. \tag{2.91}$$

EM アルゴリズムを構成するために，まず $\mathcal{Q}$ 関数を式 (2.14) と同様に以下のように定義することで導入する．

$$\mathcal{Q}(\alpha,\beta|\alpha',\beta',\boldsymbol{y}) \equiv \sum_{z_1\in\Omega}\sum_{z_2\in\Omega}\cdots\sum_{z_{|V|}\in\Omega} P(\boldsymbol{z}|\boldsymbol{y},\alpha',\beta',p)$$
$$\times \ln\Big(P(\boldsymbol{z},\boldsymbol{y}|\alpha,\beta,p)\Big). \tag{2.92}$$

EM アルゴリズムの M ステップにおける更新規則は

$$(\alpha(t),\beta(t)) \leftarrow \underset{(\alpha,\beta,p)}{\operatorname{argmax}}\mathcal{Q}\Big(\alpha,\beta\Big|\alpha(t-1),\beta(t-1),\boldsymbol{y}\Big) \tag{2.93}$$

によって与えられるので，式 (2.88) を式 (2.92) に代入して $\mathcal{Q}\Big(\alpha,\beta,\Big|\alpha(t),\beta(t),\boldsymbol{y}\Big)$ を書き下す．

$$\mathcal{Q}\Big(\alpha,\beta\Big|\alpha(t-1),\beta(t-1),\boldsymbol{y}\Big) = \frac{|V|}{2}\ln\left(\frac{\beta}{2\pi}\right) - \ln\left(Z(\alpha,p)\right)$$
$$-\frac{1}{2}\alpha\sum_{\{i,j\}\in E}\sum_{z_1\in\Omega}\sum_{z_2\in\Omega}\cdots\sum_{z_{|V|}\in\Omega}|z_i-z_j|^p P(\boldsymbol{z}|\boldsymbol{y},\alpha(t),\beta(t),p)$$
$$-\frac{1}{2}\beta\sum_{i\in V}\sum_{z_1\in\Omega}\sum_{z_2\in\Omega}\cdots\sum_{z_{|V|}\in\Omega}(z_i-y_i)^2 P(\boldsymbol{z}|\boldsymbol{y},\alpha(t),\beta(t),p). \tag{2.94}$$

$\mathcal{Q}$ 関数の (α,β) の極値条件を考えることで式 (2.15) は

$$\begin{cases}\left[\frac{\partial}{\partial\alpha}\mathcal{Q}\Big(\alpha,\beta\Big|\alpha(t-1),\beta(t-1),\boldsymbol{y}\Big)\right]_{(\alpha,\beta)=(\alpha(t),\beta(t))} = 0 \\[2mm] \left[\frac{\partial}{\partial\beta}\mathcal{Q}\Big(\alpha,\beta\Big|\alpha(t-1),\beta(t-1),\boldsymbol{y}\Big)\right]_{(\alpha,\beta)=(\alpha(t),\beta(t))} = 0 \end{cases} \tag{2.95}$$

という形に帰着される．式 (2.95) に式 (2.94) を代入することで，式 (2.95) の $(\alpha(t-1),\beta(t-1))$ から $(\alpha(t),\beta(t))$ への更新式は，次の方程式を $(\alpha(t-1),\beta(t-1))$ を固定して $(\alpha(t),\beta(t))$ について解く手順に置き換えられる．

$$\sum_{z_1\in\Omega}\sum_{z_2\in\Omega}\cdots\sum_{z_{|V|}\in\Omega}\left(\frac{1}{|E|}\sum_{\{i,j\}\in E}|z_i-z_j|^p\right)P(\boldsymbol{z}|\alpha(t),p)$$
$$= \sum_{z_1\in\Omega}\sum_{z_2\in\Omega}\cdots\sum_{z_{|V|}\in\Omega}\left(\frac{1}{|E|}\sum_{\{i,j\}\in E}|z_i-z_j|^p\right)P(\boldsymbol{z}|\boldsymbol{y},\alpha(t-1),\beta(t-1),p),$$
$$\tag{2.96}$$

$$\beta(t)^{-1} = \sum_{z_1 \in \Omega}\sum_{z_2 \in \Omega} \cdots \sum_{z_{|V|} \in \Omega} \left(\frac{1}{|V|}\sum_{i \in V}(z_i - y_i)^2 \right) P(\boldsymbol{z}|\boldsymbol{y}, \alpha(t-1), \beta(t-1), p).$$

$$(2.97)$$

式 (2.87) の $P_i(x_i|\boldsymbol{y}, \widehat{\alpha}, \widehat{\beta}, p)$ および次の隣接頂点対 $\{i,j\}(\in E)$ の周辺確率分布

$$P_{\{i,j\}}(x_i, x_j|\boldsymbol{y}, \widehat{\alpha}, \widehat{\beta}, p) \equiv \sum_{z_1 \in \Omega}\sum_{z_2 \in \Omega} \cdots \sum_{z_{|V|} \in \Omega} \delta_{z_i, x_i}\delta_{z_j, x_j}P(\boldsymbol{z}|\boldsymbol{y}, \widehat{\alpha}, \widehat{\beta}, p)$$

$$(\{i,j\} \in E), \qquad (2.98)$$

$$P_{\{i,j\}}(x_i, x_j|\widehat{\alpha}, p) \equiv \sum_{z_1 \in \Omega}\sum_{z_2 \in \Omega} \cdots \sum_{z_{|V|} \in \Omega} \delta_{z_i, x_i}\delta_{z_j, x_j}P(\boldsymbol{z}|\widehat{\alpha}, p)$$

$$(\{i,j\} \in E) \qquad (2.99)$$

を導入することで，式 (2.96) および式 (2.97) は次の形に書き換えられる．

$$\frac{1}{|E|}\sum_{\{i,j\} \in E}\sum_{z_i \in \Omega}\sum_{z_j \in \Omega} |z_i - z_j|^p P_{\{i,j\}}(z_i, z_j|\alpha(t), p)$$

$$= \frac{1}{|E|}\sum_{\{i,j\} \in E}\sum_{z_i \in \Omega}\sum_{z_j \in \Omega} |z_i - z_j|^p P_{\{i,j\}}(z_i, z_j|\boldsymbol{y}, \alpha(t-1), \beta(t-1), p), \quad (2.100)$$

$$\beta(t)^{-1} = \frac{1}{|V|}\sum_{i \in V}\sum_{z_i \in \Omega}(z_i - y_i)^2 P_i(z_i|\boldsymbol{y}, \alpha(t-1), \beta(t-1), p). \qquad (2.101)$$

2.3.2 確率伝搬法の数学的準備

前項で導いた EM アルゴリズムの更新式 (2.100)-(2.101) は，$P_i(z_i|\boldsymbol{y}, \alpha, \beta, p)$ $(i \in V)$，$P_{\{i,j\}}(z_i, z_j|\boldsymbol{y}, \alpha, \beta, p)$ $(\{i,j\} \in E)$，$P_{\{i,j\}}(z_i, z_j|\alpha, p)$ $(\{i,j\} \in E)$ を計算する手順を構成することで，全体の計算手順を構成できる．しかし，定義に基づく計算は $|V|$ 重の多重和の計算が伴い，$Q(|\Omega|^{|r|})$ という指数関数的膨大な計算量を要するため困難である．これを回避する近似計算手法の一つとして，ここからは確率伝搬法を用いた事後周辺確率分布 $P_i(x_i|\boldsymbol{y}, \alpha, \beta, p)$ $(i \in V)$ および $P_{\{i,j\}}(x_i, x_j|\boldsymbol{y}, \alpha, \beta, p)$ $(\{i,j\} \in E)$ の近似計算手順について説明する．$P_{\{i,j\}}(z_i, z_j|\alpha, p)$ $(\{i,j\} \in E)$ は，その事後周辺確率分布の計算手順を $\beta = 0$ と設定して行うことで転用される．本項では一般化されたスパースガウシアング

74 第 2 章 ガウシアングラフィカルモデルの統計的機械学習理論

ラフィカルモデルの確率伝搬法の導出について紹介する前段階として，まず，確率伝搬法の基礎となる離散確率分布における変分原理と条件付き変分原理について説明する．その上で簡単な例に対して確率伝搬法の更新式の導出手順を与える．

離散確率分布を含む離散関数の変分原理は，簡単にいえば多変数関数の偏微分による極値問題に帰着される．ここでは，2 次元実空間上で定義される実関数に対する極値問題についての解析学で知られる以下の 3 つの定理から出発して説明する．

定理 2.1 2 次元実空間上の点 (a,b) の近傍 $\mathcal{U}(a,b)$ において C^1-級関数である実関数 $f(x,y)$ に対し，$\left[\frac{\partial}{\partial x}f(x,y)\right]_{(x,y)=(a,b)} = \left[\frac{\partial}{\partial y}f(x,y)\right]_{(x,y)=(a,b)} = 0$ は，点 (a,b) で $f(x,y)$ が極値をとるための必要条件である．

定理 2.2 2 次元実空間上の点 (a,b) の近傍 $\mathcal{U}(a,b)$ において，C^2-級関数である実関数 $f(x,y)$ が $\left[\frac{\partial}{\partial x}f(x,y)\right]_{(x,y)=(a,b)} = \left[\frac{\partial}{\partial y}f(x,y)\right]_{(x,y)=(a,b)} = 0$ を満たす時，$f(x,y)$ は

$$\Delta[f](x,y) \equiv \det \begin{pmatrix} \frac{\partial^2}{\partial x^2}f(x,y) & \frac{\partial^2}{\partial x \partial y}f(x,y) \\ \frac{\partial^2}{\partial y \partial x}f(x,y) & \frac{\partial^2}{\partial y^2}f(x,y) \end{pmatrix} \tag{2.102}$$

に対して

(i) $\Delta[f](a,b) > 0$ かつ $\left[\frac{\partial^2}{\partial x^2}f(x,y)\right]_{(x,y)=(a,b)} > 0$ （すなわち $\left[\frac{\partial^2}{\partial y^2}f(x,y)\right]_{(x,y)=(a,b)} > 0$）であれば点 (a,b) において極小値をとる．

(ii) $\Delta[f](a,b) > 0$ かつ $\left[\frac{\partial^2}{\partial x^2}f(x,y)\right]_{(x,y)=(a,b)} < 0$ （すなわち $\left[\frac{\partial^2}{\partial y^2}f(x,y)\right]_{(x,y)=(a,b)} < 0$）であれば点 (a,b) において極大値をとる．

(iii) $\Delta[f](a,b) < 0$ であれば点 (a,b) において極値をとらない．

注意 $f(x,y)$ が点 (a,b) の近傍 $U(a,b)$ で C^2-級関数であるということは，定義から近傍 $U(a,b)$ において $\frac{\partial^2}{\partial x^2}f(x,y)$, $\frac{\partial^2}{\partial y^2}f(x,y)$, $\frac{\partial^2}{\partial x \partial y}f(x,y)$, $\frac{\partial^2}{\partial y \partial x}f(x,y)$ は常に連続であるということであり，しかも基本的な性質として $\frac{\partial^2}{\partial x \partial y}f(x,y) = \frac{\partial^2}{\partial y \partial x}f(x,y)$ が成り立つ．

2.3 一般化されたスパースガウシアングラフィカルモデル　　75

> **定理 2.3**　C^1-級関数 $f(x,y)$ が点 (a,b) において,
>
> $$f(a,b) = 0, \qquad \left[\frac{\partial}{\partial y} f(x,y)\right]_{(x,y)=(a,b)} \neq 0 \qquad (2.103)$$
>
> であるとする. この時, $x = a$ のある近傍 $\mathcal{U}(a)$ で定義され, $b = \psi(a)$, $f(x, \psi(x)) = 0 \ (x \in \mathcal{U}(a))$ を満たす関数 $y = \psi(x)$ がただ一つ存在し, さらに
>
> $$\left[\frac{\partial}{\partial x} f(x,y)\right]_{y=\psi(x)} + \left[\frac{\partial}{\partial y} f(x,y)\right]_{y=\psi(x)} \left(\frac{d}{dx}\psi(x)\right) = 0 \quad (x \in \mathcal{U}(a))$$
>
> $$(2.104)$$
>
> が成り立つ.

> **定理 2.4**　2 次元実空間上の C^1-級関数 $f(x,y)$ と $g(x,y)$ を考え, 拘束条件 $g(x,y) = 0$ の下で y が x の関数または x が y の関数として表されるものとする. この時 λ を定数として
>
> $$L(x,y) \equiv f(x,y) + \lambda g(x,y) \qquad (2.105)$$
>
> とおけば, 点 (a,b) において拘束条件 $g(x,y) = 0$ の下で $f(x,y)$ が極値を与えるための必要条件は
>
> $$\left[\frac{\partial}{\partial x} L(x,y)\right]_{(x,y)=(a,b)} = \left[\frac{\partial}{\partial y} L(x,y)\right]_{(x,y)=(a,b)} = 0 \qquad (2.106)$$
>
> により与えられる.

注意1　点 (a,b) の近傍 $U(a,b)$ において, 拘束条件 $g(x,y) = 0$ が成り立つ時, $\left[\frac{\partial}{\partial y} g(x,y)\right]_{(x,y)=(a,b)} \neq 0$ を満たせば, 近傍 $U(a,b)$ において $g(x,y) = 0$ によって y を x で表す関数が一意的に定まる. また, $\left[\frac{\partial}{\partial x} g(x,y)\right]_{(x,y)=(a,b)} \neq 0$ を満たせば, 近傍 $U(a,b)$ において $g(x,y) = 0$ によって x を y で表す関数が一意的に定まる. このことは定理 2.3 から直ちに導かれる.

76　第 2 章　ガウシアングラフィカルモデルの統計的機械学習理論

注意 2　式 (2.106) を満たす点 (a, b) は $L(x, y)$ の極値を与えるための必要条件ではあるが，その点 (a, b) で $f(x, y)$ が極値を与えるための十分条件を満たしたとしても，同じ点 (a, b) で $L(x, y)$ も極値を与えるための十分条件を満たすとは限らない．

定理 2.2 は，**陰関数の存在定理 (existence theorem of implicit function)** と呼ばれる．また，定理 2.3 により条件付き極値をとる点の満たすべき必要条件を得る方法を**ラグランジュの未定乗数法 (method of Lagrange multiplier)**，λ を**ラグランジュの未定乗数 (Lagrange multiplier)** と呼んでいる．

定理 2.3 の $\left[\frac{\partial}{\partial y} g(x, y)\right]_{x=a, y=b} \neq 0$ である場合の証明について説明する．この場合，定理 2.3 により，$g(x, y) = 0$ を満たす関数

$$y = \psi(x) \tag{2.107}$$

が一意的に存在する．したがって，

$$\left[\frac{\partial}{\partial x} f(x, \psi(x))\right]_{x=a} = 0, \tag{2.108}$$

すなわち

$$\left[\frac{\partial}{\partial x} f(x, y)\right]_{(x,y)=(a,b)} + \left[\frac{\partial}{\partial y} f(x, y)\right]_{(x,y)=(a,b)} \left[\frac{\partial \psi(x)}{\partial x}\right]_{x=a} = 0 \tag{2.109}$$

となる．$g(x, y) = 0$ を x で微分すると

$$\left[\frac{\partial}{\partial x} g(x, \psi(x))\right]_{x=a} = \left[\frac{\partial}{\partial x} g(x, y)\right]_{x=a, y=b}$$
$$+ \left[\frac{\partial}{\partial y} g(x, y)\right]_{x=a, y=b} \left[\frac{\partial \psi(x)}{\partial x}\right]_{x=a} = 0 \tag{2.110}$$

となり，式 (2.109) と式 (2.110) から

$$\left[\frac{\partial}{\partial x} f(x, y)\right]_{(x,y)=(a,b)} \left[\frac{\partial}{\partial y} g(x, y)\right]_{(x,y)=(a,b)}$$
$$= \left[\frac{\partial}{\partial y} f(x, y)\right]_{(x,y)=(a,b)} \left[\frac{\partial}{\partial x} g(x, y)\right]_{(x,y)=(a,b)} \tag{2.111}$$

という等式が得られる．ここで

$$\lambda \equiv -\frac{\left[\frac{\partial}{\partial y} f(x, y)\right]_{(x,y)=(a,b)}}{\left[\frac{\partial}{\partial y} g(x, y)\right]_{(x,y)=(a,b)}} \tag{2.112}$$

とおくことにより

$$\left[\frac{\partial}{\partial x}f(x,y)\right]_{(x,y)=(a,b)} + \lambda\left[\frac{\partial}{\partial x}g(x,y)\right]_{(x,y)=(a,b)} = 0 \tag{2.113}$$

$$\left[\frac{\partial}{\partial y}f(x,y)\right]_{(x,y)=(a,b)} + \lambda\left[\frac{\partial}{\partial y}g(x,y)\right]_{(x,y)=(a,b)} = 0 \tag{2.114}$$

が得られる．式 (2.113)-(2.114) は式 (2.106) と等価である．$\left[\frac{\partial}{\partial x}g(x,y)\right]_{x=a,y=b} \neq 0$ である場合は，やはり定理 2.3 により $g(x,y)=0$ を満たす関数

$$x = \psi(y) \tag{2.115}$$

が一意的に存在し，同様に式 (2.113)-(2.114) が導かれる．以上が定理 1.3 の証明である．

　ここまで，本項での説明に必要な解析学の知識を述べてきたが，これをもとに離散関数の変分原理を説明する．結論からいえば，単なる多変数関数の極値問題であり，定理 2.1 と定理 2.2 を用いることとなる．簡単のために離散状態空間 $\Omega \equiv \{0,1\}$ で定義された状態変数 x に対して離散関数 $Q(x)$ $(x \in \Omega)$ を考え，

$$\begin{aligned}
\mathcal{F}[Q] &= F(Q(0), Q(1)) \\
&\equiv \sum_{z \in \Omega}\left(\frac{1}{2}z^2 Q(z) + Q(z)\ln\left(Q(z)\right)\right) \\
&= Q(0)\ln\left(Q(0)\right) + \frac{1}{2}Q(1) + Q(1)\ln\left(Q(1)\right) \tag{2.116}
\end{aligned}$$

を定義する．これは関数 $Q(x)$ の関数の形をとると見なすことができるため，**離散関数** $Q(x)$ **の汎関数 (functional)** と見なすことができる．そしてこの汎関数 $\mathcal{F}[Q]$ の極値を与える離散関数 $Q(x) = \widehat{Q}(x)$ を見つけようとすると，$Q(0), Q(1)$ という 2 変数からなる関数 $F(Q(0), Q(1))$ の極値条件なので，

$$\begin{cases}
\dfrac{\partial}{\partial \widehat{Q}(0)}\mathcal{F}[\widehat{Q}] = \dfrac{\partial}{\partial \widehat{Q}(0)}F(\widehat{Q}(0), \widehat{Q}(1)) = 1 + \ln\left(\widehat{Q}(0)\right) = 0 \\[3mm]
\dfrac{\partial}{\partial \widehat{Q}(1)}\mathcal{F}[\widehat{Q}] = \dfrac{\partial}{\partial \widehat{Q}(1)}F(\widehat{Q}(0), \widehat{Q}(1)) = \dfrac{1}{2} + 1 + \ln\left(\widehat{Q}(1)\right) = 0
\end{cases} \tag{2.117}$$

を満たす $Q(0) = \widehat{Q}(0)$, $Q(1) = \widehat{Q}(1)$ を見つける問題に帰着される．式 (2.117)

78 第 2 章 ガウシアングラフィカルモデルの統計的機械学習理論

は以下のような一つの式にまとめられる.

$$\frac{\partial}{\partial \widehat{Q}(x)} \mathcal{F}[\widehat{Q}] = \left[\frac{\partial}{\partial Q(x)} F(Q(0), Q(1)) \right]_{Q(0)=\widehat{Q}(0), Q(1)=\widehat{Q}(1)}$$

$$= \frac{1}{2} a^2 + 1 + \ln \left(\widehat{Q}(x) \right) = 0 \quad (a \in \Omega). \tag{2.118}$$

これにより,汎関数 $\mathcal{F}[Q]$ の極値を与える離散関数 $Q(x) = \widehat{Q}(x)$ は

$$\widehat{Q}(x) = \exp \left(-1 - \frac{1}{2} a^2 \right) \quad (x \in \Omega) \tag{2.119}$$

と得られたことになる.ここで,

$$\det \begin{pmatrix} \frac{\partial^2}{\partial \widehat{Q}(0)^2} \mathcal{F}[\widehat{Q}] & \frac{\partial^2}{\partial \widehat{Q}(0) \partial \widehat{Q}(1)} \mathcal{F}[\widehat{Q}] \\ \frac{\partial^2}{\partial \widehat{Q}(1) \partial \widehat{Q}(0)} \mathcal{F}[\widehat{Q}] & \frac{\partial^2}{\partial \widehat{Q}(1)^2} \mathcal{F}[\widehat{Q}] \end{pmatrix} = \det \begin{pmatrix} \frac{1}{\widehat{Q}(0)} & 0 \\ 0 & \frac{1}{\widehat{Q}(1)} \end{pmatrix}$$

$$= \frac{1}{\widehat{Q}(0)\widehat{Q}(1)} = \exp \left(\frac{5}{2} \right) > 0, \tag{2.120}$$

$$\frac{\partial^2}{\partial \widehat{Q}(0)^2} \mathcal{F}[\widehat{Q}] = \frac{1}{\widehat{Q}(0)} = \exp (1) > 0 \tag{2.121}$$

により,定理 2.2 から式 (2.119) で与えられた $\widehat{Q}(x)$ は,式 (2.116) の $\mathcal{F}[Q]$ の極小値を与えることがわかる.

次に同じ離散状態空間 $\Omega = \{0, 1\}$ で定義された離散関数 $Q(x)$ が,「確率分布である」という制約の下で,式 (2.116) の $\mathcal{F}[Q] = F(Q(0), Q(1))$ の極致条件を与える $Q(x) = \widehat{Q}(x)$ を探すという問題設定に進むことにしよう.確率分布である以上,$Q(x)$ は規格化条件

$$\sum_{z \in \Omega} Q(z) = 1 \tag{2.122}$$

を満たす必要がある.このため汎関数 $\mathcal{F}[Q]$ の極値を与える確率分布は,この規格化条件 (2.122) を**拘束条件 (constraint condition)** として,これを満たす確率分布の範囲内で探されなければならない.この条件付き極値をとる確率分布の満たすべき必要条件を得るために,定理 2.4 に従ってラグランジュの未定

乗数 λ を導入した新たな汎関数

$$
\begin{aligned}
\mathcal{L}[Q] &\equiv \mathcal{F}[Q] + \lambda\left(\sum_{n \in \Omega} Q(n) - 1\right) \\
&= \sum_{n \in \Omega}\left(\frac{1}{2}n^2 Q(n) + Q(n)\ln\left(Q(n)\right)\right) + \lambda\left(\sum_{n \in \Omega} Q(n) - 1\right)
\end{aligned} \tag{2.123}
$$

を定義する. この汎関数 $\mathcal{L}[Q]$ の極値条件は

$$
\frac{\partial}{\partial \widehat{Q}(x)}\mathcal{L}[\widehat{Q}] = \frac{1}{2}a^2 + 1 + \ln\left(\widehat{Q}(x)\right) + \lambda = 0 \quad (a \in \Omega), \tag{2.124}
$$

すなわち

$$
\widehat{Q}(x) = \exp\left(-1 - \lambda - \frac{1}{2}a^2\right) \quad (a \in \Omega) \tag{2.125}
$$

と与えられる. その上で式 (2.125) を拘束条件 (2.122) に代入することで, ラグランジュの未定乗数 λ が

$$
\exp\left(-1 - \lambda\right) = \sum_{n \in \Omega} \exp\left(-\frac{1}{2}n^2\right), \tag{2.126}
$$

すなわち

$$
\lambda = -1 - \ln\left(\sum_{n \in \Omega} \exp\left(-\frac{1}{2}n^2\right)\right) \tag{2.127}
$$

と決定され, 最終的に与えられた条件付き極値問題の解が

$$
\widehat{Q}(x) = \frac{\exp\left(-\frac{1}{2}a^2\right)}{\displaystyle\sum_{n \in \Omega} \exp\left(-\frac{1}{2}n^2\right)} \quad (a \in \Omega) \tag{2.128}
$$

と得られたことになる. ここで, 式 (2.127) より, 拘束条件から決められた λ は実数なので,

$$
\begin{aligned}
\det\begin{pmatrix} \frac{\partial^2}{\partial \widehat{Q}(0)^2}\mathcal{L}[\widehat{Q}] & \frac{\partial^2}{\partial \widehat{Q}(0)\partial \widehat{Q}(1)}\mathcal{L}[\widehat{Q}] \\ \frac{\partial^2}{\partial \widehat{Q}(1)\partial \widehat{Q}(0)}\mathcal{L}[\widehat{Q}] & \frac{\partial^2}{\partial \widehat{Q}(1)^2}\mathcal{L}[\widehat{Q}] \end{pmatrix} &= \det\begin{pmatrix} \frac{1}{\widehat{Q}(0)} & 0 \\ 0 & \frac{1}{\widehat{Q}(1)} \end{pmatrix} = \frac{1}{\widehat{Q}(0)\widehat{Q}(1)} \\
&= \exp\left(\frac{5}{2} + 2\lambda\right) > 0,
\end{aligned} \tag{2.129}
$$

$$\frac{\partial^2}{\partial \widehat{Q}(0)^2} \mathcal{L}[\widehat{Q}] = \frac{1}{\widehat{Q}(0)} = \exp(1 + \lambda) > 0 \tag{2.130}$$

を満足する．定理 2.1 から式 (2.125) で与えられた $Q(x) = \widehat{Q}(x)$ は，拘束条件 (2.122) の下で式 (2.116) の $\mathcal{F}[Q]$ の極小値を与えることがわかる．

2.3.3　一般化されたスパースガウシアングラフィカルモデルと確率伝搬法

本項では前項までの準備をもとに，式 (2.89)-(2.90) により与えられた事後確率分布 $P(\boldsymbol{x}|\boldsymbol{y}, \alpha, \beta, p)$ に対する確率伝搬法について説明する．確率伝搬法では，閉路をもたないグラフ上の確率的グラフィカルモデルに対して，周辺確率分布との間に式 (1.136) が成立することを意識し，試行確率分布として対応する関係が成立する関数系に制限した上で，カルバック・ライブラー情報量の意味で元の確率分布に近くなるように，頂点と辺に対応する周辺確率分布を求める形の定式化が行われる．本項で扱うグラフは「閉路を含まない」という制約を課さないため，式 (1.136) のような制約を試行確率分布に課すことで導かれるアルゴリズムは近似アルゴリズムであるという位置付けである．

試行確率分布 $Q(\boldsymbol{x})$ を式 (1.136) をもとにして次の形に導入する．

$$\begin{aligned}
Q(\boldsymbol{x}) &= Q(x_1, x_2, \cdots, x_{|V|}) \\
&\equiv \Big(\prod_{i \in V} Q_i(x_i) \Big) \Big(\prod_{\{i,j\} \in E} \frac{Q_{\{i,j\}}(x_i, x_j)}{Q_i(x_i) Q_j(x_j)} \Big) \\
&= \Big(\prod_{i \in V} Q_i(x_i)^{1-|\partial i|} \Big) \Big(\prod_{\{i,j\} \in E} Q_{\{i,j\}}(x_i, x_j) \Big),
\end{aligned} \tag{2.131}$$

$$Q_i(x_i) \equiv \sum_{z_1 \in \Omega} \sum_{z_2 \in \Omega} \cdots \sum_{z_{|V|} \in \Omega} \delta_{z_i, x_i} Q(z_1, z_2, \cdots, z_{|V|}) \quad (i \in V), \tag{2.132}$$

$$Q_{\{i,j\}}(x_i, x_j) \equiv \sum_{z_1 \in \Omega} \sum_{z_2 \in \Omega} \cdots \sum_{z_{|V|} \in \Omega} \delta_{z_i, x_i} \delta_{z_j, x_j} Q(z_1, z_2, \cdots, z_{|V|}) \quad (\{i,j\} \in E). \tag{2.133}$$

この試行確率分布と式 (2.89)-(2.90) により与えられた事後確率分布 $P(\boldsymbol{x}|\boldsymbol{y}, \alpha, \beta, p)$ のカルバック・ライブラー情報量を考える．

$$\mathrm{KL}[P||Q] = \sum_{z_1 \in \Omega} \sum_{z_2 \in \Omega} \cdots \sum_{z_{|V|} \in \Omega} Q(z_1, z_2, \cdots, z_{|V|}) \ln \left(\frac{Q(z_1, z_2, \cdots, z_{|V|})}{P(z_1, z_2, \cdots, z_{|V|}|\boldsymbol{y}, \alpha, \beta, p)} \right).$$

(2.134)

まず，式 (2.89)-(2.90) を代入する．

$$\begin{aligned}
\mathrm{KL}[P||Q] ={}& \ln \left(Z(\boldsymbol{y}, \alpha, \beta, p) \right) \\
&+ \frac{1}{2}\alpha \sum_{z_1 \in \Omega} \sum_{z_2 \in \Omega} \cdots \sum_{z_{|V|} \in \Omega} \sum_{\{i,j\} \in E} |z_i - z_j|^p Q(z_1, z_2, \cdots, z_{|V|}) \\
&+ \frac{1}{2}\beta \sum_{z_1 \in \Omega} \sum_{z_2 \in \Omega} \cdots \sum_{z_{|V|} \in \Omega} \sum_{i \in V} (z_i - y_i)^2 Q(z_1, z_2, \cdots, z_{|V|}) \\
&+ \sum_{z_1 \in \Omega} \sum_{z_2 \in \Omega} \cdots \sum_{z_{|V|} \in \Omega} Q(z_1, z_2, \cdots, z_{|V|}) \\
&\qquad\qquad\qquad\qquad \times \ln \left(Q(z_1, z_2, \cdots, z_{|V|}) \right). \quad (2.135)
\end{aligned}$$

式 (2.132)-(2.133) の試行確率分布に対する周辺確率分布の定義を使って式 (2.135) の右辺の第 2 項と第 3 項を整理する．

$$\begin{aligned}
\mathrm{KL}[P||Q] ={}& \ln \left(Z(\boldsymbol{y}, \alpha, \beta, p) \right) + \frac{1}{2}\alpha \sum_{\{i,j\} \in E} \sum_{z_i \in \Omega} \sum_{z_j \in \Omega} |z_i - z_j|^p Q_{\{i,j\}}(z_i, z_j) \\
&+ \frac{1}{2}\beta \sum_{i \in V} \sum_{z_i \in \Omega} \sum_{i \in V} (z_i - y_i)^2 Q_i(z_i) \\
&+ \sum_{z_1 \in \Omega} \sum_{z_2 \in \Omega} \cdots \sum_{z_{|V|} \in \Omega} Q(z_1, z_2, \cdots, z_{|V|}) \times \ln \left(Q(z_1, z_2, \cdots, z_{|V|}) \right).
\end{aligned}$$

(2.136)

次に，式 (2.136) の右辺の第 4 項の $\ln Q\left(z_1, z_2, \cdots, z_{|V|}\right)$ に式 (2.131) を代入した上で，式 (2.132)-(2.133) の試行確率分布に対する周辺確率分布の定義を再度用いる．そうすることで，カルバック・ライブラー情報量は次のように書き換えられる．

$$\begin{aligned}
\mathrm{KL}[P||Q] ={}& \ln \left(Z(\boldsymbol{y}, \alpha, \beta, p) \right) + \frac{1}{2}\alpha \sum_{\{i,j\} \in E} \sum_{z_i \in \Omega} \sum_{z_j \in \Omega} |z_i - z_j|^p Q_{\{i,j\}}(z_i, z_j) \\
&+ \frac{1}{2}\beta \sum_{i \in V} \sum_{z_i \in \Omega} (z_i - y_i)^2 Q_i(z_i)
\end{aligned}$$

$$
+ \sum_{z_1 \in \Omega} \sum_{z_2 \in \Omega} \cdots \sum_{z_{|V|} \in \Omega} Q(z_1, z_2, \cdots, z_{|V|})
$$
$$
\times \ln \Big(\Big(\prod_{i \in V} Q_i(z_i)^{1-|\partial i|} \Big) \Big(\prod_{\{i,j\} \in E} Q_{\{i,j\}}(z_i, z_j) \Big) \Big)
$$
$$
= \ln \left(Z(\boldsymbol{y}, \alpha, \beta, p) \right) + \frac{1}{2} \alpha \sum_{\{i,j\} \in E} \sum_{z_i \in \Omega} \sum_{z_j \in \Omega} |z_i - z_j|^p Q_{\{i,j\}}(z_i, z_j)
$$
$$
+ \frac{1}{2} \beta \sum_{i \in V} \sum_{z_i \in \Omega} (z_i - y_i)^2 Q_i(z_i)
$$
$$
+ \sum_{z_1 \in \Omega} \sum_{z_2 \in \Omega} \cdots \sum_{z_{|V|} \in \Omega} Q(z_1, z_2, \cdots, z_{|V|}) \sum_{i \in V} \ln \left(Q_i(z_i)^{1-|\partial i|} \right)
$$
$$
+ \sum_{z_1 \in \Omega} \sum_{z_2 \in \Omega} \cdots \sum_{z_{|V|} \in \Omega} Q(z_1, z_2, \cdots, z_{|V|}) \sum_{\{i,j\} \in E} \ln \left(Q_{\{i,j\}}(z_i, z_j)^{1-|\partial i|} \right)
$$
$$
= \ln \left(Z(\boldsymbol{y}, \alpha, \beta, p) \right) + \frac{1}{2} \alpha \sum_{\{i,j\} \in E} \sum_{z_i \in \Omega} \sum_{z_j \in \Omega} |z_i - z_j|^p Q_{\{i,j\}}(z_i, z_j)
$$
$$
+ \frac{1}{2} \beta \sum_{i \in V} \sum_{z_i \in \Omega} (z_i - y_i)^2 Q_i(z_i)
$$
$$
+ \sum_{i \in V} (1 - |\partial i|) \sum_{z_i \in \Omega} Q_i(z_i) \ln \left(Q_i(z_i) \right)
$$
$$
+ \sum_{\{i,j\} \in E} \sum_{z_i \in \Omega} \sum_{z_j \in \Omega} Q_{\{i,j\}}(z_i, z_j) \ln \left(Q_{\{i,j\}}(z_i, z_j) \right). \tag{2.137}
$$

この表式において第 1 項は試行関数の周辺確率分布が含まれていないので,周辺確率分布についての最小化を考える場合,第 2 項以降を考えればよいことになる. そこでこの第 2 項以降の部分を

$$
\mathcal{F}[\{Q_i | i \in V\}, \{Q_{\{i,j\}} | \{i,j\} \in E\}]
$$
$$
\equiv \frac{1}{2} \alpha \sum_{\{i,j\} \in E} \sum_{z_i \in \Omega} \sum_{z_j \in \Omega} |z_i - z_j|^p Q_{\{i,j\}}(z_i, z_j)
$$
$$
+ \frac{1}{2} \beta \sum_{i \in V} \sum_{z_i \in \Omega} (z_i - y_i)^2 Q_i(z_i)
$$
$$
+ \sum_{i \in V} (1 - |\partial i|) \sum_{z_i \in \Omega} Q_i(z_i) \ln \left(Q_i(z_i) \right)
$$
$$
+ \sum_{\{i,j\} \in E} \sum_{z_i \in \Omega} \sum_{z_j \in \Omega} Q_{\{i,j\}}(z_i, z_j) \ln \left(Q_{\{i,j\}}(z_i, z_j) \right) \tag{2.138}
$$

と新たな記号を用いて定義し,周辺確率分布の満たすべき条件を考慮しながら最

小化するように周辺確率分布を決定することを考える．もちろん，周辺確率分布は式 (2.132)-(2.133) が定義なので，これを満たす条件の下で決定することができればそれに越したことはないが，それでは $|V|$ 重の多重和が残ってしまい，ごく特殊な場合を除いて，以後の計算が困難となる．そこで，式 (2.132)-(2.133) から導かれる**縮約条件 (reducibility condition)**

$$Q_i(x_i) = \sum_{z_j \in \Omega} Q_{\{i,j\}}(x_i, z_j) \quad (x_i \in \Omega, \{i,j\} \in E), \tag{2.139}$$

$$Q_j(x_j) = \sum_{z_i \in \Omega} Q_{\{i,j\}}(z_i, x_j) \quad (x_j \in \Omega, \{i,j\} \in E) \tag{2.140}$$

と規格化条件

$$\sum_{z_i \in \Omega} Q_i(z_i) = 1 \quad (i \in V), \tag{2.141}$$

$$\sum_{z_i \in \Omega} \sum_{z_j \in \Omega} Q_{\{i,j\}}(z_i, z_j) = 1 \quad (\{i,j\} \in E) \tag{2.142}$$

を拘束条件として，$\mathcal{F}[\{Q_i | i \in V\}, \{Q_{\{i,j\}} | \{i,j\} \in E\}]$ を最小化する $Q_i(x_i)(i \in V)$ と $Q_{\{i,j\}}(x_i, x_j) (\{i,j\} \in E)$ を，$P_i(x_i | \boldsymbol{y}, \alpha, \beta, p) (i \in V)$ と $P_{\{i,j\}}(x_i, x_j | \boldsymbol{y}, \alpha, \beta, p)$ $(\{i,j\} \in E)$ の近似値と考えて，その決定方程式を導くこととする．式 (2.139) に対して $\lambda_{\{i,j\},i}(x_i)$，式 (2.140) に対して $\lambda_{\{i,j\},j}(x_j)$，式 (2.141) に対して $\lambda_{\{i,j\}}$，式 (2.142) に対して λ_i を，それぞれラグランジュの未定係数として導入する．

$$\begin{aligned}
\mathcal{L}&[\{Q_i | i \in V\}, \{Q_{\{i,j\}} | \{i,j\} \in E\}] \\
&\equiv \mathcal{F}[\{Q_i | i \in V\}, \{Q_{\{i,j\}} | \{i,j\} \in E\}] \\
&\quad + \sum_{\{i,j\} \in E} \sum_{z_i \in \Omega} \lambda_{\{i,j\},i}(z_i) \Big(Q_i(z_i) - \sum_{z_j \in \Omega} Q_{\{i,j\}}(z_i, z_j) \Big) \\
&\quad + \sum_{\{i,j\} \in E} \sum_{z_j \in \Omega} \lambda_{\{i,j\},j}(z_j) \Big(Q_j(z_j) - \sum_{z_i \in \Omega} Q_{\{i,j\}}(z_i, z_j) \Big) \\
&\quad + \sum_{i \in V} (1 - |\partial i|) \lambda_i \Big(\sum_{z_i \in \Omega} Q_i(z_i) - 1 \Big) \\
&\quad + \sum_{\{i,j\} \in E} \lambda_{\{i,j\}} \Big(\sum_{z_i \in \Omega} \sum_{z_j \in \Omega} Q_{\{i,j\}}(z_i, z_j) - 1 \Big)
\end{aligned}$$

$$
\begin{aligned}
= &\frac{1}{2}\alpha \sum_{\{i,j\}\in E}\sum_{z_i\in\Omega}\sum_{z_j\in\Omega}|z_i-z_j|^p Q_{\{i,j\}}(z_i,z_j)\\
&+\frac{1}{2}\beta\sum_{i\in V}\sum_{z_i\in\Omega}(z_i-y_i)^2 Q_i(z_i)\\
&+\sum_{i\in V}(1-|\partial i|)\sum_{z_i\in\Omega}Q_i(z_i)\ln\left(Q_i(z_i)\right)\\
&+\sum_{\{i,j\}\in E}\sum_{z_i\in\Omega}\sum_{z_j\in\Omega}Q_{\{i,j\}}(z_i,z_j)\ln\left(Q_{\{i,j\}}(z_i,z_j)\right)\\
&+\sum_{\{i,j\}\in E}\sum_{z_i\in\Omega}\lambda_{\{i,j\},i}(z_i)\Big(Q_i(z_i)-\sum_{z_j\in\Omega}Q_{\{i,j\}}(z_i,z_j)\Big)\\
&+\sum_{\{i,j\}\in E}\sum_{z_j\in\Omega}\lambda_{\{i,j\},i}(z_i)\Big(Q_j(z_j)-\sum_{z_i\in\Omega}Q_{\{i,j\}}(z_i,z_j)\Big)\\
&+\sum_{i\in V}(1-|\partial i|)\lambda_i\Big(\sum_{z_i\in\Omega}Q_i(z_i)-1\Big)\\
&+\sum_{\{i,j\}\in E}\lambda_{\{i,j\}}\Big(\sum_{z_i\in\Omega}\sum_{z_j\in\Omega}Q_{\{i,j\}}(z_i,z_j)-1\Big).
\end{aligned}
\tag{2.143}
$$

$\mathcal{L}[\{Q_i|i\in V\},\{Q_{\{i,j\}}|\{i,j\}\in E\}]$ の $Q_{\{i,j\}}(x_i,x_j)$ と $Q_i(x_i)$ の極値条件は，以下のように書き下される.

$$
\frac{\partial}{\partial Q_{\{i,j\}}(x_i,x_j)}\mathcal{L}[\{Q_i|i\in V\},\{Q_{\{i,j\}}|\{i,j\}\in E\}]=0
$$
$$
\rightarrow Q_{\{i,j\}}(x_i,x_j)=\exp\left(-\lambda_{\{i,j\}}-1+\lambda_{\{i,j\},i}(x_i)+\lambda_{\{i,j\},j}(x_j)-\frac{1}{2}\alpha|x_i-x_j|^p\right),
$$
$$
\tag{2.144}
$$

$$
\frac{\partial}{\partial Q_i(x_i)}\mathcal{L}[\{Q_i|i\in V\},\{Q_{\{i,j\}}|\{i,j\}\in E\}]=0
$$
$$
\rightarrow Q_i(x_i)=\exp\left(-\lambda_i-1+\frac{1}{|\partial i|-1}\sum_{\kappa\in\partial i}\lambda_{\kappa,i}(x_i)+\frac{1}{2}\frac{1}{|\partial i|-1}\beta(x_i-y_i)^2\right).
$$
$$
\tag{2.145}
$$

式 (2.144)-(2.145) を式 (2.139)-(2.142) に代入することで，$\lambda_{\{i,j\}},\lambda_i,\lambda_{\{i,j\},i}(x_i)$，$\lambda_{\{i,j\},j}(x_j)$ に対する決定方程式が与えられる [5]. 特に式 (2.141)-(2.142) の決定

---

[5] 式 (2.139)-(2.140) に式 (2.144)-(2.145) を代入して導かれる $\{\lambda_{\{i,j\},i}(x_i),\lambda_{\{i,j\},j}(x_j)\}$ に対する決定方程式を解く一般アルゴリズムは Morita, T.: *Phys Lett A*, **161**, no.23, pp.140-

方程式は具体的に次の表式で表され，これは式 (2.144)-(2.145) の規格化定数に対応していることが理解できる．

$$\lambda_{\{i,j\}} + 1 = \ln\Big(\sum_{z_i \in \Omega} \sum_{z_j \in \Omega} \exp\Big(\lambda_{\{i,j\},i}(x_i) + \lambda_{\{i,j\},j}(x_j) - \frac{1}{2}\alpha|x_i - x_j|^p \Big) \Big),$$

(2.146)

$$\lambda_i + 1 = \ln\Big(\sum_{z_i \in \Omega} \exp\Big(\frac{1}{|\partial i| - 1} \sum_{\kappa \in \partial i} \lambda_{\kappa,i}(z_i) + \frac{1}{2}\frac{1}{|\partial i| - 1}\beta(z_i - y_i)^2 \Big) \Big).$$

(2.147)

式 (2.144)-(2.145) の $\{Q_{\{i,j\}}(x_i, x_j)\}$ と $\{Q_i(x_i)\}$ および式 (2.146)-(2.147) の $\{\lambda_{\{i,j\}}\}$ と $\{\lambda_i\}$ の表式において，$\{\lambda_{\{i,j\},i}(x_i), \lambda_{\{i,j\},j}(x_j)\}$ から $\{\Lambda_{\{i,j\}\to i}(x_i), \Lambda_{\{i,j\}\to j}(x_j)\}$ への次のような変数変換を導入する．

$$\lambda_{\{i,j\},i}(x_i) \equiv -\frac{1}{2}\beta(x_i - y_i)^2 + \ln\Big(\prod_{\kappa \in \partial i \setminus \{i,j\}} \Lambda_{\kappa \to i}(x_i) \Big), \quad (2.148)$$

$$\lambda_{\{i,j\},j}(x_j) \equiv -\frac{1}{2}\beta(x_j - y_j)^2 + \ln\Big(\prod_{\kappa \in \partial j \setminus \{i,j\}} \Lambda_{\kappa \to j}(x_j) \Big). \quad (2.149)$$

これにより，$\mathcal{F}[\{Q_i | i \in V\}, \{Q_{\{i,j\}} | \{i,j\} \in E\}]$ を式 (2.139)-(2.140) と式 (2.141)-(2.142) の拘束条件の下で最小化する $Q_i(x_i) (i \in V)$，$Q_{\{i,j\}}(x_i, x_j) (\{i,j\} \in E)$ を $\widehat{Q}_i(x_i)(i \in V)$ および $\widehat{Q}_{\{i,j\}}(x_i, x_j) (\{i,j\} \in E)$ とすると，$P_i(x_i | \boldsymbol{y}, \alpha, \beta, p)$ $(i \in V)$ と $P_{\{i,j\}}(x_i, x_j | \boldsymbol{y}, \alpha, \beta, p) (\{i,j\} \in E)$ の近似値は次の形に与えられる．

$$P_{\{i,j\}}(x_i, x_j | \boldsymbol{y}, \alpha, \beta, p) \simeq \widehat{Q}_{\{i,j\}}(x_i, x_j)$$
$$\equiv \exp\big(-\lambda_{\{i,j\}} - 1\big)\Big(\prod_{\kappa \in \partial i \setminus \{i,j\}} \Lambda_{\kappa \to i}(x_i) \Big)$$
$$\times \exp\Big(-\frac{1}{2}\beta(x_i - y_i)^2 - \frac{1}{2}\alpha|x_i - x_j|^p - \frac{1}{2}\beta(x_j - y_j)^2 \Big)$$
$$\times \Big(\prod_{\kappa \in \partial j \setminus \{i,j\}} \Lambda_{\kappa \to j}(x_j) \Big),$$

(2.150)

---

144 (1991) に与えられている．その構成法は本書で紹介するものとは異なるスキームである．

86 第 2 章 ガウシアングラフィカルモデルの統計的機械学習理論

$$P_i(x_i|\boldsymbol{y}, \alpha, \beta, p) \simeq \widehat{Q}_i(x_i) \equiv \exp\left(-\lambda_i - 1\right)\Big(\prod_{\kappa \in \partial i} \Lambda_{\kappa \to i}(x_i)\Big)\exp\Big(-\frac{1}{2}\beta(x_i - y_i)^2\Big),$$
(2.151)

$$\lambda_{\{i,j\}} + 1 = \ln\Big(\sum_{z_i \in \Omega}\sum_{z_j \in \Omega}\Big(\prod_{\kappa \in \partial i \setminus \{i,j\}} \Lambda_{\kappa \to i}(z_i)\Big)$$
$$\times \exp\Big(-\frac{1}{2}\beta(z_i - y_i)^2 - \frac{1}{2}\alpha|z_i - z_j|^p - \frac{1}{2}\beta(z_j - y_j)^2\Big)$$
$$\times \Big(\prod_{\kappa \in \partial j \setminus \{i,j\}} \Lambda_{\kappa \to j}(z_j)\Big)\Big),$$
(2.152)

$$\lambda_i + 1 = \ln\Big(\sum_{z_i \in \Omega}\Big(\prod_{\kappa \in \partial i} \Lambda_{\kappa \to i}(z_i)\Big)\exp\Big(-\frac{1}{2}\beta(z_i - y_i)^2\Big)\Big).$$
(2.153)

$\{\Lambda_{\{i,j\}\to i}(x_i), \Lambda_{\{i,j\}\to j}(x_j)\}$ は式 (2.139)-(2.140) を満たすように決められるので, 式 (2.150)-(2.151) を式 (2.139)-(2.140) に代入することで, その決定方程式は

$$\Lambda_{\{i,j\}\to i}(x_i) = \exp\left(-\lambda_{\{i,j\}} + \lambda_i\right)\sum_{z_j \in \Omega}\exp\Big(-\frac{1}{2}\alpha|x_i - z_j|^p - \frac{1}{2}\beta(z_j - y_j)^2\Big)$$
$$\times\Big(\prod_{\kappa \in \partial j \setminus \{i,j\}} \Lambda_{\kappa \to j}(z_j)\Big),$$
(2.154)

$$\Lambda_{\{i,j\}\to j}(x_j) = \exp\left(-\lambda_{\{i,j\}} + \lambda_j\right)\sum_{z_i \in \Omega}\exp\Big(-\frac{1}{2}\alpha|z_i - x_j|^p - \frac{1}{2}\beta(z_i - y_i)^2\Big)$$
$$\times\Big(\prod_{\kappa \in \partial i \setminus \{i,j\}} \Lambda_{\kappa \to i}(z_i)\Big)$$
(2.155)

と与えられる.

$\Lambda_{\{i,j\}\to j}(x_j)$ は, 頂点 i から頂点 j へのメッセージ (message) と呼ばれる. また, たとえば式 (2.155) は, 頂点 i の隣接頂点対の中で $\{i,j\}$ を除くすべての隣接頂点対からメッセージが頂点 i に流れ込み, 頂点 i から頂点 j へのメッセージにそれまでの計算を反映して伝えられる形をしているため, **メッセージ伝搬規則 (message passing rule)** と呼ばれることがある.

さらに $\Lambda_{\{i,j\}\to i}(x_i)$ と $\Lambda_{\{i,j\}\to j}(x_j)$ から, それを規格化した形に変換した新しいメッセージを導入する.

$$\mu_{\{i,j\}\to i}(x_i|\boldsymbol{y}, \alpha, \beta, p) \equiv \frac{\Lambda_{\kappa \to i}(x_i)}{\sum_{z_i \in \Omega} \Lambda_{\kappa \to i}(z_i)},$$
(2.156)

$$\mu_{\{i,j\}\to j}(x_j|\boldsymbol{y},\alpha,\beta,p) \equiv \frac{\Lambda_{\{i,j\}\to j}(x_j)}{\displaystyle\sum_{z_j\in\Omega}\Lambda_{\{i,j\}\to j}(z_j)}. \tag{2.157}$$

これによって，式 (2.150)-(2.151), (2.152)-(2.153) および (2.154)-(2.155) による $\{P_{\{i,j\}}(x_i,x_j|\boldsymbol{y},\alpha,\beta,p)|\{i,j\}\in E, x_i\in\Omega, x_j\in\Omega\}$ $\{P_i(x_i|\boldsymbol{y},\alpha,\beta,p)|i\in V, x_i\in\Omega\}$ の近似値を得るための決定方程式は，最終的には以下のようにまとめられる [6].

$$
\begin{aligned}
P_{\{i,j\}}(x_i,x_j|&\boldsymbol{y},\alpha,\beta,p) \simeq \widehat{Q}_{\{i,j\}}(x_i,x_j)\\
&= \frac{1}{\mathcal{Z}_{\{i,j\}}(\boldsymbol{y},\alpha,\beta,p)}\Big(\prod_{\kappa\in\partial i\setminus\{i,j\}}\mu_{\kappa\to i}(x_i|\boldsymbol{y},\alpha,\beta,p)\Big)\\
&\quad\times\exp\Big(-\frac{1}{2}\beta(x_i-y_i)^2 - \frac{1}{2}\alpha|x_i-x_j|^p - \frac{1}{2}\beta(x_j-y_j)^2\Big)\\
&\quad\times\Big(\prod_{\kappa\in\partial j\setminus\{i,j\}}\mu_{\kappa\to j}(x_j|\boldsymbol{y},\alpha,\beta,p)\Big)\\
&\hspace{4cm}(\{i,j\}\in E, x_i\in\Omega, x_j\in\Omega),
\end{aligned}
\tag{2.160}
$$

$$
\begin{aligned}
P_i(x_i|&\boldsymbol{y},\alpha,\beta,p) \simeq \widehat{Q}_i(x_i)\\
&= \frac{1}{\mathcal{Z}_i(\boldsymbol{y},\alpha,\beta,p)}\Big(\prod_{\kappa\in\partial i}\mu_{\kappa\to i}(x_i|\boldsymbol{y},\alpha,\beta,p)\Big)\exp\Big(-\frac{1}{2}\beta(x_i-y_i)^2\Big)\\
&\hspace{4cm}(i\in V, x_i\in\Omega),
\end{aligned}
\tag{2.161}
$$

---

[6] 確率伝搬法の表現には**因子グラフ表現 (factor graph representation)** と呼ばれる流儀がある [5,8,11,12,21]．この因子グラフ表現は，統計的機械学習理論の分野でよく用いられるものである．式 (2.160)-(2.165) をこの因子グラフ表現に書き換えるためのポイントは単に

$$\mu_{i\to\{i,j\}}(x_i|\boldsymbol{y},\alpha,\beta,p) \equiv \exp\Big(-\frac{1}{2}\beta(x_i-y_i)^2\Big)\Big(\prod_{\kappa\in\partial i\setminus\{i,j\}}\mu_{\kappa\to i}(x_i|\boldsymbol{y},\alpha,\beta,p)\Big)$$
$$(x_j\in\Omega, \{i,j\}\in E), \tag{2.158}$$

$$\mu_{j\to\{i,j\}}(x_j|\boldsymbol{y},\alpha,\beta,p) \equiv \exp\Big(-\frac{1}{2}\beta(x_j-y_j)^2\Big)\Big(\prod_{\kappa\in\partial j\setminus\{i,j\}}\mu_{\kappa\to i}(x_i|\boldsymbol{y},\alpha,\beta,p)\Big)$$
$$(x_j\in\Omega, \{i,j\}\in E) \tag{2.159}$$

という新しいメッセージを導入することで達成される．詳細は文献 [16] および [19] を参照のこと．

88 第 2 章 ガウシアングラフィカルモデルの統計的機械学習理論

$$
\begin{aligned}
\mathcal{Z}_{\{i,j\}}(\boldsymbol{y}, \alpha, \beta, p) \equiv & \sum_{z_i \in \Omega} \sum_{z_j \in \Omega} \Big(\prod_{\kappa \in \partial i \backslash \{i,j\}} \mu_{\kappa \to i}(z_i | \boldsymbol{y}, \alpha, \beta, p) \Big) \\
& \times \exp \Big(-\frac{1}{2}\beta(z_i - y_i)^2 - \frac{1}{2}\alpha |z_i - z_j|^p - \frac{1}{2}\beta(z_j - y_j)^2 \Big) \\
& \times \Big(\prod_{\kappa \in \partial j \backslash \{i,j\}} \mu_{\kappa \to j}(z_j | \boldsymbol{y}, \alpha, \beta, p) \Big)
\end{aligned}
$$

$$
(\{i,j\} \in E), \tag{2.162}
$$

$$
\mathcal{Z}_i(\boldsymbol{y}, \alpha, \beta, p) = \sum_{z_i \in \Omega} \Big(\prod_{\kappa \in \partial i} \mu_{\kappa \to i}(z_i | \boldsymbol{y}, \alpha, \beta, p) \Big) \exp \Big(-\frac{1}{2}\beta(z_i - y_i)^2 \Big)
$$

$$
(i \in V), \tag{2.163}
$$

$$
\mu_{\{i,j\} \to i}(x_i | \boldsymbol{y}, \alpha, \beta, p)
$$
$$
= \frac{\displaystyle\sum_{z_j \in \Omega} \exp \Big(-\frac{1}{2}\alpha |x_i - z_j|^p - \frac{1}{2}\beta(z_j - y_j)^2 \Big) \Big(\prod_{\kappa \in \partial i \backslash \{i,j\}} \mu_{\kappa \to j}(z_j | \boldsymbol{y}, \alpha, \beta, p) \Big)}{\displaystyle\sum_{z_i \in \Omega} \sum_{z_j \in \Omega} \exp \Big(-\frac{1}{2}\alpha |z_i - z_j|^p - \frac{1}{2}\beta(z_j - y_j)^2 \Big) \Big(\prod_{\kappa \in \partial i \backslash \{i,j\}} \mu_{\kappa \to j}(z_j | \boldsymbol{y}, \alpha, \beta, p) \Big)}
$$

$$
(\{i,j\} \in E, x_i \in \Omega), \tag{2.164}
$$

$$
\mu_{\{i,j\} \to j}(x_j | \boldsymbol{y}, \alpha, \beta, p)
$$
$$
= \frac{\displaystyle\sum_{z_i \in \Omega} \exp \Big(-\frac{1}{2}\alpha |z_i - x_j|^p - \frac{1}{2}\beta(z_i - y_i)^2 \Big) \Big(\prod_{\kappa \in \partial i \backslash \{i,j\}} \mu_{\kappa \to i}(z_i | \boldsymbol{y}, \alpha, \beta, p) \Big)}{\displaystyle\sum_{z_i \in \Omega} \sum_{z_j \in \Omega} \exp \Big(-\frac{1}{2}\alpha |z_i - z_j|^p - \frac{1}{2}\beta(z_i - y_i)^2 \Big) \Big(\prod_{\kappa \in \partial i \backslash \{i,j\}} \mu_{\kappa \to i}(z_i | \boldsymbol{y}, \alpha, \beta, p) \Big)}
$$

$$
(\{i,j\} \in E, x_j \in \Omega). \tag{2.165}
$$

式 (2.160)-(2.161) を式 (2.138) に代入すると

$$
\begin{aligned}
\mathcal{F}[\{\widehat{Q}_i | i \in V\}, &\{\widehat{Q}_{\{i,j\}} | \{i,j\} \in E\}] \\
&= -\sum_{i \in V}(1 - |\partial i|) \ln(\mathcal{Z}_i(\boldsymbol{y}, \alpha, \beta, p)) - \sum_{\{i,j\} \in E} \ln(\mathcal{Z}_{\{i,j\}}(\boldsymbol{y}, \alpha, \beta, p)) \\
&= -\sum_{i \in V} \ln(\mathcal{Z}_i(\boldsymbol{y}, \alpha, \beta, p))
\end{aligned}
$$

2.3 一般化されたスパースガウシアングラフィカルモデル　　89

図 **2.5** メッセージ $\mu_{\{i,j\}\to j}(x_j|\boldsymbol{y},\alpha,\beta,p)$ および $\mu_{\{i,j\}\to i}(x_i|\boldsymbol{y},\alpha,\beta,p)$ のグラフ表現.

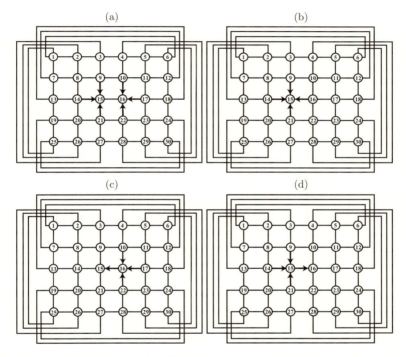

図 **2.6** 図 2.1 の周期境界条件をもつ正方格子において $i=15, j=16$ とした時の式 (2.171)-(2.176) のグラフ表現. (a) 式 (2.160), (b) 式 (2.161), (c) 式 (2.164), (d) 式 (2.165).

$$-\sum_{\{i,j\}\in E}\bigl(\ln(\mathcal{Z}_{\{i,j\}}(\boldsymbol{y},\alpha,\beta,p))-\ln(\mathcal{Z}_i(\boldsymbol{y},\alpha,\beta,p))-\ln(\mathcal{Z}_j(\boldsymbol{y},\alpha,\beta,p))\bigr) \tag{2.166}$$

が得られる．ここで，式 (2.166) の意味を考えてみよう．まず，式 (2.135) に立ち返って，その右辺の第 2 項と第 3 項から

90　第 2 章　ガウシアングラフィカルモデルの統計的機械学習理論

$$\mathcal{F}[Q] = \frac{1}{2}\alpha \sum_{z_1\in\Omega}\sum_{z_2\in\Omega}\cdots\sum_{z_{|V|}\in\Omega}\sum_{\{i,j\}\in E}|z_i-z_j|^p Q(z_1,z_2,\cdots,z_{|V|})$$

$$+\frac{1}{2}\beta\sum_{z_1\in\Omega}\sum_{z_2\in\Omega}\cdots\sum_{z_{|V|}\in\Omega}\sum_{i\in V}(z_i-y_i)^2 Q(z_1,z_2,\cdots,z_{|V|})$$

$$+\sum_{z_1\in\Omega}\sum_{z_2\in\Omega}\cdots\sum_{z_{|V|}\in\Omega}Q(z_1,z_2,\cdots,z_{|V|})$$

$$\times\ln\big(Q(z_1,z_2,\cdots,z_{|V|})\big) \qquad (2.167)$$

を導入する．$\mathrm{KL}[P||P]=0$ であることから

$$\mathcal{F}[P] = -\ln\big(Z(\boldsymbol{y},\alpha,\beta,p)\big) \qquad (2.168)$$

という等式が成り立つことになる．$P(\boldsymbol{x})$ の代わりに式 (2.131) の形の試行関数の範囲で $\mathrm{KL}[P||Q]$ が最小になる $Q(\boldsymbol{z})$ を見つけることができれば，その $Q(\boldsymbol{x})$ に対して

$$\mathcal{F}[Q] \le \mathcal{F}[P] \qquad (2.169)$$

という関係が成り立ち，$\mathcal{F}[Q]$ が $-\ln\big(Z(\boldsymbol{y},\alpha,\beta,p)\big)$ の近似値を与えることになる．もちろん，この議論は $Q(\boldsymbol{x})$ がそれ自身の規格化条件を満たしていることが極めて重要となる．

　いま，式 (2.138) 以降の議論において使った拘束条件は事後周辺確率分布間の可約条件 (2.139)-(2.140) と事後周辺確率分布自身の規格化条件 (2.141)-(2.142) だけである．$Q(\boldsymbol{x})$ それ自身の規格化条件が拘束条件として要請されていない以上は，式 (2.160)-(2.165) を満たすように決定された $Q_i(x_i)$ と $Q_{\{i,j\}}(x_i,x_j)$ を式 (2.131) に代入して $Q(\boldsymbol{x})$ を構成しても，式 (2.169) を満たす保証はなくなってしまう．この点を認識しつつ，確率伝搬法では式 (2.166) で与えられた $\mathcal{F}[\{Q_i|i\in V\},\{Q_{\{i,j\}}|\{i,j\}\in E\}]$ の値を $-\ln\big(Z(\boldsymbol{y},\alpha,\beta,p)\big)$ の近似値として採用している．

$$-\ln\big(Z(\boldsymbol{y},\alpha,\beta,p)\big) \simeq -\sum_{i\in V}(1-|\partial i|)\ln(\mathcal{Z}_i(\boldsymbol{y},\alpha,\beta,p)) - \sum_{\{i,j\}\in E}\ln(\mathcal{Z}_{\{i,j\}}(\boldsymbol{y},\alpha,\beta,p))$$

$$= -\sum_{i\in V}\ln(\mathcal{Z}_i(\boldsymbol{y},\alpha,\beta,p))$$

$$
- \sum_{\{i,j\} \in E} \big(\ln(\mathcal{Z}_{\{i,j\}}(\boldsymbol{y}, \alpha, \beta, p)) - \ln(\mathcal{Z}_i(\boldsymbol{y}, \alpha, \beta, p))
$$

$$
- \ln(\mathcal{Z}_j(\boldsymbol{y}, \alpha, \beta, p)) \big) . \tag{2.170}
$$

式 (2.170) の最後の表式は，第 1 項は頂点ごとの事後周辺確率分布における規格化定数の寄与の和であり，第 2 項は隣接頂点対ごとの事後周辺確率分布における規格化定数の寄与からその頂点の事後周辺確率分布における規格化定数の寄与の分を差し引いた上での和の形になっていることを意味している．

さて，ここまで事後確率分布に対する確率伝搬法による事後周辺確率分布の計算について述べてきたが，事前確率分布に対する事前周辺確率分布の計算にこれを使い回すことについて説明しよう．その使い回しは簡単である．得られた結果で $\beta = 0$ と設定すればよい．

$$
P_{\{i,j\}}(x_i, x_j | \alpha, p) \simeq \frac{1}{\mathcal{Z}_{\{i,j\}}(\alpha, p)} \Big(\prod_{\kappa \in \partial i \setminus \{i,j\}} \mu_{\kappa \to i}(x_i | \alpha, p) \Big)
$$

$$
\times \exp \Big(- \frac{1}{2} \alpha |x_i - x_j|^p \Big) \Big(\prod_{\kappa \in \partial j \setminus \{i,j\}} \mu_{\kappa \to j}(x_j | \alpha, p) \Big)
$$

$$
(\{i,j\} \in E, x_i \in \Omega, x_j \in \Omega), \tag{2.171}
$$

$$
P_i(x_i | \alpha, p) \simeq \frac{1}{\mathcal{Z}_i(\alpha, p)} \Big(\prod_{\kappa \in \partial i} \mu_{\kappa \to i}(x_i | \alpha, p) \Big) \quad (i \in V, x_i \in \Omega), \tag{2.172}
$$

$$
\mathcal{Z}_{\{i,j\}}(\alpha, p) \equiv \sum_{z_i \in \Omega} \sum_{z_j \in \Omega} \Big(\prod_{\kappa \in \partial i \setminus \{i,j\}} \mu_{\kappa \to i}(z_i | \alpha, p) \Big)
$$

$$
\times \exp \Big(- \frac{1}{2} \alpha |z_i - z_j|^p \Big) \Big(\prod_{\kappa \in \partial j \setminus \{i,j\}} \mu_{\kappa \to j}(z_j | \alpha, p) \Big)
$$

$$
(\{i,j\} \in E), \tag{2.173}
$$

$$
\mathcal{Z}_i(\alpha, p) = \sum_{z_i \in \Omega} \Big(\prod_{\kappa \in \partial i} \mu_{\kappa \to i}(z_i | \alpha, p) \Big) \quad (i \in V), \tag{2.174}
$$

$$
\mu_{\{i,j\} \to i}(x_i | \alpha, p) = \frac{\displaystyle\sum_{z_j \in \Omega} \exp \Big(- \frac{1}{2} \alpha |x_i - z_j|^p \Big) \Big(\prod_{\kappa \in \partial i \setminus \{i,j\}} \mu_{\kappa \to j}(z_j | \alpha, p) \Big)}{\displaystyle\sum_{z_i \in \Omega} \sum_{z_j \in \Omega} \exp \Big(- \frac{1}{2} \alpha |z_i - z_j|^p \Big) \Big(\prod_{\kappa \in \partial i \setminus \{i,j\}} \mu_{\kappa \to j}(z_j | \alpha, p) \Big)}
$$

$$
(\{i,j\} \in E, x_i \in \Omega), \tag{2.175}
$$

92　第 2 章　ガウシアングラフィカルモデルの統計的機械学習理論

$$
\mu_{\{i,j\}\to j}(x_j|\alpha,p) = \frac{\displaystyle\sum_{z_i\in\Omega}\exp\left(-\frac{1}{2}\alpha|z_i-x_j|^p\right)\left(\prod_{\kappa\in\partial i\setminus\{i,j\}}\mu_{\kappa\to i}(z_i|\alpha,p)\right)}{\displaystyle\sum_{z_i\in\Omega}\sum_{z_j\in\Omega}\exp\left(-\frac{1}{2}\alpha|z_i-z_j|^p\right)\left(\prod_{\kappa\in\partial i\setminus\{i,j\}}\mu_{\kappa\to i}(z_i|\alpha,p)\right)}
$$

$$
(\{i,j\}\in E, x_j\in\Omega). \tag{2.176}
$$

ここで，前節と同様に画像処理への応用を念頭として (V,E) として周期境界条件をもつ正方格子を考えると $|\partial i|=4$ となり空間的に一様となるため，$\mu_{\{i,j\}\to i}(x_i)$ と $\mu_{\{i,j\}\to j}(x_j)$ はいずれも $\{i,j\}$ に依存しなくなり，$\mu(x_i)$ および $\mu(x_j)$ と書き換えることができる．つまりメッセージは $\{\mu(\xi|\xi\in\Omega)$ の 1 種類のみとなり，これにより，式 (2.171)-(2.176) は次の表式に帰着される．

$$
P_{\{i,j\}}(x_i,x_j|\alpha,p)\simeq\widehat{Q}_{\{i,j\}}(x_i,x_j)
$$
$$
\equiv\frac{1}{\mathcal{Z}_{\mathrm{edge}}(\alpha,p)}\mu(x_i|\alpha,p)^3\exp\left(-\frac{1}{2}\alpha|x_i-x_j|^p\right)\mu(x_j|\alpha,p)^3
$$
$$
(\{i,j\}\in E, x_i\in\Omega, x_j\in\Omega), \tag{2.177}
$$

$$
P_i(x_i|\alpha,p)\simeq\widehat{Q}_i(x_i)\equiv\frac{1}{\mathcal{Z}_{\mathrm{node}}(\alpha,p)}\mu(x_i|\alpha,p)^4\quad(i\in V, x_i\in\Omega), \tag{2.178}
$$

$$
\mathcal{Z}_{\mathrm{edge}}(\alpha,p)\equiv\sum_{\zeta\in\Omega}\sum_{\zeta'\in\Omega}\mu(\zeta|\alpha,p)^3\exp\left(-\frac{1}{2}\alpha|\zeta-\zeta'|^p\right)\mu(\zeta'|\alpha,p)^3\quad(\{i,j\}\in E),
$$
$$
\tag{2.179}
$$

$$
\mathcal{Z}_{\mathrm{node}}(\alpha,p)\equiv\sum_{\zeta\in\Omega}\mu(\zeta|\alpha,p)^4\quad(i\in V), \tag{2.180}
$$

$$
\mu(\xi|\alpha,p)=\frac{\displaystyle\sum_{\zeta\in\Omega}\exp\left(-\frac{1}{2}\alpha|\xi-\zeta|^p\right)\mu(\zeta|\alpha,p)^3}{\displaystyle\sum_{\zeta\in\Omega}\sum_{\zeta'\in\Omega}\exp\left(-\frac{1}{2}\alpha|\zeta'-\zeta|^p\right)\mu(\zeta|\alpha,p)^3}\quad(\{i,j\}\in E, \xi\in\Omega).
$$
$$
\tag{2.181}
$$

式 (2.81) の $\mathcal{Z}(\alpha,p)$ は，周期境界条件の下での正方格子では $|E|=2|V|$ が成り立つことから以下のように与えられる．

$$
-\ln\left(\mathcal{Z}(\alpha,p)\right)\simeq|V|(3\ln\left(\mathcal{Z}_{\mathrm{node}}(\alpha,p)\right)-2\ln\left(\mathcal{Z}_{\mathrm{edge}}(\alpha,p)\right)). \tag{2.182}
$$

式 (2.164)-(2.165) と式 (2.181) のメッセージに対する決定方程式を反復法を用いて数値的に解きながら,式 (2.161) により $P_i(z_i|\boldsymbol{y}, \alpha, \beta, p)$ $(i \in V)$ を,式 (2.160) により $P_{\{i,j\}}(z_i, z_j|\boldsymbol{y}, \alpha, \beta, p)$ $(\{i,j\} \in E)$ を,式 (2.177) により $P_{\{i,j\}}(z_i, z_j|\alpha, p)$ $(\{i,j\} \in E)$ をそれぞれ計算しつつ,式 (2.100)-(2.101) の更新式による $\alpha(t)$ と $\beta(t)$ の更新を繰り返していく形のアルゴリズムとしてまとめられる.決定されたハイパパラメータ α と β の推定値 $\widehat{\alpha}$ と $\widehat{\beta}$ および各頂点ごとの事後周辺確率分布から,式 (2.86) によってパラメータ x_i の推定値 $\widehat{x}_i(\widehat{\alpha}, \widehat{\beta}|\boldsymbol{y})$ を決定することになる.さらに,式 (2.162)-(2.163),(2.170),(2.179)- (2.180),(2.182) により計算した $\mathcal{Z}(\boldsymbol{y}, \alpha, \beta, p)$ と $\mathcal{Z}(\alpha, p)$ を式 (2.91) に代入することで,確率伝搬法の下での周辺尤度 $P(\boldsymbol{y}|\widehat{\alpha}, \widehat{\beta}, p)$ の近似値を計算することができる.

これらのスキームをアルゴリズムとして整理したものを以下に与える.

アルゴリズム 2.3 確率伝搬法による一般化されたスパースガウシアングラフィカルモデルに対する EM アルゴリズム

1. 与えられたデータベクトル $\boldsymbol{y}$ を入力し,繰り返し回数 t を $t \leftarrow 0$ として初期化する.$\alpha(0), \beta(0), \{\mu_{\{i,j\} \to j}(\zeta), \mu_{\{i,j\} \to i}(\zeta)|\zeta \in \Omega, \{i,j\} \in E\}$ に初期値を設定する.

$$\mu_{\{i,j\} \to j}(\zeta) \leftarrow \frac{1}{|\Omega|}, \; \mu_{\{i,j\} \to i}(\zeta) \leftarrow \frac{1}{|\Omega|} \quad (\zeta \in \Omega, \{i,j\} \in E) \quad (2.183)$$

2. 繰り返し回数 t を $t \leftarrow t+1$ により更新した上で $\{\mu_{\{i,j\} \to j}(\zeta), \mu_{\{i,j\} \to i}(\zeta)|\; \zeta \in \Omega, \{i,j\} \in E\}$ を更新する.$\alpha(t-1), \beta(t-1)$ から u および $\beta(t)$ を,次の式により計算する.

$$\mu_{\{i,j\} \to i}(\xi) \leftarrow \frac{\displaystyle\sum_{\zeta \in \Omega} \exp\left(-\frac{1}{2}\alpha(t-1)|\xi - \zeta|^p - \frac{1}{2}\beta(t-1)(\zeta - y_j)^2\right) \times \left(\displaystyle\prod_{\kappa \in \partial i \setminus \{i,j\}} \mu_{\kappa \to j}(\zeta)\right)}{\displaystyle\sum_{\zeta \in \Omega}\sum_{\zeta' \in \Omega} \exp\left(-\frac{1}{2}\alpha(t-1)|\zeta' - \zeta|^p - \frac{1}{2}\beta(t-1)(\zeta - y_j)^2\right) \times \left(\displaystyle\prod_{\kappa \in \partial i \setminus \{i,j\}} \mu_{\kappa \to j}(\zeta)\right)}$$

$$(\{i,j\} \in E, \xi \in \Omega), \quad (2.184)$$

94　第 2 章　ガウシアングラフィカルモデルの統計的機械学習理論

$$
\mu_{\{i,j\}\to j}(\xi) \leftarrow \frac{\displaystyle\sum_{\zeta\in\Omega}\exp\left(-\frac{1}{2}\alpha(t-1)|\zeta-\xi|^p - \frac{1}{2}\beta(t-1)(\zeta-y_i)^2\right)}{\displaystyle\sum_{\zeta\in\Omega}\sum_{\zeta'\in\Omega}\exp\left(-\frac{1}{2}\alpha(t-1)|\zeta-\zeta'|^p - \frac{1}{2}\beta(t-1)(\zeta-y_i)^2\right)}
$$

... (continued)

$$
\mu_{\{i,j\}\to j}(\xi) \leftarrow \frac{\displaystyle\sum_{\zeta\in\Omega}\exp\left(-\frac{1}{2}\alpha(t-1)|\zeta-\xi|^p - \frac{1}{2}\beta(t-1)(\zeta-y_i)^2\right)\times\left(\prod_{\kappa\in\partial i\backslash\{i,j\}}\mu_{\kappa\to i}(\zeta)\right)}{\displaystyle\sum_{\zeta\in\Omega}\sum_{\zeta'\in\Omega}\exp\left(-\frac{1}{2}\alpha(t-1)|\zeta-\zeta'|^p - \frac{1}{2}\beta(t-1)(\zeta-y_i)^2\right)\times\left(\prod_{\kappa\in\partial i\backslash\{i,j\}}\mu_{\kappa\to i}(\zeta)\right)}
$$

$$
(\{i,j\}\in E, \xi\in\Omega), \tag{2.185}
$$

$$
\mathcal{Z}^{(t)}_{\{i,j\}} \leftarrow \sum_{\zeta\in\Omega}\sum_{\zeta'\in\Omega}\left(\prod_{\kappa\in\partial i\backslash\{i,j\}}\mu_{\kappa\to i}(\zeta)\right)\left(\prod_{\kappa\in\partial j\backslash\{i,j\}}\mu_{\kappa\to j}(\zeta')\right)
$$
$$
\times\exp\left(-\frac{1}{2}\beta(t-1)(\zeta-y_i)^2 - \frac{1}{2}\alpha(t-1)|\zeta-\zeta'|^p\right.
$$
$$
\left.-\frac{1}{2}\beta(t-1)(\zeta'-y_j)^2\right) \quad (\{i,j\}\in E), \tag{2.186}
$$

$$
\mathcal{Z}^{(t)}_i \leftarrow \sum_{\zeta\in\Omega}\left(\prod_{\kappa\in\partial i}\mu_{\kappa\to i}(\zeta)\right)
$$
$$
\times\exp\left(-\frac{1}{2}\beta(t-1)(\zeta-y_i)^2\right) \quad (i\in V), \tag{2.187}
$$

$$
u(t) \leftarrow \frac{1}{|E|}\sum_{\{i,j\}\in E}\frac{1}{\mathcal{Z}^{(t)}_{\{i,j\}}}
$$
$$
\times\sum_{\zeta\in\Omega}\sum_{\zeta'\in\Omega}|\zeta-\zeta'|^p\left(\prod_{\kappa\in\partial i\backslash\{i,j\}}\mu_{\kappa\to i}(\zeta)\right)\left(\prod_{\kappa\in\partial j\backslash\{i,j\}}\mu_{\kappa\to j}(\zeta')\right)
$$
$$
\times\exp\left(-\frac{1}{2}\beta(t-1)(\zeta-y_i)^2 - \frac{1}{2}\alpha(t-1)|\zeta-\zeta'|^p\right.
$$
$$
\left.-\frac{1}{2}\beta(t-1)(\zeta'-y_j)^2\right), \tag{2.188}
$$

$$
\beta(t) \leftarrow \left(\frac{1}{|V|}\sum_{i\in V}\frac{1}{\mathcal{Z}_i(\boldsymbol{y},\alpha(t),\beta(t))}\right.
$$
$$
\times\sum_{\zeta\in\Omega}(\zeta-y_i)^2\left(\prod_{\kappa\in\partial i}\mu_{\kappa\to i}(\zeta)\right)
$$
$$
\left.\times\exp\left(-\frac{1}{2}\beta(t-1)(\zeta-y_i)^2\right)\right)^{-1}. \tag{2.189}
$$

3.　$\{\mu(\zeta)|\zeta\in\Omega\}$ に初期値として

$$
\mu(0) \leftarrow \frac{2}{|\Omega|+1},
$$
$$
\mu(\zeta) \leftarrow \frac{1}{|\Omega|+1} \quad (\zeta\in\{1,2,\cdots,|\Omega|-1\}) \tag{2.190}
$$

を設定し，$\alpha(t)$ の初期値を $\alpha(t) \leftarrow \alpha(t-1)$ と設定した上で，次の更新式を $\alpha(t)$ が収束するまで繰り返す．

$$\overline{\mu}(\xi) \leftarrow \frac{\displaystyle\sum_{\zeta\in\Omega} \exp\left(-\frac{1}{2}\alpha|\xi-\zeta|^p\right)\mu(\zeta)^3}{\displaystyle\sum_{\zeta\in\Omega}\sum_{\zeta'\in\Omega}\exp\left(-\frac{1}{2}\alpha(t)|\zeta'-\zeta|^p\right)\mu(\zeta)^3} \quad (\xi\in\Omega), \tag{2.191}$$

$$\mu(\xi) \leftarrow \overline{\mu}(\xi) \ (\xi\in\Omega), \tag{2.192}$$

$$\mathcal{Z}_{\mathrm{node}}(t) \leftarrow \sum_{\zeta\in\Omega}\mu(\zeta)^4, \tag{2.193}$$

$$\mathcal{Z}_{\mathrm{edge}}(t) \leftarrow \sum_{\zeta\in\Omega}\sum_{\zeta'\in\Omega}\mu(\zeta)^3\exp\left(-\frac{1}{2}\alpha|\zeta-\zeta'|^p\right)\mu(\zeta')^3, \tag{2.194}$$

$$\alpha(t) \leftarrow \alpha(t)\left(\frac{1}{u(t)\mathcal{Z}_{\mathrm{edge}}(t)}\sum_{\zeta\in\Omega}\sum_{\zeta'\in\Omega}|\zeta-\zeta'|^p\right.$$
$$\left.\times\mu(\zeta)^3\exp\left(-\frac{1}{2}\alpha(t)|\zeta-\zeta'|^p\right)\mu(\zeta')^3\right)^{1/2}. \tag{2.195}$$

4. $\widehat{\alpha}\leftarrow\alpha(t)$, $\widehat{\beta}\leftarrow\beta(t)$ と更新した上で，周辺尤度 $P(\boldsymbol{y}|\widehat{\alpha},\widehat{\beta},p)$ と各頂点 $i(\in V)$ ごとのパラメータ x_i の推定値 $\widehat{x}_i(\widehat{\alpha},\widehat{\beta}|\boldsymbol{y},p)$ を

$$\frac{1}{|V|}\ln\left(P(\boldsymbol{y}|\widehat{\alpha},\widehat{\beta},p)\right) \leftarrow \frac{1}{2}\ln\left(\frac{\beta(t)}{2\pi}\right) + 3\ln\left(\mathcal{Z}_{\mathrm{node}}(t)\right) - 2\ln\left(\mathcal{Z}_{\mathrm{edge}}(t)\right)$$
$$-\frac{3}{|V|}\sum_{i\in V}\ln\left(\mathcal{Z}_i(t)\right) + \frac{1}{|E|}\sum_{\{i,j\}\in E}\ln\left(\mathcal{Z}_{\{i,j\}}(t)\right), \tag{2.196}$$

$$\widehat{x}_i(\widehat{\alpha},\widehat{\beta}|\boldsymbol{y},p) \leftarrow \operatorname*{argmax}_{\zeta\in\Omega}\left(\prod_{\kappa\in\partial i}\mu_{\kappa\to i}(\zeta)\right)$$
$$\times\exp\left(-\frac{1}{2}\beta(t)(\zeta-y_i)^2\right) \quad (i\in V) \tag{2.197}$$

により計算する．$\widehat{\alpha},\widehat{\beta}$ が収束していれば終了し，収束していなければステップ 2 に戻る．

図 2.3 の劣化画像をデータベクトル $\boldsymbol{y}$ として確率伝搬法による一般化された離散型ガウシアングラフィカルモデルに対する EM アルゴリズムに入力して得られた出力 $\widehat{\boldsymbol{x}}(\widehat{\alpha},\widehat{\beta}|\boldsymbol{y},p)$ を図 2.7 に与える [7]．得られたハイパパラメータの推定値

---

[7] 確率伝搬法による一般化された離散型ガウシアングラフィカルモデルに対する EM アルゴリズムの高速化の一つの試みは吉田健人，片岡駿，田中和之：電子情報通信学会技術報告，**115**, no.384 (NC2015-51), pp.31-36 (2015) に与えられている．

$\widehat{\alpha}, \widehat{\sigma} = 1/\sqrt{\widehat{\beta}}, \widehat{\gamma}$ の値および 1 画素あたりの対数周辺尤度 $\frac{1}{|V|} \ln \left(P\left(\boldsymbol{y} | \widehat{\alpha}, \widehat{\beta}, p\right) \right)$, 図 2.2 の標準画像 $\boldsymbol{x}$ と図 2.7 の推定画像 $\widehat{\boldsymbol{x}}\left(\widehat{\alpha}, \widehat{\beta}, p\right)$ との間の平均二乗誤差 MSE$\left(\boldsymbol{x}, \widehat{\boldsymbol{x}}\left(\widehat{\alpha}, \widehat{\beta} | \boldsymbol{y}, p\right)\right)$ と信号–雑音比 SNR$\left(\boldsymbol{x}, \widehat{\boldsymbol{x}}\left(\widehat{\alpha}, \widehat{\beta} | \boldsymbol{y}, p\right)\right)$ の値を表 2.3 に与える.

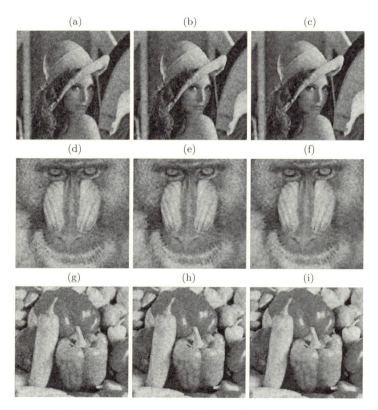

図 **2.7** 図 2.3 の劣化画像をデータベクトル $\boldsymbol{y}$ として確率伝搬法による一般化された**離散型ガウシアングラフィカルモデル**に対する **EM** アルゴリズムに入力して得られた出力画像 $\widehat{\boldsymbol{x}}(\widehat{\alpha}, \widehat{\beta} | \boldsymbol{y}, p)$. (a) Lena, $p = 2.0$. (b) Lena, $p = 1.0$. (c) Pepper, $p = 0.5$. (d) Mandrill, $p = 2.0$. (e) Mnadrill, $p = 1.0$. (f) Mandrill, $p = 0.5$. (g) Pepper, $p = 2.0$. (h) Pepper, $p = 1.0$. (i) Pepper, $p = 0.5$.

表 **2.3** 図 2.3 の劣化画像をデータベクトル y として**確率伝搬法による一般化された離散型ガウシアングラフィカルモデル**に対する **EM** アルゴリズムに入力して得られた $\widehat{\alpha}$, $\widehat{\sigma} = 1/\sqrt{\widehat{\beta}}$, $\widehat{\gamma}$ の値および 1 画素あたりの対数周辺尤度 $\frac{1}{|V|} \ln \left(P\left(y | \widehat{\alpha}, \widehat{\beta}, p \right) \right)$, 図 2.2 の標準画像 x と図 2.7 の推定画像 $\widehat{x}\left(\widehat{\alpha}, \widehat{\beta}, p \right)$ との間の平均二乗誤差 $\mathrm{MSE}\left(x, \widehat{x}\left(\widehat{\alpha}, \widehat{\beta} | y, p \right) \right)$, 信号–雑音比 $\mathrm{SNR}\left(x, \widehat{x}\left(\widehat{\alpha}, \widehat{\beta} | y, p \right) \right)$. (a) Lena. (b) Mandrill. (c) Pepper.

(a)

	$p = 2.0$	$p = 1.0$	$p = 0.5$
$\widehat{\alpha}$	0.000642	0.047460	0.506090
$\widehat{\sigma} = 1/\sqrt{\widehat{\beta}}$	33.270	32.860	32.728
$\frac{1}{|V|} \ln \left(P\left(y | \widehat{\alpha}, \widehat{\beta}, p \right) \right)$	-5.1375	-5.1296	-5.1224
$\mathrm{MSE}\left(x, \widehat{x}\left(\widehat{\alpha}, \widehat{\beta} | y, p \right) \right)$	276.12	234.84	206.87
$\mathrm{SNR}\left(x, \widehat{x}\left(\widehat{\alpha}, \widehat{\beta} | y, p \right) \right)$	9.959 (dB)	10.662 (dB)	11.213 (dB)

(b)

	$p = 2.0$	$p = 1.0$	$p = 0.5$
$\widehat{\alpha}$	0.000642	0.047130	0.495134
$\widehat{\sigma} = 1/\sqrt{\widehat{\beta}}$	36.821	36.729	36.442
$\frac{1}{|V|} \ln \left(P\left(y | \widehat{\alpha}, \widehat{\beta}, p \right) \right)$	-5.1931	-5.1923	-5.1916
$\mathrm{MSE}\left(x, \widehat{x}\left(\widehat{\alpha}, \widehat{\beta} | y, p \right) \right)$	322.97	308.19	301.97
$\mathrm{SNR}\left(x, \widehat{x}\left(\widehat{\alpha}, \widehat{\beta} | y, p \right) \right)$	6.635 (dB)	6.838 (dB)	6.926 (dB)

(c)

	$p = 2.0$	$p = 1.0$	$p = 0.5$
$\widehat{\alpha}$	0.000577	0.045584	0.498050
$\widehat{\sigma} = 1/\sqrt{\widehat{\beta}}$	32.759	32.661	32.766
$\frac{1}{|V|} \ln \left(P\left(y | \widehat{\alpha}, \widehat{\beta}, p \right) \right)$	-5.1394	-5.1330	-5.1273
$\mathrm{MSE}\left(x, \widehat{x}\left(\widehat{\alpha}, \widehat{\beta} | y, p \right) \right)$	271.19	222.13	187.07
$\mathrm{SNR}\left(x, \widehat{x}\left(\widehat{\alpha}, \widehat{\beta} | y, p \right) \right)$	10.207 (dB)	11.074 (dB)	11.820 (dB)

2.3.4 確率伝搬法の解構造

式 (2.181) の解について，周期境界条件をもつ正方格子上で $\Omega \equiv \{0, 1\}$ の場合を説明する．式 (2.181) は

$$x \equiv \ln \left(\frac{\mu(1)}{\mu(0)} \right) \tag{2.198}$$

とおくことで

$$x = \ln \left(\frac{\exp \left(-\frac{1}{2}\alpha\right) + \exp \left(3x\right)}{1 + \exp \left(-\frac{1}{2}\alpha\right) \exp \left(3x\right)} \right) \tag{2.199}$$

という形に書き換えられる．式 (2.199) は，$0 < \alpha < \alpha_{\mathrm{C}}$ では $x = 0$ が唯一の解となるが，$\alpha > \alpha_{\mathrm{C}}$ では $x = 0$ の他に 2 つの対称な解が出現するような α_c が存在する．複数の解が存在する場合は，式 (2.166) の $\mathcal{F}[\{\widehat{Q}_i | i \in V\}, \{\widehat{Q}_{\{i,j\}} | \{i, j\} \in E\}]$ に事前周辺確率分布の近似表式を代入した

$$\begin{aligned}
&\mathcal{F}[\{\widehat{Q}_i | i \in V\}, \{\widehat{Q}_{\{i,j\}} | \{i, j\} \in E\}] \\
&= -3 \ln \left(1 + \exp \left(4x\right)\right) \\
&\quad + 2 \ln \left(1 + 2 \exp \left(3x\right) \exp \left(-\frac{1}{2}\alpha\right) + \exp \left(6x\right)\right)
\end{aligned} \tag{2.200}$$

が小さくなる時の解が最終的に採用されることになる．式 (2.199) の解の構造を図 2.8 に与える．$y = x$ と $y = \Psi(x) \equiv \ln \left(\frac{\exp \left(-\frac{1}{2}\alpha\right) + \exp \left(3x\right)}{1 + \exp \left(-\frac{1}{2}\alpha\right) \exp \left(3x\right)} \right)$ の交点が解である．図 2.8(a) は，$\alpha = 1$ の場合は $x = 0$ のみが解であり，これは $\mu(0) = \mu(1) = \frac{1}{2}$ という自明な解に対応する．図 2.8(b) は，$\alpha = 1.8$ の場合は $x = 0$ という自明な解以外に $x = 0$ に対して対称に 2 つの非自明な解が存在する．α を徐々に大きくすることにより，図 2.8 の (a) から (b) へと徐々に移り変わっていく．そしてその境は $\frac{d}{dx}\Psi(x) = 1$ が成り立つ時であることがわかる．これが成り立つのは $\alpha = 2 \ln(2)$ の時である．図 2.8(b) について求めた 3 つの解を式 (2.200) に代入すると，非自明な解が同じ値をとりつつ最小となることが確かめられる．これが $|\Omega| = 2$ の場合の事前確率分布に対する確率伝搬法の描像であるが，一般の状態数 $|\Omega|$ の場合も同様の状況が生じている．上述の描像の発現機構における $\mathcal{F}[\{\widehat{Q}_i | i \in V\}, \{\widehat{Q}_{\{i,j\}} | \{i, j\} \in E\}]$ から出発しての理論的説明は，本項の後半で述べることにする．

固定点方程式に対する反復法は数値計算でよく知られた手法である [6]．この固定点方程式を反復法で解く際に

$$x^{(t)} \leftarrow \Psi(x^{(t-1)}) \quad (t = 1, 2, \cdots) \tag{2.201}$$

という繰り返し計算の過程を収束するまで繰り返すこととなるが，固定点方程

2.3 一般化されたスパースガウシアングラフィカルモデル

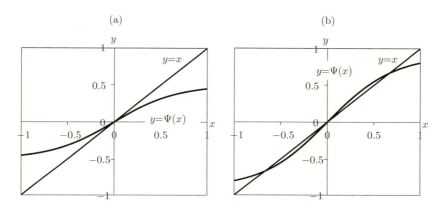

図 2.8 式 (2.199) の解の構造. $y=x$ と $y=\Psi(x) \equiv \ln\left(\frac{\exp\left(-\frac{1}{2}\alpha\right)+\exp(3x)}{1+\exp\left(-\frac{1}{2}\alpha\right)\exp(3x)}\right)$ の交点が解である. (a) $\alpha=1$ の場合は $x=0$ のみが解であり, これは $\mu(0)=\mu(1)=\frac{1}{2}$ という自明な解に対応する. (b) $\alpha=1.8$ の場合は $x=0$ という自明な解以外に $x=0$ に対して対称に 2 つの非自明な解が存在する. (b) について求めた 3 つの解を式 (2.200) に代入すると, 非自明な解が同じ値をとりつつ最小となることが確かめられる.

式が式 (2.199) で与えられている場合にその初期値として $x^{(0)}=0$ を設定してしまうと, 何回繰り返しても $x^{(t)}=0$ から動かず, 自明な解以外は得られない. 非自明な解が存在する場合でもしない場合でも, $x=0$ から少しだけずれたところに初期値 $x^{(0)}$ を設定することによって, 仮に非自明な解が存在する場合は反復法がその非自明な解に収束し, 非自明な解が存在しない場合は自明な解に収束することとなる. これが前項のアルゴリズムのステップ 3 において式 (2.190) の通りに初期値を設定した理由である.

次に, $\beta=0$ に対する式 (2.138) の $\mathcal{F}[\{Q_i|i\in V\},\{Q_{\{i,j\}}|\{i,j\}\in E\}]$ が, 式 (2.181) の解においてどのように最小化されているかという視点で上述の非自明な解の出現過程について考えてみることにする. 具体的にはこの直交関数展開を用いた表現をもとに, 各頂点の状態空間を $\Omega=\{0,1\}$ として, 周期境界条件の下で式 (2.80)-(2.81) により与えられる事前確率分布 $P(\boldsymbol{x}|\alpha)=P(x_1,x_2,\cdots,x_{|V|}|\alpha)$

100 第 2 章 ガウシアングラフィカルモデルの統計的機械学習理論

に対して確率伝搬法の解の発現過程についての解釈を与える[8].

i 番目の頂点の状態変数 x_i の状態空間が $\Omega = \{0,1\}$ と選ばれた場合，試行確率分布 $Q(\boldsymbol{x})$ に対して式 (2.132) で定義される周辺確率分布 $Q_i(x_i)$ は一般に

$$Q_i(x_i) = A + Bx_i \tag{2.202}$$

と表される．$Q_i(0)$ と $Q_i(1)$ の値が与えられている時に A と B を $Q_i(0)$ と $Q_i(1)$ で表すとすると

$$A + B = Q_i(1), \tag{2.203}$$

$$A = Q_i(0) \tag{2.204}$$

という連立方程式を A と B について解けばよいことになる．この操作をもう少し系統的に行うために，原理的には同じ手順ではあるが

$$\Phi_0(x_i) = 1, \tag{2.205}$$

$$\Phi_1(x_i) = 1 - 2x_i \tag{2.206}$$

という関数を導入する．この 2 つの関数に関して

$$\sum_{z_i \in \Omega} \Phi_k(z_i)\Phi_l(z_i) = 2\delta_{k,l} \quad (k \in \{0,1\},\ l \in \{0,1\}) \tag{2.207}$$

という直交関係が成り立つことが簡単に確かめられる．そして上式は

$$Q_i(x_i) = \frac{1}{2}C_i(0)\Phi_0(x_i) + \frac{1}{2}C_i(1)\Phi_1(x_i) \tag{2.208}$$

と書き換えて表すことができる．$C_i(0)$ と $C_i(1)$ は，A，B と定数倍だけの違いである．

$$\sum_{z_i \in \Omega} \Phi_0(z_i)Q_i(z_i) = \sum_{z_i \in \Omega} \Phi_0(z_i)\left(\frac{1}{2}C_i(0)\Phi_0(x_i) + \frac{1}{2}C_i(1)\Phi_1(x_i)\right),$$

$$\tag{2.209}$$

---

[8] 本項で与える枠組みは Horigucghi, T.: *Physica* A, **107**, no.2, pp.360-370 (1981) および Yasuda, M., Kataoka, S., Tanaka, K.: *J Physical Soc Japan*, **81**, no.4, ID.044801 (2012) に基づいている．

$$C_i(0) = \sum_{z_i \in \Omega} \Phi_0(z_i) P_i(z_i) = 1, \tag{2.210}$$

$$\sum_{z_i \in \Omega} \Phi_1(z_i) Q_i(z_i) = \sum_{z_i \in \Omega} \Phi_1(z_i)(C_i(0)\Phi_0(z_i) + C_i(1)\Phi_1(z_i)), \tag{2.211}$$

$$C_i(1) = \sum_{z_i \in \Omega} \Phi_1(z_i) Q_i(z_i) = \sum_{z_i \in \Omega} x_i Q_i(z_i). \tag{2.212}$$

これにより

$$Q_i(x_i) = \frac{1}{2} + \frac{1}{2} C_i(1)\Phi_1(x_i). \tag{2.213}$$

同様のことが,状態空間 $\Omega = \{0,1\}$ 上で定義される頂点 i, j の状態変数 x_i, x_j に対する式 (2.133) で定義される周辺確率分布 $Q_{\{i,j\}}(x_i, x_j)$ の場合でも可能である.この場合の直交関数展開は

$$Q_{\{i,j\}}(x_i, x_j) = \frac{1}{4} C_{\{i,j\}}(0,0)\Phi_0(x_i)\Phi_0(x_i) + \frac{1}{4} C_{\{i,j\}}(1,0)\Phi_1(x_j)\Phi_0(x_j)$$
$$+ \frac{1}{4} C_{\{i,j\}}(0,1)\Phi_0(x_i)\Phi_1(x_j) + \frac{1}{4} C_{\{i,j\}}(1,1)\Phi_1(x_i)\Phi_1(x_j) \tag{2.214}$$

と与えられ,たとえば両辺に $\Phi_0(x_i)\Phi_1(x_j)$ を掛けて x_i と x_j についての和をとることで,以下の手順を通して $C_{\{i,j\}}(0,1)$ が $Q_{\{i,j\}}(x_i, x_j)$ を使って表される表式が導かれる.

$$\sum_{z_i \in \Omega} \sum_{z_j \in \Omega} \Phi_0(z_i)\Phi_1(z_j) Q_{\{i,j\}}(z_i, z_j)$$
$$= \sum_{z_i \in \Omega} \sum_{z_j \in \Omega} \Phi_0(z_i)\Phi_1(z_j) \Big(\frac{1}{4} C_{\{i,j\}}(0,0)\Phi_0(z_i)\Phi_0(z_j) + \frac{1}{4} C_{\{i,j\}}(1,0)\Phi_1(z_i)\Phi_0(z_j)$$
$$+ \frac{1}{4} C_{\{i,j\}}(0,1)\Phi_0(z_i)\Phi_1(z_j) + \frac{1}{4} C_{\{i,j\}}(1,1)\Phi_1(z_i)\Phi_1(z_j) \Big), \tag{2.215}$$

$$\sum_{z_i \in \Omega} \sum_{z_j \in \Omega} \Phi_0(z_i) \Phi_1(z_j) Q_{\{i,j\}}(z_i, z_j)$$

$$= \frac{1}{4} C_{\{i,j\}}(0,0) \Big(\sum_{z_i \in \Omega} \Phi_0(z_i) \Phi_0(z_i) \Big) \Big(\sum_{z_j \in \Omega} \Phi_1(z_j) \Phi_0(z_j) \Big)$$

$$+ \frac{1}{4} C_{\{i,j\}}(1,0) \Big(\sum_{z_i \in \Omega} \Phi_0(z_i) \Phi_1(z_i) \Big) \Big(\sum_{z_j \in \Omega} \Phi_1(z_j) \Phi_0(z_j) \Big)$$

$$+ \frac{1}{4} C_{\{i,j\}}(0,1) \Big(\sum_{z_i \in \Omega} \Phi_0(z_i) \Phi_0(z_i) \Big) \Big(\sum_{z_j \in \Omega} \Phi_1(z_j) \Phi_1(z_j) \Big)$$

$$+ \frac{1}{4} C_{\{i,j\}}(1,1) \Big(\sum_{z_i \in \Omega} \Phi_0(z_i) \Phi_1(z_i) \Big) \Big(\sum_{z_j \in \Omega} \Phi_1(z_j) \Phi_1(z_j) \Big), \tag{2.216}$$

$$C_{\{i,j\}}(0,1) = \sum_{z_i \in \Omega} \sum_{z_j \in \Omega} \Phi_0(z_i) \Phi_1(z_j) Q_{\{i,j\}}(z_i, z_j)$$

$$= \sum_{z_i \in \Omega} \sum_{z_j \in \Omega} \Phi_1(z_j) Q_{\{i,j\}}(z_i, z_j). \tag{2.217}$$

$C_{\{i,j\}}(0,0)$, $C_{\{i,j\}}(1,0)$, $C_{\{i,j\}}(1,1)$ に対しても同様の表式が導かれる.

$$C_{\{i,j\}}(0,0) = \sum_{z_i \in \Omega} \sum_{z_j \in \Omega} \Phi_0(x_i) \Phi_0(x_j) Q_{\{i,j\}}(x_i, x_j) = 1, \tag{2.218}$$

$$C_{\{i,j\}}(1,0) = \sum_{z_i \in \Omega} \sum_{z_j \in \Omega} \Phi_1(x_i) \Phi_0(x_j) Q_{\{i,j\}}(x_i, x_j)$$

$$= \sum_{z_i \in \Omega} \sum_{z_j \in \Omega} \Phi_1(x_i) P_{\{i,j\}}(x_i, x_j), \tag{2.219}$$

$$C_{\{i,j\}}(1,1) = \sum_{z_i \in \Omega} \sum_{z_j \in \Omega} \Phi_1(x_i) \Phi_1(x_j) Q_{\{i,j\}}(x_i, x_j). \tag{2.220}$$

ここまでは確率分布に対する直交関数展開の話であるが，$Q_i(x_i)$, $Q_j(x_j)$ と $Q_{\{i,j\}}(x_i, x_j)$ が周辺確率分布の性質をもっていることを意識して，さらに考えてみることにする．この場合は式 (2.139)-(2.140) が成り立つので，

$$C_{\{i,j\}}(1,0) = \sum_{z_i \in \Omega} \sum_{z_j \in \Omega} \Phi_1(z_i) Q_{\{i,j\}}(z_i, z_j)$$

$$= \sum_{z_i \in \Omega} \Phi_1(x_i) Q_i(x_i) = C_i(1), \tag{2.221}$$

$$C_{\{i,j\}}(0,1) = \sum_{z_i \in \Omega} \sum_{z_j \in \Omega} \Phi_1(z_j) Q_{\{i,j\}}(z_i, z_j)$$

$$= \sum_{z_j \in \Omega} \Phi_1(z_j) Q(z_j) = C_j(1) \qquad (2.222)$$

という等式が導かれ，$Q_{\{i,j\}}(x_i, x_j)$ は次のように表されることになる．

$$\begin{aligned}
Q_{\{i,j\}}(x_i, x_j) &= \frac{1}{4}\Phi_0(x_i)\Phi_0(x_j) + \frac{1}{4}C_i(1)\Phi_1(x_i)\Phi_0(x_j) \\
&\quad + \frac{1}{4}C_j(1)\Phi_0(x_i)\Phi_1(x_j) + \frac{1}{4}C_{\{i,j\}}(1,1)\Phi_1(x_i)\Phi_1(x_j) \\
&= \frac{1}{4} + \frac{1}{4}C_i(1)\Phi_1(x_i) \\
&\quad + \frac{1}{4}C_j(1)\Phi_1(x_j) + \frac{1}{4}C_{\{i,j\}}(1,1)\Phi_1(x_i)\Phi_1(x_j). \quad (2.223)
\end{aligned}$$

この直交関数展開は，基底が

$$\Phi_k(x_i) = \exp\left(i\frac{2\pi k x_i}{|\Omega|}\right) \quad (x_i \in \Omega, k \in \Omega) \qquad (2.224)$$

という表現と等価となる．つまり，上述の議論は離散フーリエ変換の基底を用いた直交関数展開になっていることを意味している．

次に

$$a_i \equiv \sum_{z_1 \in \Omega} \sum_{z_2 \in \Omega} \cdots \sum_{z_{|V|} \in \Omega} \Phi_1(z_i) Q(z_1, z_2, \cdots, z_{|V|}) \quad (i \in V), \qquad (2.225)$$

$$c_{\{i,j\}} \equiv \sum_{z_1 \in \Omega} \sum_{z_2 \in \Omega} \cdots \sum_{z_{|V|} \in \Omega} \Phi_1(z_i)\Phi_1(z_j) Q(z_1, z_2, \cdots, z_{|V|})$$

$$(\{i,j\} \in E) \qquad (2.226)$$

という量を導入する．これらは周辺確率分布の定義を用いて以下の等式に書き換えられることも容易に確かめることができる．

$$a_i = \sum_{z_i \in \Omega} \Phi_1(z_i) Q_i(z_i) \quad (i \in V, \{k,l\} \in \partial i), \qquad (2.227)$$

$$c_{\{i,j\}} = \sum_{z_i \in \Omega} \sum_{z_j \in \Omega} \Phi_1(z_i)\Phi_1(z_j) Q_{\{i,j\}}(z_i, z_j) \quad (\{i,j\} \in E). \quad (2.228)$$

そして，式 (2.213)-(2.214) と式 (2.227)-(2.228) を用いると周辺確率分布はこの a_i と $c_{\{i,j\}}$ を用いて

$$Q_i(x_i) = \frac{1}{2} + \frac{1}{2} a_i \Phi_1(x_i) \quad (i \in V), \tag{2.229}$$

$$Q_{\{i,j\}}(x_i, x_j) = \frac{1}{4} + \frac{1}{4} a_i \Phi_1(x_i) + \frac{1}{4} a_j \Phi_1(x_j) + \frac{1}{4} c_{\{i,j\}} \Phi_1(x_i)\Phi_1(x_j)$$
$$(\{i,j\} \in E) \tag{2.230}$$

という形に表される.

周期境界条件をもつ正方格子上で式 (2.80)-(2.81) により与えられる事前確率分布 $P(\boldsymbol{x}|\alpha) = P(x_1, x_2, \cdots, x_{|V|}|\alpha)$ に対する a_i と $c_{\{i,j\}}$ に対応する統計量

$$a_i^*(\alpha) \equiv \sum_{z_1 \in \Omega} \sum_{z_2 \in \Omega} \cdots \sum_{z_{|V|} \in \Omega} \Phi_1(z_i) P(z_1, z_2, \cdots, z_{|V|}|\alpha), \tag{2.231}$$

$$c_{\{i,j\}}^*(\alpha) \equiv \sum_{z_1 \in \Omega} \sum_{z_2 \in \Omega} \cdots \sum_{z_{|V|} \in \Omega} \Phi_1(z_i)\Phi_1(z_j) P(z_1, z_2, \cdots, z_{|V|}|\alpha) \tag{2.232}$$

を考えた時，$P(\boldsymbol{x}|\alpha)$ はすべての頂点が同じ次数をもち，すべての辺に同じ関数系 $\exp\left(-\frac{1}{2}\alpha|x_i - x_j|^p\right)$ による因子が割り当てられているので，頂点 i，辺 $\{i,j\}$ によらない空間的に一様な構造をもち，$a_i^*(\alpha)$ と $c_{\{i,j\}}^*(\alpha)$ は i と $\{i,j\}$ にはよらずそれぞれ同じ値をとることになる．試行確率分布 $Q(\boldsymbol{x}) = Q(x_1, x_2, \cdots, x_{|V|})$ についても同様の空間的に一様な構造をもつものに限定すると，a_i と $c_{\{i,j\}}$ は i と $\{i,j\}$ にはよらずそれぞれ同じ値をとる．その値を $m \equiv a_i, c \equiv c_{\{i,j\}}$ と表すことにすると

$$\sum_{z_i \in \Omega} \Phi_1(z_i) Q_i(z_i) = a \quad (i \in V), \tag{2.233}$$

$$\sum_{z_i \in \Omega} \sum_{z_j \in \Omega} \Phi_1(z_i)\Phi_1(z_j) Q_{\{i,j\}}(z_i, z_j) = c \quad (\{i,j\} \in E) \tag{2.234}$$

という等式を試行確率分布 $Q(\boldsymbol{x})$ の周辺確率分布に対して要請することになる．すなわち試行確率分布の周辺確率分布は，以下の直交関数展開の表記の下で，カルバックライブラー情報量最小化により決めていくこととなる.

$$Q_i(x_i) = \frac{1}{2} + \frac{1}{2}a\Phi_1(x_i) \quad (i \in V), \tag{2.235}$$

$$Q_{\{i,j\}}(x_i, x_j) = \frac{1}{4} + \frac{1}{4}a\Phi_1(x_i) + \frac{1}{4}a\Phi_1(x_j) + \frac{1}{4}c\Phi_1(x_i)\Phi_1(x_j)$$
$$(\{i,j\} \in E). \tag{2.236}$$

$\beta = 0$ に対する式 (2.138) により与えられる $\mathcal{F}\big[\{Q_i|i \in V\}, \{Q_{\{i,j\}}|\{i,j\} \in E\}\big]$ に式 (2.233)-(2.234) を代入することで，$\mathcal{F}\big[\{Q_i|i \in V\}, \{Q_{\{i,j\}}|\{i,j\} \in E\}\big]$ は a と c の関数 $F(a,c)$ として次のように表される.

$$\mathcal{F}\big[\{Q_i|i \in V\}, \{Q_{\{i,j\}}|\{i,j\} \in E\}\big]$$
$$= F(a,c)$$
$$\equiv |V|\bigg(\frac{1}{2}\alpha(1-c) + \frac{1}{2}(1+2a+c)\ln\left(\frac{1}{4}(1+2a+c)\right)$$
$$+ (1-c)\ln\left(\frac{1}{4}(1-c)\right)$$
$$+ \frac{1}{2}(1-2a+c)\ln\left(\frac{1}{4}(1-2a+c)\right)$$
$$- \frac{3}{2}(1+a)\ln\left(\frac{1}{2}(1+a)\right)$$
$$- \frac{3}{2}(1-a)\ln\left(\frac{1}{2}(1-a)\right)\bigg). \tag{2.237}$$

この表式の導出においては，$\Omega = \{0,1\}$ であることにより任意の $p(>0)$ に対して $|x_i - x_j|^p = (x_i - x_j)^2$ が成り立つことを用いている.

$\big[\frac{\partial}{\partial c}F(a,c)\big]_{c=\widehat{c}(a)} = 0$ および $0 < \widehat{c}(a) < 1$ を満足する $\widehat{c}(a)$ に対する条件は

$$\widehat{c}(a) = \frac{1}{\tanh\left(\frac{1}{4}\alpha\right)}\left(1 - \sqrt{\left(1 - \tanh\left(\frac{1}{4}\alpha\right)\right)\left(1 + \tanh\left(\frac{1}{4}\alpha\right) - 2a^2\tanh\left(\frac{1}{4}\alpha\right)\right)}\right) \tag{2.238}$$

として与えられる. また，式 (2.172) と式 (2.198) を式 (2.233) に代入することで，固定点方程式 (2.199) の x と式 (2.237)-(2.238) に現れる a との間は

$$a = \tanh\left(\frac{1}{4}\alpha + 4x\right) \tag{2.239}$$

106　第2章　ガウシアングラフィカルモデルの統計的機械学習理論

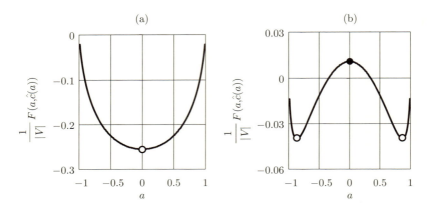

図 2.9　式 (2.237) の $F(a, \hat{c}(a))$ の a-依存性と式 (2.199) の解の関係. 図 2.8 における式 (2.199) の固定点方程式 $\xi = \Psi(\xi)$ の解は, 図中の白丸と黒丸に対応する. (a) $\alpha = 1$ の場合は $a = 0$ の解は白丸に対応し, $F(a, \hat{c}(a))$ は最小値をただ一つしかもたないことを表している. (b) $\alpha = 1.8$ の場合は $a = 0$ という自明な解が黒丸に, それ以外の 2 つの非自明な解が白丸に対応し, 黒丸は極大値, 白丸は極小値を与え, 2 つの非自明な解が $F(a, \hat{c}(a))$ の最小値を与えていることが確認できる.

という等式で一対一に関係づけられることが確かめられる.

$\frac{1}{|V|} F(a, \hat{c}(a))$ を a の関数として図 2.9 に与える. 図 2.8 における固定点方程式 (2.199) の解は, 図 2.9 では白丸と黒丸に対応する. $\alpha = 1$ の場合は $a = 0$ の解は白丸に対応し, $F(a, \hat{c}(a))$ は最小値をただ一つしかもたないのに対して, $\alpha = 1.8$ の場合は $a = 0$ という自明な解が黒丸に, それ以外の 2 つの非自明な解が白丸に対応する. 黒丸は極大値, 白丸は極小値を与え, 2 つの非自明な解が $F(a, \hat{c}(a))$ の最小値を与えていることが確認できる. $\alpha (> 0)$ を徐々に大きくしていくと, それまで $a = 0$ に留まっていた最小点が $\alpha = 2\ln(2)$ を境に 2 つに分かれている. もともと $P(\boldsymbol{x}|\alpha)$ は, 状態ベクトル $\boldsymbol{x}$ としてすべての成分が 0 となる $\boldsymbol{x} = (0, 0, \cdots, 0)$ とすべての成分が 1 をとる $\boldsymbol{x} = (1, 1, \cdots, 1)$ の両方に対して, 確率が最大となるという意味で対称な性質をもっている. さらには, 任意の状態ベクトル $\boldsymbol{x}$ とその $\boldsymbol{x}$ のすべての成分について 0 を 1 に, 1 を 0 にビット反転して得られた状態ベクトルは, 等確率を与えるという意味での対称性をもっている. ところが, 図 2.9(b) ではその対称性が破れが同じ確率分布の中で

α を変えるだけで自発的に起こっていることを意味している。この現象は**自発的対称性の破れ (symmetry breaking)** と呼ばれている [1,9,10,13,20][9]。本節では $|\Omega| = 2$ の場合に限定して、確率伝搬法から起こる自発的対称性の破れについて紹介した。この説明は一般の状態空間 Ω に対しても拡張は可能である。$|\Omega| = 2$ の場合に自由エネルギー (2.237) を a の関数として表すことができたことが明快な説明へとつながっていることに注意していただきたい。a は統計力学では秩序パラメータ (order parameter) として位置付けられるが、一般の状態空間 Ω でどの統計量を秩序パラメータとして選ぶべきかは自明ではなく、そこに確率的グラフィカルモデルのグラフ構造の対称性、状態空間の自由度から起因する対称性に対する物理的直観が重要となる。そして、その根底にはどのような直交関数系を基底に選ぶかがポイントとなる。

2.4 まとめ

本章では、潜在変数を伴う確率的グラフィカルモデルに基づく教師なし学習による予測モデルについて、周辺尤度最大化と EM アルゴリズムの立場から概説した。前章の最尤法による学習とは異なり、たった 1 個のデータベクトルからハイパパラメータを決定しつつ、潜在変数からなる状態ベクトルを推定するという問題設定である。

前半ではガウシアングラフィカルモデルのノイズ除去について紹介したが、これは多次元ガウス分布により表されるため、その統計量に現れる多重積分が解析的に計算されてしまい、頂点数の次元をもつ行列の逆行列の計算に帰着される。そして潜在変数からなる状態ベクトルは、データベクトルに計算された逆行列をかける形、つまり線形変換により表されるという意味で線形モデルとして位置付けられる。

後半は、隣接頂点間の相互作用項 $(x_i - x_j)^2$ を L_2 ノルムから L_p ノルムに拡張した相互作用項 $|x_i - x_j|^p$ をもつ一般化されたスパースガウシアングラフィ

---

[9] 式 (2.1) のガウシアングラフィカルモデルの場合は、$\det(\boldsymbol{C}) = 0$ が常に成り立つために $\gamma = 0$ が対称性の破れの起こる点となる [13,20].

108 第 2 章 ガウシアングラフィカルモデルの統計的機械学習理論

カルモデルによるノイズ除去を紹介した [10]．このモデルの解析的取り扱いは難しいため，統計量の計算には確率伝搬法を用いる形で説明した．さらに，確率伝搬法の解空間の構造についても情報統計力学の立場から解説し，自発的対称性の破れという概念を紹介した．自発的対称性の破れという概念は物理学特有の概念であり，それが起こる瞬間にこそ，確率的グラフィカルモデルの本質が現れると考えられている．その本質はモデルの空間の次元，各頂点の状態変数の自由度，グラフの基本的構造にのみ依存すると考えられ，これは**ユニバーサリティ仮説 (universality hypothesis)** と呼ばれている．物理学者は多様な確率的グラフィカルモデルをできるだけ少ないユニバーサリティクラスに分類する試みを続けている．このことが統一的な統計的機械学習理論の創出へとつながることを期待している．

　本章のポイントは，ハイパパラメータの推定手法におけるアルゴリズム構築の基本概念を説明することにあった．統計的機械学習理論を用いたデータ解析においてハイパパラメータをどのように決めるかは，多くの研究者，技術者が常にぶつかる壁である．本章ではノイズ除去という基本的な問題を取り上げ，できるだけ統計学の枠組みに忠実に従い，定式化した枠組みで説明した．同様の枠組みは画像の領域分割，クラスタリングへと展開することも可能である [16, 18]．ハイパーパラメータを与えられたデータから自動決定する技術への要請は，今後さらに高まることが予想される．

参考文献

[1] Brézin, E.: *Introduction to Statistical Filed Theory.* Cambridge University Press (2010), 176p.

[2] Geman, D.: *Random Fields and Inverse Problems in Imaging* (*Lecture Notes in Mathematics*). no.1427, pp.113-193, Springer-Verlag (1990).

[3] 金森敬文・鈴木大慈・竹内一郎・佐藤一誠：機械学習のための連続最適化．講談社サイエンティフィック (2016), 341p.

[4] 菊池良一・毛利哲雄：クラスター変分法—材料物性論への応用—．森北出版 (1997), 179p.

[5] Mézard, M., Montanari, A.: *Information, Physics and Computation.* Oxford University Press (2009), 582p.

---

[10] 近年，この考え方をスパースモデリングの立場で拡張した**全変動正則化 (total variation)** と呼ばれる形の事前分布が用いられることもある [3]．

[6] 森正武：数値解析．共立出版 (1973), 279p.

[7] 守田徹：第 2 章 フラストレートした磁性体の統計力学（石原明，和達三樹 編著：新しい物性），共立出版 (1990), 308p.

[8] Murphy, K. P.: *Machine Learning: A Probabilistic Perspective.* MIT Press (2012), 1096p.

[9] 西森秀稔：相転移・臨界現象の統計物理学．培風館 (2005), 229p.

[10] Nishimori, H., Ortiz, G.: *Elements of Phase Transitions and Critical Phenomena.* Oxford University Press (2011), 371p.

[11] Opper, M., Saad, D. (eds): *Advanced Mean Field Methods : Theory and Practice.* MIT Press (2001), 286p.

[12] 汪金芳・田栗正章・手塚集・樺島祥介・上田修功：統計科学のフロンティア/計算統計 I —確率計算の新しい手法—．岩波書店 (2003), 196p.

[13] Parisi, G.: *Statistical Field Theory.* Addison-Wesley (1988), 368p.（青木薫・青山秀明 訳：場の理論 —統計論的アプローチ—．吉岡書店 (2004), 421p）.

[14] Pelizzola, A.: Cluster variation method in statistical physics and probabilistic graphical models. *Journal of Physics A: Mathematical and General*, **38**, R309-R339 (2005) (Topical Review).

[15] Rue, H., Held, L.: *Gaussian Markov Random Fields: Theory and Applications.* Chapman & Hall/CRC (2005), 280p.

[16] 鈴木譲・植野真臣 編著，黒木学・清水昌平・湊真一・石畠正和・樺島祥介・田中和之・本村陽一・玉田嘉紀 著：確率的グラフィカルモデル．共立出版 (2016), 280p.

[17] Tanaka, K.: Statistical-mechanical approach to image processing. *Journal of Physics A: Mathematical and General*, **35**, R81-R150 (2002).

[18] 田中和之：確率モデルによる画像処理技術入門．森北出版 (2006), 180p.

[19] 田中和之：ベイジアンネットワークの統計的推論の数理．コロナ社 (2009), 257p.

[20] 田崎晴明・原隆：相転移と臨界現象の数理．共立出版 (2015), 403p.

[21] Wainwright, M. J., Jordan, M. I.: *Graphical Models, Exponential Families, and Variational Inference.* NOW (2008), 319p.

[22] 渡辺有祐：グラフィカルモデル．講談社 (2016), 171p.

[23] 安田宗樹・片岡駿・田中和之：第 6 章 大規模確率場と確率的画像処理の深化と展開（八木康史・斎藤英雄 編：CVIM チュートリアルシリーズ コンピュータビジョン最先端ガイド 3）．アドコム・メディア株式会社 (2010), 185p.

3

画像補修問題への応用

3.1 はじめに

3.1.1 画像補修問題

　本章ではマルコフ確率場の応用として**画像補修問題 (image inpainting problem)** について述べる [1]．画像補修問題とは，図 3.1 のように劣化部分を含んでいたりマイクが入り込んでしまったりといった不要なオブジェクトを含む画像からその不要部分を取り除き，見た目にも自然な画像を作り出す画像処理技術で，20 世紀末頃から考えられ始めた比較的新しい画像処理問題の一つである [1,2]．

　画像補修問題では，図 3.1 のような画像に対して図 3.2 上段のような不要部分を示すマスク画像を用意し，図 3.2 下段のように不要部分を含む画像を不要部分と必要部分に明示的に分割することで，画像の必要部分の情報から画像の不要部分に含まれる画素の具体的な階調値の推定を行う．不要部分に含まれる画素値の推定法には，拡散方程式等の微分方程式を用いて不要部分の階調値の勾配が不要部分の外側の勾配と滑らかにつながるように階調値を決定する方法 [1,2] や，必要部分から不要部分の一部に対応する画像パッチを作り出してそのパッチで具体的な階調値が不明な不要部分を徐々に埋めていく方法 [3,4] 等，様々な

---

[1] "inpainting" という言葉は 2000 年の Bertalmio 等の論文 [1] で使われ始めた言葉であるが，似たような問題設定は Efros and Leung [4] の論文や Masnou and Morel [11] の論文等でも見ることができる．

[2] 本章で使用している画像はすべて，画像補修問題の提案者の一人である Bertalimo 氏が http://www.dtic.upf.edu/~mbertalmio/restoration0.html で公開している画像である．

(a)　　　　　　　　　　(b)

図 **3.1**　画像補修問題が対象とする画像の例．(a) 傷によって劣化してしまった画像．(b) マイクが入り込んでしまった画像．

画像補修法が提案されている．本章では，Yasuda 等によって提案された確率モデルに基づく画像補修法 [14] を紹介する．画像補修に関する様々な方法は解説記事 [6] に詳しく紹介されている．

3.1.2　確率モデルによる画像処理の枠組み

画像処理とは，与えられた画像に特定の操作を施すことで目的の画像を加工する手続きの総称であり，現在扱っている画像補修問題では，図 3.2 下段で表される画像の不要部分を，見た目にも自然な諧調値をもつ画素で置き換えるような処理を行う．この画像処理を確率モデルを用いて行うにあたって重要となるのは，**事後確率分布 (posterior probability distribution)** と呼ばれる処理対象となる画像 $\mathbf{y}$ が与えられた時の目的の画像 $\mathbf{x}$ の最もらしさを表す条件付き確率分布 $P(\mathbf{x}|\mathbf{y})$ である．

確率モデルを用いた画像処理法では，事後確率分布 $P(\mathbf{x}|\mathbf{y})$ を用いて考えられうる様々な目的画像 $\mathbf{x}$ のパターンに対して具体的な確率の値を計算し，最も大きな確率を与えた画像パターン $\hat{\mathbf{x}}$ を処理結果として出力する．すなわち，確率モデルを用いて画像処理を行うということは，目的画像 $\mathbf{x}$ を確率変数の集合

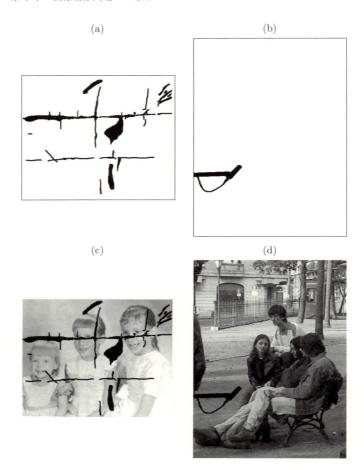

図 3.2 マスク画像の例．上段：図 3.1(a) および (b) の画像の不要部分に対応するマスク画像．下段：上段のマスク画像によって不要部分と必要部分に明示的に分割された画像．

と見なして事後確率分布 $P(\mathbf{x}|\mathbf{y})$ を用いて最適化問題

$$\widehat{\mathbf{x}} = \underset{\mathbf{x} \in \mathbf{X}}{\mathrm{argmax}}\, P(\mathbf{x}|\mathbf{y}) \tag{3.1}$$

を解くことに対応している．ここで $\underset{s \in S}{\mathrm{argmax}}\, f(s)$ は，関数 $f(s)$ を最大にする変数 s を集合 S から選び出すことを意味しており，$\mathbf{X}$ は考慮する画像パターン全体

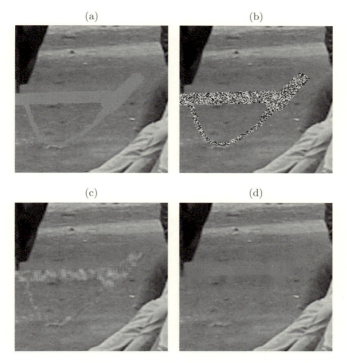

図 **3.3**　図 3.2(d) の画像に対して画像補修を行う際の候補となる画像の例.

の集合である．式 (3.1) の最適化問題を計算して目的の画像を推定する方法は，**最大事後確率推定 (maximum a posteriori estimation: MAP estimation)** と呼ばれている．

図 3.3 に図 3.2(d) の画像の不要部分に対する候補画像の例を与える．確率モデルを用いた画像処理では，このような目的画像の候補を用意し，その中から最も事後確率分布を大きくする候補を推定結果とする．そのため，確率モデルを用いた画像処理では，図 3.3(d) のように見た目にも自然な画像候補の確率を大きくする事後確率分布の設計が最重要課題であるといえる．

確率モデルを用いた画像処理法は，基本的には式 (3.1) の最適化問題を計算することで達成される．しかしながらこの方法は，考慮する画素数を N とすると 256^N 通りの候補画像の中から事後確率分布を最大にする画像を探すことを

114　第3章　画像補修問題への応用

意味しており[3]，画像サイズが大きくなるにつれて莫大な計算時間がかかってしまう場合が多い．そのため，実際には**勾配法 (gradient method)** [8] や**焼きなまし法 (simulated annealing)** [7]，**グラフカット (graph cut)** [10] 等を用いて局所最適解で $\hat{x}$ を近似する方法や，式 (3.1) の最適化問題を直接解くのではなく，緩和問題

$$\hat{x}_i = \operatorname*{argmax}_{x_i \in X_i} P_i\left(x_i \mid \mathbf{y}\right), \tag{3.2}$$

$$P_i\left(x_i \mid \mathbf{y}\right) = \sum_{\mathbf{x} \backslash \{x_i\}} P\left(\mathbf{x} \mid \mathbf{y}\right) \tag{3.3}$$

を考え，**周辺事後確率分布 (marginal posterior probability distribution)** $P_i\left(x_i \mid \mathbf{y}\right)$ を最大にする $\hat{x}_i$ を各画素ごとに求めることで，目的画像の推定結果 $\hat{x}$ を近似する方法等が用いられている．$\sum_{\mathbf{x}}$ は確率変数の集合 $\mathbf{x}$ のすべての実現値に対して和をとることを意味しており，$\mathbf{x} \backslash \{x_i\}$ は確率変数の集合 $\mathbf{x}$ から確率変数 x_i を除いた集合を表している．

式 (3.2) の最適化問題を解いて事後確率分布から推定を行う方法は**最大周辺事後確率推定 (maximizer of the posterior marginals estimation: MPM estimation)** と呼ばれ，**確率伝搬法 (belief propagation)** [13] や**変分ベイズ法 (variational Bayesian method)** [12] 等によって周辺事後確率分布の近似計算が効率的に行えることから，確率モデルを用いた情報処理でよく用いられる推定法である．

3.2　確率モデルに基づく画像補修法

3.2.1　モデルの定義

本節では，確率モデルに基づく画像補修法について紹介する [14]．ここでは，画像は図 3.4 のように正方格子で表されるグラフの各頂点にある諧調値をもつ画素が割り当てられたものと仮定し，このグラフ上で画像補修を行う確率モデルを構築する．

---

[3] 一般に 8bit/チャンネルのグレースケール画像の各画素は，0〜255 の 256 通りの諧調値をとることができ，画素数 N の場合は視覚的に意味のない画像を含めると 256^N 通りの画像パターンが存在する．

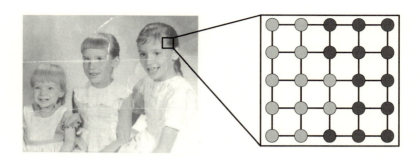

図 3.4 グラフ構造の仮定. 画像はこのような正方格子状のグラフの頂点に画素が割り当てられているものとする.

集合 V, E を図 3.4 で表されるような正方格子の頂点の集合と辺の集合とし, 集合 V の部分集合 V_u, V_o を, 画像の不要部分と必要部分に対応する頂点の集合としてそれぞれ定義する. また, 確率変数の集合 $\bm{x}_u = \{x_i|\ i \in V_o\}$ を画像の不要部分の画素値に対応する確率変数の集合として定義する. x_i は $0, 1, \ldots, 255$ のいずれかの値をとる離散確率変数である. この時, 不要オブジェクトが明示的に指定された図 3.2 下段のような画像 $\bm{y}$ が具体的に与えられたとして, 不要オブジェクト取り除いた後の画像の諧調値の集合 $\bm{x}_u$ に対する事後確率分布を

$$P(\bm{x}_u|\ \bm{y}) = \frac{1}{Z} \exp\left[-H(\bm{x}_u|\ \bm{y})\right], \tag{3.4}$$

$$H(\bm{x}_u|\ \bm{y}) = -\alpha \sum_{i \in B_u} (x_i - z_i)^2 - \beta \sum_{ij \in E_u} (x_i - x_j)^2 \tag{3.5}$$

のように定義する. Z は規格化定数であり,

$$Z = \sum_{\bm{x}_u} \exp\left[-H(\bm{x}_u|\ \bm{y})\right] \tag{3.6}$$

で与えられる $P(\bm{x}_u|\ \bm{y})$ が確率分布であることを保証する定数である. $B_u \subset V_u$ および $E_u \subset E$ は, 図 3.5 に与えられるように, それぞれ画像の必要部分に隣接する不要部分の境界頂点の集合と画像の不要部分に対応する頂点同士をつないでいる辺の集合である. $\sum_{s \in S}$ は, 集合 S に含まれるすべての要素 s に対する総和を表している. $z_i (i \in B_u)$ は隣接している必要部分の画素値の平均値で

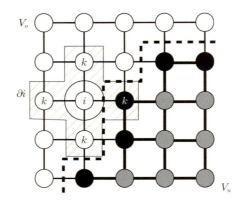

図 3.5 本章で扱う各集合の図示.点線は頂点集合 V を必要部分 V_o と不要部分 V_u に分割する境界線であり,白い頂点が V_o の要素を,黒または灰色の頂点が V_u の要素をそれぞれ表している.E_u は不要部分の頂点同士を結ぶ辺の集合であり,E_u の各要素は太線で表されている.集合 B_u は不要部分と必要部分の境界に存在する V_u の要素の集合であり,この図では黒で表される頂点の集合である.∂i は頂点 i に隣接する頂点の集合であり,図の斜線部分で表されるような集合である.また,本章では不要部分のみに注目した隣接関係を表すために $\partial_u i (= \partial i \cap V_u)$ という記号も用いる.

あり,$\partial i = \{k \in V|\ ik \in E\}$ を頂点 i に隣接している頂点の集合として,画像 $\boldsymbol{y}$ から

$$z_i = \frac{1}{|\partial i \cap V_o|} \sum_{k \in \partial i \cap V_o} y_k \tag{3.7}$$

のように計算される.$|S|$ は集合 S の要素数である.また,α および β は正の値をとる事後確率分布のパラメータであり,α が大きいほど境界頂点の諧調値が隣接する必要部分の平近値 z_i に近くなる確率は大きくなり,β が大きいほど隣接する画素同士の諧調値が近くなる確率は大きくなる.

式 (3.4) の事後確率分布は,必要領域の境界部分と似たような諧調値で,ゆるやかに不要部分を補間する画像ほど確率が高くなるように設計されており,不要領域内で急激な変化を伴うような画像を推定する可能性が低いため,見た目にも自然な画像の推定が期待できる.しかしながら前節で説明したように,式 (3.4) の事後確率分布を最大にする確率変数 $\hat{\boldsymbol{x}}_u$ を求めることは,不要部分 V_u が

大きくなると計算量的に困難になる問題が生じてしまう. そのため, 本章では確率伝搬法を用いた MPM 推定によって, 効率的に不要部分の諧調値を推定する方法を紹介する.

3.2.2 確率伝搬法による画像修復アルゴリズム

画像の不要部分の諧調値は, 式 (3.4) の事後確率分布を最大にする確率変数 $\widehat{\boldsymbol{x}}_u$ を求めることで達成される. この時, 確率変数 $x_i \in \{0, 1, \ldots, 255\}$ を連続確率変数 $m_i \in \mathbb{R}$ で置き換えると, $\boldsymbol{m}_u = \{m_i \in \mathbb{R} | i \in V_u\}$ として

$$H\left(\boldsymbol{m}_u | \boldsymbol{y}\right) = -\alpha \sum_{i \in B_u} \left(m_i - z_i\right)^2 - \beta \sum_{ij \in E_u} \left(m_i - m_j\right)^2 \tag{3.8}$$

となるので, m_i で微分して極値条件を求めることで

$$m_i = \begin{cases} \dfrac{1}{\alpha + \beta |\partial_u i|} \left(\alpha z_i + \beta \displaystyle\sum_{k \in \partial_u i} m_k \right) & (i \in B_u) \\ \dfrac{1}{|\partial_u i|} \displaystyle\sum_{k \in \partial_u i} m_k & (\text{otherwise}) \end{cases} \tag{3.9}$$

という閉じた形が得られ, 事後確率分布を最大にする連続確率変数 $\widehat{\boldsymbol{m}}_u$ を求めることができる. $\partial_u i = \partial i \cap V_u = \{k \in V_u | ik \in E_u\}$ は, 頂点 $i \in V_u$ に隣接している不要部分内の頂点の集合である.

このように, 離散変数を連続変数に置き換えて連続変数の最適化問題として扱う方法は**連続緩和 (continuous relaxation)** と呼ばれ, 最大化等の計算が容易になることから画像処理の分野でもよく用いられる. しかしながら, 本来離散値である諧調値を連続値として扱う方法は平滑化の強い画像を出力してしまう傾向があり, 問題によっては連続緩和を行わず, 確率変数を離散値のまま扱ったほうが好ましい場合がある. そのため本項では, 確率伝搬法という離散値の確率変数の扱いを可能とする確率的画像処理特有の数値計算法を用いて効率的に画像補修を行うアルゴリズムについて解説する.

確率伝搬法とは, 図 3.6 のようにグラフの各辺を伝搬するメッセージという量を利用して, 対象とする確率分布の周辺確率分布を効率よく近似計算する方法である. 確率伝搬法の枠組みの下では, 式 (3.4) の事後確率分布の周辺確率は

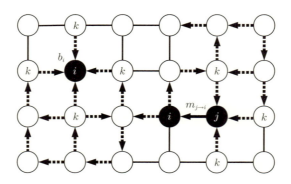

図 3.6 確率伝搬法でのメッセージ伝搬の様子．各辺を伝搬するメッセージという量を導入して周辺確率分布の近似を行う．メッセージは双方向であり，辺 ij には，頂点 j から頂点 i へと伝搬するメッセージ $M_{j \to i}(x_i)$ と頂点 i から頂点 j へ伝搬するメッセージ $M_{i \to j}(x_j)$ の 2 つのメッセージが存在する．確率伝搬法の枠組みの下では，頂点 i の周辺確率分布 $b_i(x_i)$ は頂点 i へと伝搬するメッセージを用いて表現され，頂点 j から頂点 i へと伝搬するメッセージは頂点 i 以外から頂点 j へ伝搬するメッセージを用いて表される．

$$b_i(x_i) \simeq \sum_{\bm{x}_u \setminus x_i} P(\bm{x}_u \mid \bm{y}) \tag{3.10}$$

のように近似され，$b_i(x_i)$ はメッセージを用いて

$$b_i(x_i) = \begin{cases} \dfrac{1}{Z_i} \exp\left[\alpha(x_i - z_i)^2\right] \prod_{k \in \partial_u i} M_{k \to i}(x_i) & (i \in B_u) \\ \dfrac{1}{Z_i} \prod_{k \in \partial_u i} M_{k \to i}(x_i) & \text{(otherwise)} \end{cases} \tag{3.11}$$

のように表される．$M_{j \to i}(x_i)$ は頂点 j から頂点 i へ伝搬するメッセージであり，Z_i は規格化定数である．図 3.6 および式 (3.11) で表されるように，頂点 i の周辺確率分布は頂点 i に隣接する頂点から頂点 i へと伝搬するメッセージを用いて近似計算される．この近似された周辺確率分布 $b_i(x_i)$ を用いて，事後確率分布からの MPM 推定は，$\mathcal{X} = \{0, 1, \ldots, 255\}$ として，

$$\widehat{x}_i = \underset{x_i \in \mathcal{X}}{\mathrm{argmax}}\, b_i(x_i) \tag{3.12}$$

を計算することで達成される．また，$M_{j\to i}(x_i)$ の具体的な値はメッセージ更新式と呼ばれる連立方程式

$$M_{j\to i}(x_i) = \begin{cases} \dfrac{1}{Z_{j\to i}} \displaystyle\sum_{x_j} \exp\left[\alpha(x_j - z_j) + \beta(x_i - x_j)^2\right] \prod_{k\in\partial_u j\backslash i} M_{j\to i}(x_i) \\ \qquad\qquad\qquad\qquad\qquad\qquad\qquad\qquad\qquad (j\in B_u) \\ \dfrac{1}{Z_{j\to i}} \displaystyle\sum_{x_j} \exp\left[\beta(x_i - x_j)^2\right] \prod_{k\in\partial_u j\backslash i} M_{j\to i}(x_i) \qquad \text{(otherwise)} \end{cases}$$

$$(3.13)$$

の解として与えられる．$Z_{j\to i}$ は規格化定数である．頂点 i の周辺確率分布のように，確率伝搬法では頂点 j から頂点 i へのメッセージは頂点 i 以外から頂点 j へ伝搬するメッセージで表される（図 3.6）．式 (3.13) の連立方程式は反復法と呼ばれる数値計算法を用いて解かれることが多い．これは適当な初期メッセージ $M_{j\to i}^{(0)}(x_i)$ から始めて各メッセージを

$$M_{j\to i}^{(t+1)}(x_i) \leftarrow \begin{cases} \dfrac{1}{Z_{j\to i}} \displaystyle\sum_{x_j} \exp\left[\alpha(x_j - z_j) + \beta(x_i - x_j)^2\right] \prod_{k\in\partial_u j\backslash i} M_{j\to i}^{(t)}(x_i) \\ \qquad\qquad\qquad\qquad\qquad\qquad\qquad\qquad\qquad (j\in B_u) \\ \dfrac{1}{Z_{j\to i}} \displaystyle\sum_{x_j} \exp\left[\beta(x_i - x_j)^2\right] \prod_{k\in\partial_u j\backslash i} M_{j\to i}^{(t)}(x_i) \qquad \text{(otherwise)} \end{cases}$$

$$(3.14)$$

のように繰り返し更新していく方法である．$t = 0, 1, 2, \ldots$ は反復計算のステップ数であり，この反復計算は各メッセージが収束するまで繰り返し行われる．メッセージが収束した後は，式 (3.11) および式 (3.12) を用いて MPM 推定を行うことができる．

　事後確率分布からの推論に確率伝搬法による MPM 推定を採用する利点は，その計算の速さにある．図 3.7 に MAP 推定と MPM 推定に必要な比較回数の比較を与える．MAP 推定は事後確率分布を最大にする確率変数を求めるために $256^{|V_u|}$ 通りの比較を行う必要があるが，MPM 推定では各周辺事後確率分布を最大にする確率変数を探索するのに $256 \times |V_u|$ 通りの比較で目的の確率変数を求めることができる．図 3.7 から，画像における不要部分の大きさ $|V_u|$ が大

120　第 3 章　画像補修問題への応用

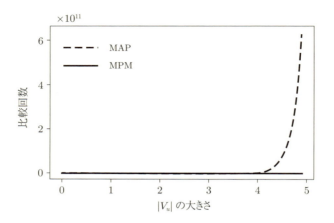

図 3.7　MAP 推定と MPM 推定の比較回数の違い．不要部分の大きさ $|V_u|$ が大きくなるにつれて，MAP 推定に必要な比較回数は MPM 推定に必要な比較回数と比べて爆発的に大きくなる．

きくなるほど，MPM 推定のほうが MAP 推定に比べて少ない比較回数で推定できることがわかる．すなわち，もし式 (3.13) の連立方程式を高速に解くことができれば，確率伝搬法では式 (3.11) の近似周辺確率分布を用いて，MAP 推定よりもはるかに早く確率変数の推定が可能になるのである[4]．

3.2.3　高速フーリエ変換を用いたメッセージの計算法

確率伝搬法のメッセージの具体的な値は式 (3.14) の反復法によって計算されるが，この計算をナイーブに行おうとすると，一方向のメッセージ $M_{j \to i}(x_i)$ を反復法で更新するのに $O\left(|\mathcal{X}|^2\right)$ ($\mathcal{X} = \{0, 1, \ldots, 255\}$) の計算量がかかってしまう[5]．しかしながら，式 (3.4) のような画像処理で用いられる確率モデルでは，画像の平滑性を隣接する確率変数の差 $(x_i - x_j)$ の関数として表現している場合が多く，この特徴に注目した**高速フーリエ変換 (fast Fourier transform)** を

---

[4] 確率変数の数が膨大になる大規模な離散確率モデルでは，多くの場合，確率伝搬法を用いた MPM 推定のほうが通常の MAP 推定よりも高速である．
[5] 一般的な計算オーダーの考え方では，画像の階調数 $|\mathcal{X}| = 256$ は定数なので通常考慮しないが，本項ではメッセージ計算の高速化を表現するためにこのような表記を用いている．

用いた効果的な計算法が提案されている [5]. この計算法を用いることで, メッセージ $M_{j \to i}(x_i)$ の更新を $O(|\mathcal{X}| \log |\mathcal{X}|)$ で行うことができる.

高速フーリエ変換とは, 長さ L の離散信号の**離散フーリエ変換 (discrete Fourier transform)** とその逆変換である**逆離散フーリエ変換 (inverse discrete Fourier transform)** を $O(L \log L)$ で計算する数値計算アルゴリズムであり, Python や MATLAB といった数多くの数値解析ツールでサポートされている. 離散フーリエ変換は, 信号処理の強力な計算手法の一つである. 長さ L の離散信号 $\boldsymbol{s} = \{s(u) \mid u = 0, 1, \ldots, L-1\}$ の離散フーリエ変換 $\boldsymbol{\mathcal{S}} = \{\mathcal{S}(v) \mid v = 0, 1, \ldots, L-1\}$ は

$$\mathcal{S}(v) = \frac{1}{\sqrt{L}} \sum_{u=0}^{L-1} s(u) \exp\left(-i\frac{2\pi uv}{L}\right) \tag{3.15}$$

で与えられる [6]. ここで, 本式と次式のみにおいて, i は虚数単位 $(i^2 = -1)$ である. $\boldsymbol{\mathcal{S}}$ から $\boldsymbol{s}$ を復元する逆離散フーリエ変換は

$$s(u) = \frac{1}{\sqrt{L}} \sum_{v=0}^{L-1} \mathcal{S}(v) \exp\left(i\frac{2\pi uv}{L}\right) \tag{3.16}$$

で与えられる. 離散フーリエ変換には信号処理に役立つ様々な性質があるが, 確率伝搬法の計算において重要となる性質は, 離散信号 $\boldsymbol{s}_1$ と $\boldsymbol{s}_2$ の畳み込み

$$t(u) = \sum_{l=0}^{L-1} s_1(l) s_2(u-l) \tag{3.17}$$

で表される信号 $\boldsymbol{t}$ の離散フーリエ変換 $\boldsymbol{\mathcal{T}}$ が, $\boldsymbol{s}_1$ と $\boldsymbol{s}_2$ の離散フーリエ変換 $\boldsymbol{\mathcal{S}}_1$, $\boldsymbol{\mathcal{S}}_2$ を用いて

$$\mathcal{T}(v) = \mathcal{S}_1(v) \mathcal{S}_2(v) \tag{3.18}$$

で与えられるという**畳み込み定理 (convolution theorem)** である. すなわち, 通常の計算では $O(L^2)$ の計算量がかかる式 (3.17) の畳み込みの計算が, 高速

---

[6] この離散フーリエ変換を直接計算すると $\boldsymbol{\mathcal{S}}$ 全体を得るのに $O(L^2)$ の計算量がかかってしまうが, この計算を $O(L \log L)$ で計算してしまうのが高速フーリエ変換が「高速」と名付けられている由縁である.

122　第 3 章　画像補修問題への応用

フーリエ変換を利用することで，$O\left(L \log L\right)$ で計算できてしまうのである．

式 (3.18) の畳み込み定理を利用することで，式 (3.14) のメッセージ更新を効率的に計算することができる．いま，関数 $f_{j \to i}^{(t)}\left(x_j\right)$ を

$$
f_{j \to i}^{(t)}\left(x_j\right) = \begin{cases} \exp\left[\alpha\left(x_j - z_j\right)\right] \displaystyle\prod_{k \in \partial_u j \setminus i} M_{k \to j}^{(t)}\left(x_j\right) & \left(j \in B_u\right) \\ \displaystyle\prod_{k \in \partial_u j \setminus i} M_{k \to j}^{(t)}\left(x_j\right) & \text{(otherwise)} \end{cases} \tag{3.19}
$$

のように定義すると [7]，式 (3.14) の更新式は

$$
M_{j \to i}^{(t+1)}\left(x_i\right) \leftarrow \frac{1}{Z_{j \to i}} \sum_{x_j} \exp\left[\beta\left(x_i - x_j\right)\right] f_{j \to i}^{(t)}\left(x_j\right) \tag{3.20}
$$

と表され，右辺の分子を新たに $M_{j \to i}^{\prime (t+1)}\left(x_i\right)$ とおくとこの更新式は

$$
M_{j \to i}^{\prime (t+1)}\left(x_i\right) = \sum_{x_j} \exp\left[\beta\left(x_i - x_j\right)\right] f_{j \to i}^{(t)}\left(x_j\right), \tag{3.21}
$$

$$
M_{j \to i}^{(t+1)}\left(x_i\right) \leftarrow \frac{1}{Z_{j \to i}} M_{j \to i}^{\prime (t+1)}\left(x_i\right) \tag{3.22}
$$

のように表される．式 (3.21) の右辺に注目すると，メッセージの分子 $M_{j \to i}^{\prime (t+1)}\left(x_i\right)$ の計算は関数 $\exp\left(\beta x^2\right)$ と関数 $f_{j \to i}^{(t)}\left(x_j\right)$ の畳み込みで計算であることがわかる．そのため，あらかじめ $\exp\left(\beta x^2\right)$ の離散フーリエ変換 $\mathcal{E}\left(v\right)$ を計算しておけば，各メッセージの更新は $f_{j \to i}^{(t)}\left(x_j\right)$ の離散フーリエ変換 $\mathcal{F}_{j \to i}^{(t)}\left(v\right)$ を計算するだけで，式 (3.21) の左辺 $M_{j \to i}^{\prime (t+1)}\left(x_i\right)$ の離散フーリエ変換 $\mathcal{M}_{j \to i}^{\prime (t+1)}\left(v\right)$ を畳み込み定理により

$$
\mathcal{M}_{j \to i}^{\prime (t+1)}\left(v\right) = \mathcal{E}\left(v\right) \mathcal{F}_{j \to i}^{(t)}\left(v\right) \tag{3.23}
$$

のように計算できるのである．これの逆変換を利用することで，式 (3.14) のメッセージ $M_{j \to i}^{(t+1)}\left(x_i\right)\left(x_i \in \mathcal{X}\right)$ の計算は，$O\left(|\mathcal{X}| \log |\mathcal{X}|\right)$ で効率よく計算できる [8]．

---

[7] メッセージと引数が異なっていることに注意．メッセージ $M_{j \to i}^{(t)}\left(x_i\right)$ は x_i の関数であるが，$f_{j \to i}^{(t)}\left(x_j\right)$ は x_j の関数である．

[8] $f_{j \to i}^{(t)}\left(x_j\right)$ を離散フーリエ変換するのに $O\left(|\mathcal{X}| \log |\mathcal{X}|\right)$，畳み込み定理で $M_{j \to i}^{\prime (t+1)}\left(x_i\right)$ の離散フーリエ変換を計算するのに $O\left(|\mathcal{X}|\right)$，離散フーリエ逆変換を計算するのに $O\left(|\mathcal{X}| \log |\mathcal{X}|\right)$ の計算量がそれぞれ必要になるので，$O\left(|\mathcal{X}|\right)$ の規格化定数 $Z_{j \to i}$ の計算も含めて，すべての $x_i \in \mathcal{X}$ に対する式 (3.22) のメッセージの計算は $O\left(|\mathcal{X}| \log |\mathcal{X}|\right)$ で行うことができる．

3.2.4 確率モデルによる画像補修アルゴリズム

確率伝搬法を用いた確率モデルによる画像補修アルゴリズムを以下に与える。このアルゴリズムは図 3.2 下段のように不要部分 V_u が明示的に与えられた画像 $\boldsymbol{y}$ と確率分布のモデルパラメータ α および β を入力とし，不要部分の画素の推定値 $\widehat{\boldsymbol{x}} = \{\widehat{x}_i \mid i \in V_u\}$ を出力とする。

アルゴリズム 3.1 確率モデルによる画像補修アルゴリズム

---

1. 不要部分 V_u が明示的に示された画像 $\boldsymbol{y}$ を読み込む。
2. 確率モデルのパラメータ α, β を設定し，$\exp(\beta x^2)$ の離散フーリエ変換 $\mathcal{E}(v)$ を計算する。
3. 更新回数 t を $t \leftarrow 0$ と設定して，確率伝搬法のすべてのメッセージ $M_{j \to i}^{(0)}(x_i)$ の初期値を設定する。
4. すべての $j \to i\,(i \in V_u, j \in \partial_u i)$ に対して以下の計算を行う。

   (a) 各 $x_i \in \mathcal{X}$ に対して，関数 $f_{j \to i}^{\prime(t)}(x_i)$ の値を

   $$
   f_{j \to i}^{(t)}(x_j) = \begin{cases} \exp\left[\alpha\left(x_j - z_j\right)\right] \displaystyle\prod_{k \in \partial_u j \setminus i} M_{k \to j}^{(t)}(x_j) & (j \in B_u) \\ \displaystyle\prod_{k \in \partial_u j \setminus i} M_{k \to j}^{(t)}(x_j) & \text{(otherwise)} \end{cases}
   $$

   のように計算する。

   (b) $f_{j \to i}^{\prime(t)}(x_i)$ の離散フーリエ変換 $\mathcal{F}_{j \to i}^{(t)}(v)$ を計算し，畳み込み定理

   $$
   \mathcal{M}_{j \to i}^{\prime(t+1)}(v) = \mathcal{E}(v)\,\mathcal{F}_{j \to i}^{(t)}(v)
   $$

   により，$M_{j \to i}^{\prime(t+1)}(x_i)$ の離散フーリエ変換 $\mathcal{M}_{j \to i}^{\prime(t+1)}(v)$ を計算する。

   (c) $\mathcal{M}_{j \to i}^{\prime(t+1)}(v)$ の逆離散フーリエ変換 $M_{j \to i}^{\prime(t+1)}(x_i)$ を計算し，

   $$
   M_{j \to i}^{(t+1)}(x_i) \leftarrow \frac{1}{Z_{j \to i}} M_{j \to i}^{\prime(t+1)}(x_i)
   $$

   のようにメッセージを更新する。

5. メッセージの収束判定条件

   $$
   \frac{1}{2\,|E_u|} \sum_{i \in V_u} \sum_{j \in \partial_u i} \sum_{x_i} \left| M_{j \to i}^{(t+1)}(x_i) - M_{j \to i}^{(t)}(x_i) \right| < \epsilon
   $$

   を調べ，この条件を満さない場合はステップ 4 へ，満たす場合はステップ 6 へ進む。

124   第 3 章　画像補修問題への応用

6. すべての $i \in V_u$ および $x_i \in \mathcal{X}$ に対して，周辺確率の近似値

$$
b_i\left(x_i\right)=
\begin{cases}
\dfrac{1}{Z_i}\exp\left[\alpha\left(x_i-z_i\right)^2\right]\displaystyle\prod_{k\in\partial_u i}M_{k\to i}\left(x_i\right) & \left(i\in B_u\right)\\[3mm]
\dfrac{1}{Z_i}\displaystyle\prod_{k\in\partial_u i}M_{k\to i}\left(x_i\right) & \text{(otherwise)}
\end{cases}
$$

を計算する．

7. すべての $i \in V_u$ に対して，

$$
\widehat{x}_i=\operatorname*{argmax}_{x_i\in\mathcal{X}}b_i\left(x_i\right)
$$

を計算し，不要部分 V_u の画像補修結果とする．

3.3　画像補修シミュレーション

　本節では，前節で紹介した確率モデルを用いた画像補修アルゴリズムを不要部分を含む画像に適用したシミュレーションをいくつか行い，前節で紹介したアルゴリズムが実際に不要部分を除去できていることを示す．シミュレーションでは，図 3.8 の画像を用いて画像補修を行う．この画像は，画像補修問題の提案者の一人である Bertalimo 氏が画像補修のデモ用画像をグレースケール化したものであり，左側の画像が不要部分を含んだ元の画像，中央の画像が不要部分を表すマスク画像，右側の画像がマスク画像によって必要部分 V_o と不要部分 V_u を明示的に分割した画像である．本節では便宜的に図 3.8 の画像を上段から順に **girls**，**microphone**，**bungy**，**text** と呼ぶことにする．画像のサイズと不要部分の大きさの情報は表 3.1 にまとめる．たとえば，画像 **girls** では不要部分の大きさは 14258 であり，全体の 7% が不要部分と見なされている．

　図 3.8 右側の画像に対して，確率モデルを用いた画像補修アルゴリズムを適用

表 **3.1**　図 3.8 の各画像のサイズと不要部分のサイズ．

画像	girls	microphone	bungy	text
画像サイズ	405×483	640×480	512×342	297×438
不要部分の大きさ（割合）	14258 (7%)	3224 (1%)	2716 (2%)	20737 (16%)

3.3 画像補修シミュレーション 125

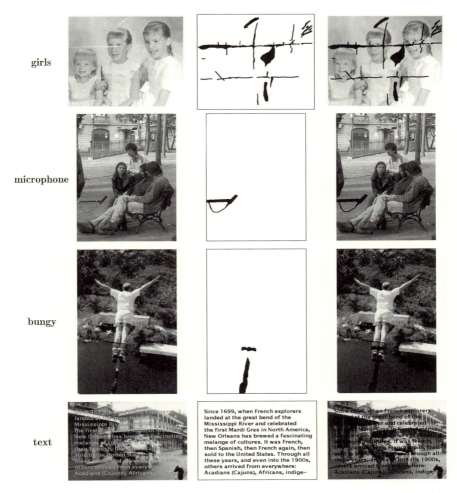

図 3.8 画像補修実験に使用した画像. 左：不要部分を含んだ元の画像. 中央：不要部分を表すマスク画像. 右：必要部分 V_o と不要部分 V_u を明示的に分割した画像.

する. シミュレーションには CPU:Intel Core i5-7200U(2.5GHz), RAM:7.7GiB, OS:ubuntu 16.04 LTS といった比較的一般的な環境の計算機を使用した. また, 確率モデルのパラメータ α, β はともに 0.01 に設定し, メッセージの収束判定条件は $\epsilon = 10^{-4}$ とした.

126　第 3 章　画像補修問題への応用

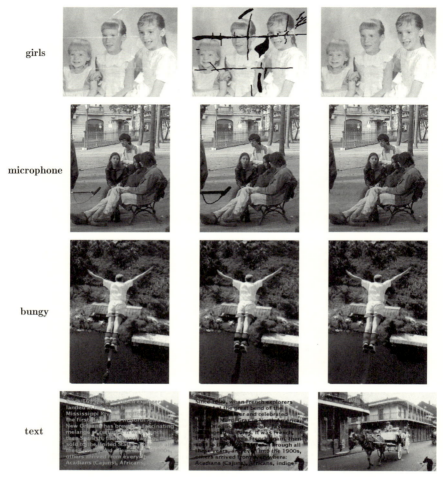

図 **3.9**　確率モデルに基づく画像補修アルゴリズムでの画像補修結果．左：不要部分を含んだ元の画像．中央：必要部分 V_o と不要部分 V_u を明示的に分割した画像．右：画像補修結果．

　図 3.9 に画像補修アルゴリズムでの推定結果を与える．図 3.9 右側の画像が前節で紹介したアルゴリズムで実際に不要部分を推定した画像補修結果であり，図 3.9 左側および中央は，比較のために図 3.8 左側と右側の画像を再掲したも

表 3.2 図 3.9 右側の各画像の計算時間.

画像	girls	microphone	bungy	text
計算時間（秒）	37	8	11	66

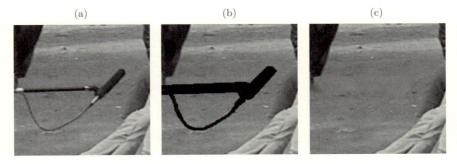

図 3.10 図 3.9 の microphone 画像の拡大図.

のである．図 3.9 右側の各画像を推定するのに要した計算時間は表 3.2 にまとめる．

最後に，画像 microphone の画像補修部分の拡大図を図 3.10 に与える．確率モデルに基づく画像補修アルゴリズムが，比較的見た目が自然となるような諧調値を推定して画像の補修を行っていることがこの図からわかる．

3.4 まとめ

本章では画像補修問題を例にとって確率モデルを用いた画像処理手法について解説した．確率モデルからの推論は一般的には計算困難な問題であり，確率モデルからの効率的な推論には近似計算手法が必要不可欠であった．そのため本章では，近似計算法の一つである確率伝搬法を用いて確率モデルに基づく画像補修アルゴリズムの導出を行った（3.2.4 項）．確率伝搬法は，高速フーリエ変換を用いることで効率的に事後周辺確率分布を計算することができ，この計算法を利用した画像補修アルゴリズムが視覚的にも良好な画像補修結果を与えることを確認した（3.3 節）．

本章では画像の不要部分を取り除く確率モデルとして式 (3.4) の確率分布を

128   第 3 章 画像補修問題への応用

導入したが，実はこのモデルは，画像補修問題に対してだけでなく，データ補間問題というもっと一般的なデータサイエンスの問題に適用できるモデルである．実際，本章で導入した確率モデルと類似した確率分布を用いて道路交通網の交通量を予測した研究事例もあり [9]，本章で紹介したモデルは，図 3.4 で表されるような，背後にグラフ構造をもったデータに対する確率的データ補間モデルとして，広くデータサイエンスの問題に適用できる．

参考文献

[1] Bertalmio, M., Sapiro, G., Ballester, C., Caselles, V.: Image inpainting. *Proceedings of the ACM SIGGRAPH*, pp.417–424 (2000).

[2] Bertalmio, M., Bertozzi, A., Sapiro, G.: Navier-stokes, fluid dynamics, and image and video inpainting. *Proceedings of the IEEE International Conference on Computer Vision and Pattern Recognition(CVPR)*, pp.355–362 (2001).

[3] Criminisi, A., Pérez, P., Toyama, K.: Region filling and object removal by examplar-based inpainting. *IEEE Transactions on Image Processing*, **13**, pp.1200–1212 (2004).

[4] Efros, A.A., Leung, T.K.: Texture synthesis by non-parametric sampling. *Proceedings on the International Conference on Computer Vision(ICCV)*, pp.1033–1038 (1999).

[5] Felzenszwalb, P.F., Huttenlocher,D.P.: Efficient belief propagation for early vision. *International Journal of Computer Vision*, **70**, pp.41-54 (2006).

[6] Guillemot, C., Meur, O.L.: Image inpainting. *IEEE Signal Processing Magazine*, **31**, pp.127–144 (2014).

[7] 伊庭幸人・種村正美・大森裕浩・和合肇・佐藤整尚・高橋明彦：計算統計 II —マルコフ連鎖モンテカルロ法とその周辺—．岩波書店 (2005), 358p.

[8] 金森敬文・鈴木大慈・竹内一郎・佐藤一誠：機械学習のための連続最適化．講談社 (2016), 341p.

[9] Kataoka, S., Yasuda, M., Furtlehner, C., Tanaka, K.: Traffic data reconstruction based on Markov random field modeling. *Inverse Problems*, **30**, 025003 (2014).

[10] 八木康史，斎藤英雄 編：コンピュータビジョン最先端ガイド 1．アドコム・メディア株式会社 (2008), 158p.

[11] Masnou, S., Morel, J.-M.: Level-lines based disocclusion. *Proceedings of the IEEE International Conference on Image Processing(ICIP)*, pp.259–263 (1998).

[12] 中島伸一：変分ベイズ学習．講談社 (2016), 147p.

[13] 渡辺有祐：グラフィカルモデル．講談社 (2016), 171p.

[14] Yasuda, M., Ohkubo, J., Tanaka, K.: Digital image inpainting based on Markov random field. *Proceedings on the CIMCA-IAETIC*, pp.747–752 (2005).

4

確率モデルによるパターン認識

4.1　はじめに

　本章では，確率を用いた数理モデルを基礎としたパターン認識問題 (pattern recognition problem) の基礎について説明する．パターン認識問題は，（画像や音声などの）入力を，システムがあらかじめ用意された複数のクラス（またはカテゴリ）のうち，いずれかのクラスに自動的に分類する問題である．もし正しい分類ができれば，システムは正しく入力を認識できたということになる．たとえば，ユーザがある機械を音声で操作するようなパターン認識システムがあるとしよう．この場合，入力はユーザの音声であり，クラスはユーザがその機械に指示する可能性のある操作のすべてである．パターン認識システムの仕事は，ユーザの音声から，そのユーザがどの指示を出したのかを正確に認識することである．パターン認識技術はこのようなシステムの構築において重要な技術であり，その技術は現在の人工知能分野において中心的な立ち位置にある技術の一つとなっている．

4.2　確率モデルによるパターン認識問題へのアプローチの基礎

4.2.1　パターン認識問題と機械学習

　パターン認識システムは入力 x を受け取り，その入力があらかじめ決められた複数のクラス（またはカテゴリ）のうちのどのクラスに分類されるのかを決定する．たとえば，図 4.1 にあるような手書き数字画像（「0」～「9」）があると

図 4.1　手書き数字画像の例．MNIST と呼ばれる手書き数字画像データベース [9] 中のサンプルである．各画像のサイズは 28 ピクセル× 28 ピクセルとなっている．

し，これらの画像を入力したら書かれている数字を正しく答えてくれるパターン認識システムがほしいとしよう．システムの課題は，入力された手書き数字画像が「0」〜「9」の計 10 個のクラスのどれに属するかの分類を決めることであり，システムが入力画像を正しいクラスに分類できれば，正しい数字判断が行われたということとなる．

このような**クラス分類問題 (classification problem)** を解決するための重要技術が**機械学習 (machine learning)** である．機械学習は大量のデータを利用して，我々が仮定するモデルを与えられた課題に適合するように最適化するための計算手法であり，最近話題の**深層学習 (deep learning)** も機械学習の一手法となっている．機械学習において，データを用いてモデルを最適化することを**学習 (learning/training)** という．特に，確率モデルを基礎とした機械学習は**統計的機械学習 (statistical machine learning)** と呼ばれることもあり，本章で主に扱うのはこの統計的機械学習となる．クラス分類問題を解くためのシステムは，**クラス分類システム (classification system)** と呼ぶ．

4.2.2　確率モデルを基礎としたクラス分類システムの枠組み

4.2.1 項で触れた手書き数字画像のクラス分類問題をもう一度考えよう．この場合，入力 x は画像となる．コンピュータ上で画像は，ピクセル[1] (pixel) と呼ばれる点が 2 次元正方格子（碁盤の目）状に並べられたものとして表現され，ピクセルの各々が個別に発色して全体として画像を形作るのである．各々

---

[1] 画素とも呼ばれる．

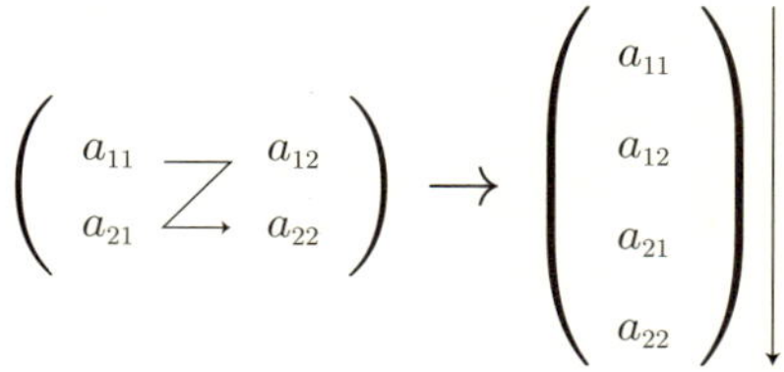

$$
\begin{pmatrix} a_{11} & a_{12} \\ a_{21} & a_{22} \end{pmatrix} \rightarrow \begin{pmatrix} a_{11} \\ a_{12} \\ a_{21} \\ a_{22} \end{pmatrix}
$$

図 4.2 行列のラスタ走査. 各行左から右へ要素を読んでいき, 右端に辿り着いたら一つ下の行に移る.

のピクセルには階調値（輝度値）と呼ばれる値が割り当てられており, その値によって個々のピクセルの色が決まる. つまり画像とは, 階調値の集合としてコンピュータ内で扱われているものである. したがって, 入力として画像を用いた場合, 入力 $\mathbf{x}$ はすべてのピクセルが並べられた 1 次元ベクトルとなる. 図 4.1 の手書き数字画像は縦 28 ピクセル, 横 28 ピクセルの計 784 個のピクセルで構成され, この場合 $\mathbf{x}$ は 784 個の要素をもつベクトルとなる. ピクセルは 2 次元正方格子状に並べられているため, 画像は行列で扱ったほうがより直観的であるが, 機械学習の分野などでは 1 次元ベクトルとして扱うこともしばしばある. 2 次元行列を 1 次元のベクトルとして表現するため, 並べ方にはいくつかの方法が考えられ, 通常はラスタ走査順（行メジャー順とも呼ばれる）に並べることが多い（図 4.2）. いま, 一般の n 個の要素をもつベクトル

$$
\mathbf{x} = (x_1, x_2, \ldots, x_n)^{\mathrm{T}} \tag{4.1}
$$

を入力として考える. ベクトルの肩の T は転置を表している.

クラス分類システムの最終的な出力は, 入力が分類される「クラス」である. 手書き数字画像の例では, 「0」〜「9」の計 10 個のクラスのどれかへの分類が出力である. 目的のクラスが合計で K 個あるとする. まず, それぞれのクラスを数学的に区別するため, 各クラスに互いに異なるクラス番号を付加する. MNIST の場合は, たとえば「0」〜「9」のそれぞれのクラスに 1 〜 10 のクラス番号を連続的に付加する. このようにクラス番号を付加し, 対応するクラス番号をシステムの出力とすれば入力が属するクラスを特定できる.

クラスを区別するにはスカラー量であるクラス番号を用いれば十分であるが,

132　第 4 章　確率モデルによるパターン認識

次に紹介する **1-of-K 表現 (1-of-K representation)** と呼ばれるベクトル表現によりクラスの区別を表現する方法もしばしば用いられる．1-of-K 表現によるクラスの区別はクラス番号による区別と本質的に同じであるが，ニューラルネットワークのグラフ表現と親和性が高いなどの理由から表現的に便利なことがあるため，クラス分類などでしばしば用いられる．本章でもクラスの区別の仕方として 1-of-K 表現を積極的に用いる．

　1-of-K 表現において，各クラスは

$$\mathbf{t} = (t_1, t_2, \ldots, t_K)^{\mathrm{T}}, \quad t_k \in \{0, 1\}, \quad \sum_{k=1}^{K} t_k = 1 \qquad (4.2)$$

のような K 個の要素をもつ 1 次元のベクトルとして表現される．ベクトルの要素 t_k は 0 か 1 のどちらかをとり，さらに，どれか一つが 1 をとり，その他の要素は 0 となるようなベクトルである．1 となった要素番号が対応するクラス番号を表す．たとえば先の手書き数字のクラス分類問題 ($K = 10$) ならば，ベクトル

$$\mathbf{t} = (1, 0, 0, 0, 0, 0, 0, 0, 0, 0)^{\mathrm{T}}$$

は 1 番目のクラス，すなわち，「0」のクラスを表し，

$$\mathbf{t} = (0, 0, 0, 0, 0, 0, 1, 0, 0, 0)^{\mathrm{T}}$$

は 7 番目のクラス，すなわち，「6」のクラスを表す．以降記述の簡単化のため，k 番目の要素のみが 1 で，他が 0 のベクトルを $\mathbf{1}_k$ により表すこととする．つまり，ベクトル $\mathbf{t}$ は $\mathbf{1}_1 \sim \mathbf{1}_K$ の K 通りのいずれかになる．

$$\mathbf{t} \in \{\mathbf{1}_k \mid k = 1, 2, \ldots, K\}.$$

クラス分類問題の課題は，入力 $\mathbf{x}$ から出力 $\mathbf{t}$ を決定することである．

　入力と出力の表現が決まったので，次はいよいよモデル設計の段階になる．確率モデルを用いたクラス分類システムでは，入力 $\mathbf{x}$ に対する最終的な出力 $\mathbf{t}$ を決定する前に，次の条件付き分布により，その入力が $\mathbf{1}_1 \sim \mathbf{1}_K$ の K 通りのそ

4.2 確率モデルによるパターン認識問題へのアプローチの基礎 133

れぞれのクラスに分類されるもっともらしさ（確率）を評価する．

$$P(\boldsymbol{T} \mid \mathbf{x}). \tag{4.3}$$

$\boldsymbol{T} = \left(T_1, T_2, \ldots, T_K\right)^{\mathrm{T}}$ は出力ベクトル $\mathbf{t}$ を実現値としてとる確率変数ベクトルである．式 (4.3) は，入力 $\mathbf{x}$ が与えられた下での出力変数 $\boldsymbol{T}$ の分布である．出力は入力がきて初めて計算されるものであり，入力の変化に対して出力の分布も変化するはずなので，確率モデルでの入出力関係は「$P(出力 \mid 入力)$」の形式でモデル化される．確率を用いたクラス分類問題においては，この条件付き分布が中心的な役割を果たす．

式 (4.3) の条件付き分布（の関数形）が何らかの形で決まったとしよう（この条件付き分布の具体的なモデル化が最も重要な段階であるが，ここではすでに何らかの方針により決まったとする）．すると，我々は与えられた入力 $\mathbf{x}_{\mathrm{given}}$ に対する出力を以下のように決めることができる．入力の値が確定したので，まず式 (4.3) の条件部を与えられた入力の値にする．

$$P(\boldsymbol{T} \mid \mathbf{x}_{\mathrm{given}}). \tag{4.4}$$

条件部の値が確定したので，式 (4.4) を用いて各出力の確率を計算することができる．たとえば，入力が 1 番目のクラスに分類される確率は $P(\boldsymbol{T} = \mathbf{1}_1 \mid \mathbf{x}_{\mathrm{given}})$ により計算され，7 番目のクラスに分類される確率は $P(\boldsymbol{T} = \mathbf{1}_7 \mid \mathbf{x}_{\mathrm{given}})$ により計算される．

このように，1 番目のクラスに分類される確率から K 番目のクラスに分類される確率のすべてを計算する．$P(\boldsymbol{T} = \mathbf{1}_k \mid \mathbf{x}_{\mathrm{given}})$（$k$ 番目のクラスに分類される確率）を**クラス確率 (class probability)** と呼ぶ．クラス確率は入力 $\mathbf{x}_{\mathrm{given}}$ がそのクラスに分類されるもっともらしさを表しているので，**一番もっともらしいクラスに分類**するのがよさそうである．つまり，最大のクラス確率を与えるクラス $\mathbf{t}$ に対応するクラス番号 k_{out} をクラス分類システムの出力とし，入力をそのクラスに分類するのである．k_{out} を式で表現すると

$$k_{\mathrm{out}} = \underset{k}{\operatorname{argmax}} \, P(\boldsymbol{T} = \mathbf{1}_k \mid \mathbf{x}_{\mathrm{given}}) \quad (k \in \{1, 2, \ldots, K\}) \tag{4.5}$$

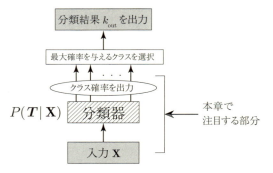

図 4.3 本章で扱うクラス分類システムの概要図．分類器は入力に対するクラス確率を出力し，最大のクラス確率を与えるクラスがシステムの出力となる．入力から分類器の出力（クラス確率）までの処理が，本章の主要テーマである．

のようになる．

本章では，式 (4.3) の条件付き分布のことを（クラス）**分類器 (classifier)** と呼ぶ．本節のここまでで説明してきたクラス分類システムの概要を図 4.3 に示す．

以上が確率モデルを用いたクラス分類問題の大枠となる．残された問題は式 (4.3) の条件付き分布，すなわち，分類器の具体的なモデル化（条件付き分布の具体的な関数形の決定）の方法であり，この段階が最も難しく，そして重要である．具体的なモデル化に関して，「このモデル化の方法が一般的に一番よい」というものはおそらくなく，モデル化は与えられた問題ごとに精査される必要がある．しかしながら，比較的広い課題においてそれなりに有用そうだと期待されるモデル化の方法の候補はいくつかあり[2]，その中の一つで最も基礎的なものが，4.3.1 項で紹介する多値ロジスティック回帰モデルによる条件付き分布のモデル化の方法である．

4.3 多値ロジスティック回帰モデル

分類器として最も頻繁に使われるモデルが**多値ロジスティック回帰モデル (multi-valued logistic regression: MLR)** [3] である．多値ロジスティック回帰モデルは場合によって様々な呼ばれ方があり，たとえば，多クラスロジス

---

[2] 現在においての最有力候補は深層学習モデルであろう．

ティック回帰モデルやロジットモデル (logit model)，ソフトマックス器 (softmax classifier) などと呼ばれることもある[3]．特に機械学習分野では，ソフトマックス器という呼び方が馴染み深いかもしれない．様々な名前がついているということは，それだけ基礎的で，かつ，有用性に富むモデルであるということである．深層学習においても多値ロジスティック回帰モデルは最上層に積むクラス分類器としてしばしば用いられる．本節では多値ロジスティック回帰モデルを用いてパターン認識問題へアプローチする．そこで出てくる概念（クラス分類・統計的機械学習）は，引き続く節の重要な基礎となる．

4.3.1　多値ロジスティック回帰モデルの定義

本項では MLR を用いて，式 (4.3) の条件付き分布を具体的にモデル化する．

まず，図 4.4 (a) のようなノードとリンクで構成されるグラフ[4]を考える．下層が n 個の入力ノードから構成され，上層が K 個の出力ノードから構成される完全 2 部グラフ型のグラフである．下層は**入力層 (input layer)** であり，i 番

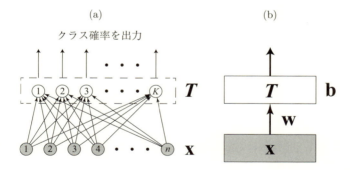

図 **4.4**　(a) MLR のグラフ構造．入力層，出力層の 2 層からなるモデルである．確率変数が対応したノード（出力ノード）は白で表現されている．出力層は式 (4.6) で表される入力層からの信号をもとに式 (4.7) のクラス確率を算出し，そのクラス確率を出力する．(b) (a) の簡略表現．**b** は出力ノードに割り当てられたバイアスパラメータを，**w** はリンクに割り当てられた重みパラメータを表している．

---

[3] 正確にはソフトマックス器というと MLR の出力層のみの（パラメータなしの）分類器を指し，その場合，MLR は恒等関数 $a(x) = x$ を活性化関数としたパーセプトロン（4.5 節参照）の上にソフトマックス器を積んだモデルと見なされる．
[4] ノード (node) とリンク (link) は頂点 (vertex) と 辺 (edge) と呼ばれることもある．

136   第 4 章　確率モデルによるパターン認識

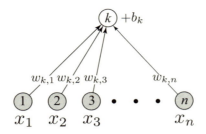

図 4.5　MLR の信号伝搬の概略．k 番目の出力ノードに入力層から入る信号 $q_k(\mathbf{x}, \theta)$ は，入力の各要素 x_i にリンクの重みパラメータ $w_{k,i}$ がかけられたものの総和 $\sum_{i=1}^{n} w_{k,i} x_i$ に，自身のバイアスパラメータ b_k を加算したものになる．後述の 4.5 節の図 4.18 で説明するパーセプトロンの信号伝搬ルールと類似している．

目の入力ノードが i 番目の入力 x_i に対応する．上層は**出力層 (output layer)** であり，式 (4.3) の確率変数 T に対応している（k 番目の出力ノードが番号の対応した確率変数 T_k に対応している）．入力層から出力層へは有向リンクでつながっており，このリンクを通して入力の信号が出力層に入る．MLR では，入力 $\mathbf{x}$ に対して k 番目の出力ノードが受け取る信号を

$$q_k(\mathbf{x}, \theta) = b_k + \sum_{i=1}^{n} w_{k,i} x_i \tag{4.6}$$

により定義する．b_k は k 番目の出力ノードの**バイアス (bias)** パラメータであり，$w_{k,i}$ は i 番目の入力ノードから k 番目の出力ノードへの有向リンクの**重み (weight)** パラメータ[5]である．バイアスパラメータはすべての出力ノード，重みパラメータはすべてのリンクでそれぞれ個々に定義されており，各パラメータは何らかの実数値をとる．すべてのパラメータをまとめて集合 θ で表している．式 (4.6) を図解したものが図 4.5 である．

図 4.4 (a) の上層（出力層）の確率変数 T は実現値として 1-of-K 表現のベクトルをとるので，各出力ノードは実現値として 0 または 1 をとるが，1 をとるノードは常にただ一つである．それぞれの出力ノードの実現値が 1 となるもっともらしさ，すなわち，それぞれのクラス確率は入力層からきた信号に応じて決定される．出力層では，式 (4.6) で表される入力層から受け取った信号を用い

---
[5] 結合 (coupling) パラメータや相互作用 (interaction) パラメータなどとも呼ばれる．

て，入力に対するクラス確率を次の条件付き分布の形で計算する.

$$P(\boldsymbol{T} = \mathbf{t} \mid \mathbf{x}, \theta) = \frac{1}{Z(\mathbf{x}, \theta)} \exp\Big(\sum_{k=1}^{K} q_k(\mathbf{x}, \theta) t_k \Big). \tag{4.7}$$

$\mathbf{t}$ は，4.2.2 項で出てきた 1-of-K 表現の実現値ベクトルである. $Z(\mathbf{x}, \theta)$ は条件付き分布 $P(\boldsymbol{T} \mid \mathbf{x}, \theta)$ を規格化するための規格化定数であり，

$$Z(\mathbf{x}, \theta) = \sum_{\mathbf{t}} \exp\Big(\sum_{k=1}^{K} q_k(\mathbf{x}, \theta) t_k \Big) \tag{4.8}$$

により定義される. $\sum_{\mathbf{t}}$ は確率変数 $\boldsymbol{T}$ の可能なすべての実現値組み合わせに関する和を表しており，いまの場合，$\boldsymbol{T}$ は $\mathbf{1}_1 \sim \mathbf{1}_K$ の K 通りの実現値をとる. よって，式 (4.8) の和を具体的に書き下すと

$$Z = \exp\Big(\sum_{k=1}^{K} q_k(\mathbf{x}, \theta) t_k \Big)\Big|_{\mathbf{t}=\mathbf{1}_1} + \exp\Big(\sum_{k=1}^{K} q_k(\mathbf{x}, \theta) t_k \Big)\Big|_{\mathbf{t}=\mathbf{1}_2}$$

$$+ \cdots + \exp\Big(\sum_{k=1}^{K} q_k(\mathbf{x}, \theta) t_k \Big)\Big|_{\mathbf{t}=\mathbf{1}_K}$$

となり，式 (4.8) は

$$Z(\mathbf{x}, \theta) = \sum_{k=1}^{K} \exp\big(q_k(\mathbf{x}, \theta) \big) \tag{4.9}$$

となる. MLR では，式 (4.3) の条件付き分布を，式 (4.7) の条件付き分布でモデル化するのである. 式 (4.7) を用いると，与えられた入力 $\mathbf{x}$ が k 番目のクラスに分類されるクラス確率（k 番目の出力ノードが 1 の実現値をとる確率）を

$$P(\boldsymbol{T} = \mathbf{1}_k \mid \mathbf{x}, \theta) = \frac{1}{Z(\mathbf{x}, \theta)} \exp\big(q_k(\mathbf{x}, \theta) \big) \tag{4.10}$$

により求めることができる. 出力層では式 (4.10) に従って，$P(\boldsymbol{T} = \mathbf{1}_1 \mid \mathbf{x}, \theta)$ から $P(\boldsymbol{T} = \mathbf{1}_K \mid \mathbf{x}, \theta)$ までのすべてのクラス確率を計算してその結果を出力する（図 4.6）.

式 (4.10) を見るとわかる通り，$q_k(\mathbf{x}, \theta)$ が大きくなるとクラス確率が高くな

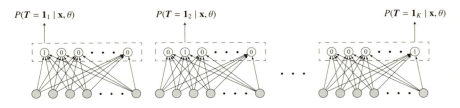

図 4.6 出力層は $\boldsymbol{1}_1 \sim \boldsymbol{1}_K$ である 1-of-K 表現のベクトルを実現値としてとる確率変数の層なので，出力層のベクトル値は確率的である（特定の値をとるわけではない）．各ベクトル値のもっともらしさ（クラス確率）を計算し，その確率を出力とする．クラス確率が一番高い値が，出力層の値として最もありえそうなものであると判断する（式 (4.5) 参照）．

るため，$q_k(\mathbf{x}, \theta)$ の値が大きいほど，対応した k 番目のクラスに分類されやすくなる．例として，ある 3 クラス分類問題 ($K=3$) で，ある入力 $\mathbf{x}$ に対して $q_1(\mathbf{x}, \theta) = q_3(\mathbf{x}, \theta) = 1$，$q_2(\mathbf{x}, \theta) = 2$ であったとしよう．この場合，式 (4.9) より $Z(\mathbf{x}, \theta) = 2\exp(1) + \exp(2)$ なので，それぞれのクラス確率は

$$P(\boldsymbol{T} = \boldsymbol{1}_1 \mid \mathbf{x}, \theta) = \frac{\exp(1)}{2\exp(1) + \exp(2)} \approx 0.212,$$

$$P(\boldsymbol{T} = \boldsymbol{1}_2 \mid \mathbf{x}, \theta) = \frac{\exp(2)}{2\exp(1) + \exp(2)} \approx 0.576,$$

$$P(\boldsymbol{T} = \boldsymbol{1}_3 \mid \mathbf{x}, \theta) = \frac{\exp(1)}{2\exp(1) + \exp(2)} \approx 0.212$$

となり，2 番目のクラスのクラス確率が最も高くなる．

ここで，バイアスパラメータと重みパラメータの意味について確認しておく．式 (4.6) の $q_k(\mathbf{x}, \theta)$ が大きいクラス確率が高くなり，結果としてそのクラスに分類されやすいことを上で述べた．まずはバイアスパラメータの意味を考える．k 番目の出力ノードのバイアスパラメータ b_k が極めて正に大きかったとしよう．すると，入力ベクトル $\mathbf{x}$ の値にあまりかかわりなく，$q_k(\mathbf{x}, \theta)$ は常に大きくなり，結果として k 番目のクラスに分類されるクラス確率が常に高くなる．逆に，バイアスパラメータ b_k が極めて負の方向に大きかったとすると，$q_k(\mathbf{x}, \theta)$ は常に小さくなり，k 番目のクラスに分類されるクラス確率が常に低くなる．つまり，**バイアスパラメータの値は対応するクラスの潜在的な選ばれやすさの偏りを表している**．

次に，重みパラメータの意味を考える．式 (4.6) からわかる通り，入力ベクトル $\mathbf{x}$ とベクトル $(w_{k,1}, w_{k,2}, \ldots, w_{k,n})^{\mathrm{T}}$ との内積が k 番目の出力ノードへ入る．つまり，**重みパラメータは入力に対するフィルタ (filter) の役割を果たしている**ことがわかる．これについてもう少し詳しく見てみよう．$w_{k,i}$ は k 番目の出力ノードと i 番目の入力ノードとの間の重みパラメータである．説明の簡単のため $x_i = 1$ であったとしよう．$w_{k,i}$ が正に大きい場合，$w_{k,i} x_i$ により，k 番目の出力ノードへは x_i の値が拡大して伝わり，結果，$q_k(\mathbf{x}, \theta)$ の値を大きくする．逆に，負に大きい場合は符号が逆転されて伝わり，$q_k(\mathbf{x}, \theta)$ の値を小さくする．また $w_{k,i} = 0$ の場合は，x_i の値を出力ノードに全く伝えない．つまり，**重みパラメータは入力ベクトル中のどの要素を強調するか，またどの要素を無視するか等の選択を表す**パラメータとなっている．

以上，MLR を用いて式 (4.3) の条件付き分布を式 (4.7) で具体的にモデル化し，与えられた入力から出力のクラス確率を計算する手順を確認した．しかしながらこれだけではまだ不十分である．我々がほしいのは，入力に対して適切なクラス分類をしてくれる分類器である．図 4.1 の手書き数字画像のクラス分類問題の場合であれば，「5」の数字が書かれた画像を入力した時に，ちゃんと「5」に対応したクラス確率を最大にしてくれる分類器である．

クラス確率は $q_k(\mathbf{x}, \theta)$ の値に依存する．さらにこの値は式 (4.6) からもわかる通り，入力 $\mathbf{x}$ はもちろんのこと，パラメータ θ の値にも依存している．これまでパラメータ θ の値の決め方については特段言及してこなかったが，パラメータ θ の値をデタラメに決めたのではシステムの所望の動作が得られにくいことは間違いなさそうである．入力 $\mathbf{x}$ に対して適切なクラス分類を達成するには，パラメータ θ の値を課題に対して最適なものに設定する必要がある．次節で統計的機械学習に基づいたパラメータ θ の最適化法（学習法）について紹介する．

4.3.2　多値ロジスティック回帰モデルの統計的機械学習

本項では，統計的機械学習を用いて MLR のパラメータ θ を最適化するための方法を説明する．**統計的機械学習は大量のデータを用いて確率モデルのパラメータの最適化を行うための技術である．**

統計的機械学習を実行するために，まずはデータを集めてくる必要がある．

140 第 4 章 確率モデルによるパターン認識

データは入力データ $\mathbf{x}$ とその入力データに対する正解の出力データ $\mathbf{t}$ の組で構成される。この出力データ $\mathbf{t}$ は，対応する入力データに対して正解のクラスに対応する要素のみが 1 で他の要素がすべて 0 である 1-of-K 表現のベクトル[6]であり，**教師データ (supervised data/target data)** と呼ばれる。入力データと教師データの組は**訓練データ (training data)** と呼ばれる。

いま，N 個の訓練データ手に入れたとする。

$$\mathcal{D} = \left\{ (\mathbf{x}^{(\mu)}, \mathbf{t}^{(\mu)}) \mid \mu = 1, 2, \ldots, N \right\}. \tag{4.11}$$

$(\mathbf{x}^{(\mu)}, \mathbf{t}^{(\mu)})$ は，μ 番目の訓練データである。$\mathcal{D}$ は N 個の訓練データの集合であり，**訓練集合 (training set)** と呼ばれる。この訓練集合 $\mathcal{D}$ を用いて統計的機械学習を行うわけだが，このように教師データが付随している訓練集合を用いた機械学習は**教師あり学習 (supervised learning)** と呼ばれる。

図 4.1 に示した手書き数字画像は，MNIST と呼ばれるデータベースが提供するサンプルである。MNIST は 6 万個の訓練データからなる訓練集合と 1 万個のテストデータからなるテスト集合で構成されている（テストデータの意味については以下の (3) を参照）。MNIST の訓練集合には 6 万個の入力データ（6 万個の手書き数字画像）と対応する 6 万個の教師データ（人手で作成された[7]対応する正解のクラスラベル）が含まれている。したがって，訓練集合として MNIST を使う場合は $N = 60000$ とし，$\mathbf{x}^{(\mu)}$ を μ 番目の手書き数字画像，$\mathbf{t}^{(\mu)}$ を $\mathbf{x}^{(\mu)}$ に対応した教師データ（「0」～「9」を表すクラスのどれかのうち，正解クラスを指す 1-of-K 表現のベクトル）というように設定する。たとえば，訓練集合中の μ 番目の入力データ $\mathbf{x}^{(\mu)}$ が「4」であれば，対応する教師データ $\mathbf{t}^{(\mu)}$ は 5 番目のクラスを指すように $\mathbf{t}^{(\mu)} = (0, 0, 0, 0, 1, 0, 0, 0, 0, 0)^{\mathrm{T}}$ とする。

(1) 最尤法と対数尤度関数

統計的機械学習では**最尤法 (method of maximum likelihood)** を用いて学習

---

[6] たとえば，入力データ $\mathbf{x}$ が 2 番目のクラスに属するなら，対応する教師データは $\mathbf{t} = \mathbf{1}_2$ である。

[7] 数字画像なので，人が見てその数字が何なのかは判断可能である。各画像を人が見て，正解の数字番号を教師データとしてラベル付けしている。このように，教師データは人手で作成されることがしばしばである。

を実行する．最尤法の考え方は以下の通りである．とある訓練データ $(\mathbf{x}^{(\mu)}, \mathbf{t}^{(\mu)})$ に注目する．$\mathbf{t}^{(\mu)}$ は対応する入力データに対する正解のクラスを表す教師データなので，この訓練データが意味するところは「**入力 $\mathbf{x}^{(\mu)}$ に対する出力は $\mathbf{t}^{(\mu)}$ になるべき**」ということである．4.2.2 項で述べたように，我々は入力に対してクラス確率を最大とするクラス番号を分類器の出力として選ぶ．したがって，クラス確率

$$P(\boldsymbol{T} = \mathbf{t}^{(\mu)} \mid \mathbf{x}^{(\mu)}, \theta) \tag{4.12}$$

が高くなることが望ましい．式 (4.12) はパラメータの値が θ である我々の MLR に $\mathbf{x}^{(\mu)}$ を入力した場合に，出力が $\mathbf{t}^{(\mu)}$ となる確率（正解を出力する確率）である．N 個の訓練データすべてに対して同様の考え方を用いると，我々が目指すことは，

$$L_{\mathcal{D}}(\theta) = \prod_{\mu=1}^{N} P(\boldsymbol{T} = \mathbf{t}^{(\mu)} \mid \mathbf{x}^{(\mu)}, \theta) \tag{4.13}$$

を高くすることである．なぜなら式 (4.13) の右辺は，訓練集合中の**すべての入力データに対して正解を出力する確率**と解釈でき [8]，この確率が高いということは，訓練集合中のすべての入力データに対して正解を出力する可能性が高いモデルとなっているといえる．式 (4.13) は**尤度関数 (likelihood function)** と呼ばれる．最尤法では，尤度関数を最大とする θ を求めて，その値 θ^* をモデルの最適なパラメータ値とする．尤度関数最大化の解 θ^* は，**最尤解 (maximum likelihood solution/maximum likelihood estimator)** と呼ぶ．

$$\theta^* = \underset{\theta}{\operatorname{argmax}}\, L_{\mathcal{D}}(\theta). \tag{4.14}$$

尤度関数の変形として，尤度関数の対数である**対数尤度関数 (log-likelihood function)** がある．

$$l_{\mathcal{D}}(\theta) = \ln L_{\mathcal{D}}(\theta) = \sum_{\mu=1}^{N} \ln P(\boldsymbol{T} = \mathbf{t}^{(\mu)} \mid \mathbf{x}^{(\mu)}, \theta). \tag{4.15}$$

---

[8] 各訓練データ間の統計的な独立性を仮定しているため，単純に積で書くことができる．

142　第4章　確率モデルによるパターン認識

対数関数は単調増加関数なので，対数尤度関数を最大化する θ は最尤解と一致する．

$$\theta^* = \underset{\theta}{\operatorname{argmax}}\, L_{\mathcal{D}}(\theta) = \underset{\theta}{\operatorname{argmax}}\, l_{\mathcal{D}}(\theta). \tag{4.16}$$

したがって，最尤法においては尤度関数か対数尤度関数のどちらを用いても結果は同じであるが，以下に挙げる2つの理由が主で，通常は対数尤度関数のほうが好まれる．

(a) 対数により積が和に変換されているので，（微分等の）解析計算において便利なことが多い．

(b) アンダーフロー [9] しにくいので数値計算的にも便利である．

本章では，式 (4.15) の対数尤度関数をさらに訓練データ数 N で割って規格化した

$$\phi_{\mathcal{D}}(\theta) = \frac{1}{N}\sum_{\mu=1}^{N} \ln P(\boldsymbol{T} = \mathbf{t}^{(\mu)} \mid \mathbf{x}^{(\mu)}, \theta) \tag{4.17}$$

を対数尤度関数の代わりとして用いる．定数倍は最大値の位置を変えないから，$\phi_{\mathcal{D}}(\theta)$ を最大とする θ は最尤解と同じである．このように訓練データ数で規格化することにより，N の増加に伴う対数尤度関数の増加を防ぐことができ，さらに，異なる訓練データ数間の対数尤度関数の比較を可能とする．

式 (4.17) の対数尤度関数は，時に別の形で表現されることがある．$\mathbf{t}^{(\mu)}$ は 1-of-K 表現であり，$\mathbf{1}_1 \sim \mathbf{1}_K$ の K 通りの値のどれかをとる．たとえば，$\mathbf{t}^{(\mu)} = \mathbf{1}_k$ の時は $\mathbf{t}^{(\mu)}$ の k 番目の要素である $t_k^{(\mu)}$ が 1 で，その他の要素は 0 となっている．したがって，

$$P(\boldsymbol{T} = \mathbf{t}^{(\mu)} \mid \mathbf{x}^{(\mu)}, \theta) = \prod_{k=1}^{K} P(\boldsymbol{T} = \mathbf{1}_k \mid \mathbf{x}^{(\mu)}, \theta)^{t_k^{(\mu)}}$$

という書き換えが可能である．この書き換えを用いると式 (4.17) は

---

[9] 離散確率変数に対する確率は 1 以下である．尤度関数は 1 以下の確率のデータ数分の積であるため，データ数 N が大きくなると極めて小さな値となってしまい，アンダーフローを起こす恐れがある．

$$\phi_{\mathcal{D}}(\theta) = \frac{1}{N} \sum_{\mu=1}^{N} \sum_{k=1}^{K} t_k^{(\mu)} \ln P(\boldsymbol{T} = \mathbf{1}_k \mid \mathbf{x}^{(\mu)}, \theta) \tag{4.18}$$

と書き換わる. 式 (4.18) の負は**交差エントロピー (cross-entropy)** と呼ばれ, 学習の目的関数として利用されることがある. 対数尤度関数と符号が逆のため, 交差エントロピーの場合は θ に関して最小化するが, 得られる解は当然対数尤度関数最大化から得られる最尤解と同じである.

MLR の対数尤度関数を求めてみよう. 式 (4.7) を式 (4.17) に代入することにより

$$\phi_{\mathcal{D}}(\theta) = \frac{1}{N} \sum_{\mu=1}^{N} \sum_{k=1}^{K} q_k(\mathbf{x}^{(\mu)}, \theta) t_k^{(\mu)} - \frac{1}{N} \sum_{\mu=1}^{N} \ln \sum_{k=1}^{K} \exp\left(q_k(\mathbf{x}^{(\mu)}, \theta)\right) \tag{4.19}$$

を得る. この対数尤度関数を θ について最大化すれば最尤法, すなわち, 学習は終了となる. では, この最大化をどのように実行するのだろうか? いまの場合, θ は K 個のバイアスパラメータ b_k と nK 個の重みパラメータ $w_{k,i}$ の集合であり, 全部で $(n+1)K$ 個のパラメータからなる. これは, $(n+1)K$ 個のパラメータを個別に動かして式 (4.19) を最大とする θ を見つけなければならない**多変数最適化問題 (multi-variable optimization problem)** である. 多変数最適化問題は特別な場合を除く多くの場合, 解析的に解くことはできないので, コンピュータを用いて数値的に解くしか手がない. 多変数最適化問題の数値的解法として最も有名なのが次に紹介する**勾配法 (gradient method)** である.

(2) 勾配法：多変数関数の数値最適化アルゴリズム

ここでは式 (4.19) に示した対数尤度関数の最大化問題の数値的解法である勾配法の基礎について説明する. 勾配法を用いた式 (4.19) の最大化アルゴリズム, すなわち, MLR の学習アルゴリズムの詳細については次の (3) で述べる. 例として図 4.7 (a) に示した 1 変数関数 $f(x)$ を最大とする x の値を勾配法により求めることを考える. 勾配法では $f(x)$ の勾配, つまり導関数 $f'(x)$ を用いる. まず x を適当な値で初期化する $(x = x^{(0)})$. 勾配法では次の更新式を用いて, x の値を更新することにより最大値を探索する.

$$x^{(t+1)} \leftarrow x^{(t)} + \eta f'(x^{(t)}). \tag{4.20}$$

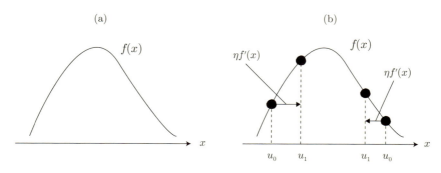

図 4.7 勾配法の概要図. (a) 関数 $f(x)$. (b) 勾配上昇の動き方.

η は微小な正の数で，ステップ幅[10]などと呼ばれる．式 (4.20) の更新式を，収束する ($x^{(t+1)} = x^{(t)} = x^*$ になる) まで繰り返すことで，$f(x)$ を最大とする x が $x = x^*$ により得られる．

以上の手続きをまとめたものをアルゴリズム 4.1 に示す．

アルゴリズム 4.1　1 変数関数 $f(x)$ の勾配上昇法

1. $t = 0$ とし，$x^{(0)}$ に適当な初期値をセット．
2. **repeat**
3. 　　$x^{(t+1)} \leftarrow x^{(t)} + \eta f'(x^{(t)})$　　　　▷ 式 (4.20) の更新式
4. 　　$t \leftarrow t + 1$　　　　▷ 時刻を一つ進める
5. **until** $|x^{(t+1)} - x^{(t)}| < \varepsilon$　　　　▷ ε は収束を判定する微小な正数
6. **return** $x^{(t+1)}$　　　　▷ $x = x^{(t+1)}$ を結果として得る

ところで，アルゴリズム 4.1 の方法でなぜ最大値が求まるのだろうか？ 収束点では $x^{(t+1)} = x^{(t)} = x^*$ となっているため，$f'(x^*) = 0$ である．したがって，x^* は極値となっており，図 4.7 (a) に示した $f(x)$ の最大値になっていることがわかる．次に式 (4.20) の更新式の動き方を見てみよう．図 4.7 (b) に例を示している．ある時点で $x = u_0$ の位置にいたとしよう．次の更新により，u_0 に $\eta f'(u_0)$ が加算されるのだが，勾配はその点の接線の傾きであるので $\eta f'(u_0)$ は

---

[10] 更新率やステップサイズなど η については様々な呼び方がある．特に学習に勾配法を利用する際には**学習率 (learning rate)** と呼ばれることがある．

正の数であり，更新の結果として u_0 から u_1 に移動する．今度は $x = v_0$ の位置にいたとしよう．この点での接線の傾きは負であるので，加算される $\eta f'(u_0)$ は負である．したがって，更新により v_0 から v_1 に移動する．どちらの場合にしろ，更新により最大値に近付いていくことがわかる．このように，勾配を用いて最大値を求める方法を**勾配上昇法 (gradient ascent method)** と呼ぶ [11]．

図 4.7 (b) からわかる通り，η は更新の際の移動量にかかる係数であるから，η が大きいと 1 回の移動量が大きくなり，小さいと移動量が小さくなる．つまり単純には，η が大きいと収束が早く，逆に小さいと遅くなるわけである．このことから η はできるだけ大きくしたいのだが，あまりに大きくしすぎると更新の際に最大点をはるかに超えてどこか変なところに飛んでいって，何らかの問題を引き起こしてしまうことがしばしばある．そのため，η の値の設定は勾配法にとって非常に重要となる [12]．

図 4.8 の白丸のプロットが，$f(x) = -x^2$ に対して勾配上昇法を用いた結果となっている．横軸が式 (4.20) の更新の回数 t で，縦軸が真の最大点 $(x = 0)$ と $x^{(t)}$ との差の絶対値で計算される**絶対誤差 (absolute error)** である．初期値は $x^{(0)} = -3$ とし，ステップ幅 η は 0.1 に固定している．更新が進むにつれて誤差が減少し，真の最大点に近付いていることがわかる．

以上は 1 変数関数の最大化のための勾配法の説明であるが，多変数関数 $f(x_1, x_2, \ldots, x_r)$ の最大化問題へも容易に拡張できる．多変数の場合は各変数に関する偏微分から計算される勾配を用いて，変数 x_i ごとに個別に式 (4.20) に類似した次の更新式を用いて更新を行う．

$$x_i^{(t+1)} \leftarrow x_i^{(t)} + \eta f_{x_i}(x_1^{(t)}, x_2^{(t)}, \ldots, x_r^{(t)}) \quad (i = 1, 2, \ldots, r). \tag{4.21}$$

$f_{x_i}(x_1, x_2, \ldots, x_r)$ は，$f(x_1, x_2, \ldots, x_r)$ を変数 x_i で偏微分した偏導関数である．多変数関数の場合の手続きをアルゴリズム 4.2 に示す（アルゴリズム 4.1 と比べ

---

[11] 逆に，最小値を求めたい場合は式 (4.20) の更新式の右辺の加算を減算に変更する．更新式を減算に変更し，最小値を求める方法は**勾配下降法 (gradient decent method)** と呼ばれる．

[12] 最初から最後まで一貫してある程度小さな定数（たとえば $\eta = 0.1$ 等）で固定しておく方法や，更新時刻 t に依存して η の大きさを特定のルールで変化させる方法（多くの場合，更新の初期では値を大きく設定しておき，更新が進むにつれ小さくしていく）等，η の大きさの設定方法は様々である．

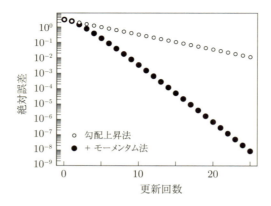

図 4.8 $f(x) = -x^2$ に対する勾配上昇法の誤差の減少を表したプロット．縦軸が正解との絶対誤差であり，横軸が更新回数である．初期値は $x^{(0)} = -3$ とし，ステップ幅 η は 0.1 に固定している．

てみよ)．

アルゴリズム 4.2 多変数関数 $f(x_1, x_2, \ldots, x_r)$ の勾配上昇法

---
1. $t = 0$ とし，$x_i^{(0)}$ ($i = 1, 2, \ldots, r$) に適当な初期値をセット．
2. **repeat**
3.   **for all** $i = 1, 2, \ldots, r$ **do**
4. $x_i^{(t+1)} \leftarrow x_i^{(t)} + \eta f_{x_i}(x_1^{(t)}, x_2^{(t)}, \ldots, x_r^{(t)})$ ▷ 式 (4.21) の更新式
5.   **end for**
6. $t \leftarrow t + 1$
7. **until** $|x_i^{(t+1)} - x_i^{(t)}| < \varepsilon$ for all i ▷ すべての変数で収束をチェック
8. **return** $x_1^{(t+1)}, x_2^{(t+1)}, \ldots, x_r^{(t+1)}$ ▷ $x_i = x_i^{(t+1)}$ を結果として得る

---

(1) の式 (4.19) に示した対数尤度関数の最大化問題は多変数関数の最大化問題なので，アルゴリズム 4.2 を利用することにより解決できる．具体的な定式化は (3) で述べるが，その前に勾配法について一つ補足しておく．

ここで紹介した勾配法は，勾配法の中でも最も単純なものであり，実装は簡単だが収束が非常に遅いことが知られている．より収束が速い勾配法として，共役勾配法やニュートン法，準ニュートン法などが有名である．これらのより優れ

た勾配法の説明は他書に譲るとして，ここでは**モーメンタム法 (momentum)**と呼ばれる勾配法の加速法について紹介する．本節で紹介した勾配法はモーメンタム法を用いた修正により，簡単に加速させることができる．式 (4.20) からわかる通り，勾配法は現在の勾配の情報のみを使って，更新の移動方向を決めている．モーメンタム法とは簡単にいえば，現在の勾配情報にさらに一つ前のステップの勾配の情報を付加して移動方向を決める方法である．モーメンタム法にも様々なバリエーションが存在するが，ここでは文献 [13] の方法に従う．モーメンタム法により，式 (4.20) は次のように修正される．

$$x^{(t+1)} \leftarrow x^{(t)} + \eta\bigl(f'(x^{(t)}) + \alpha f'(x^{(t-1)})\bigr) \quad (\alpha > 0) \tag{4.22}$$

図 4.8 の白丸のプロットは，$f(x) = -x^2$ を単純な勾配法により最大化した結果であった．同様の条件下（初期値 $x^{(0)} = -3$，$\eta = 0.1$）で式 (4.22) の更新式を用いた場合の結果が黒丸のプロットとなっている（$\alpha = 0.8$）．モーメンタム法により，誤差の減少速度が向上していることがわかる．

(3) 多値ロジスティック回帰モデルの統計的機械学習アルゴリズム

式 (4.19) の対数尤度関数 $\phi_\mathcal{D}(\theta)$ を最大化するアルゴリズムを，(2) の勾配法により定式化する．

多変数関数の最大化には各変数に関する偏導関数が必要であるため，まずは $\phi_\mathcal{D}(\theta)$ のパラメータに関する偏導関数を導出する．$\phi_\mathcal{D}(\theta)$ のバイアスパラメータ b_k に関する偏微分は

$$\begin{aligned}
\frac{\partial \phi_\mathcal{D}(\theta)}{\partial b_k} &= \frac{1}{N} \sum_{\mu=1}^{N} \sum_{k'=1}^{K} \frac{\partial q_{k'}(\mathbf{x}^{(\mu)}, \theta)}{\partial b_k} t_{k'}^{(\mu)} - \frac{1}{N} \sum_{\mu=1}^{N} \frac{\partial}{\partial b_k} \ln \sum_{k'=1}^{K} \exp\bigl(q_{k'}(\mathbf{x}^{(\mu)}, \theta)\bigr) \\
&= \frac{1}{N} \sum_{\mu=1}^{N} \sum_{k'=1}^{K} t_{k'}^{(\mu)} \frac{\partial q_{k'}(\mathbf{x}^{(\mu)}, \theta)}{\partial b_k} \\
&\quad - \frac{1}{N} \sum_{\mu=1}^{N} \frac{1}{Z(\mathbf{x}^{(\mu)}, \theta)} \sum_{k'=1}^{K} \exp\bigl(q_{k'}(\mathbf{x}^{(\mu)}, \theta)\bigr) \frac{\partial q_{k'}(\mathbf{x}^{(\mu)}, \theta)}{\partial b_k}
\end{aligned}$$

となる．さらに，

148　　第 4 章　確率モデルによるパターン認識

$$\frac{\partial q_{k'}(\mathbf{x}^{(\mu)}, \theta)}{\partial b_k} = \delta(k, k'), \quad \delta(a, b) = \begin{cases} 1 & (a = b) \\ 0 & (a \neq b) \end{cases}$$

を用いると，

$$\frac{\partial \phi_{\mathcal{D}}(\theta)}{\partial b_k} = \frac{1}{N} \sum_{\mu=1}^{N} \left(t_k^{(\mu)} - P(\boldsymbol{T} = \mathbf{1}_k \mid \mathbf{x}^{(\mu)}, \theta) \right) \tag{4.23}$$

を得る．$P(\boldsymbol{T} = \mathbf{1}_k \mid \mathbf{x}^{(\mu)}, \theta)$ は，式 (4.10) で示されているクラス確率である．いまの計算で使った $\delta(a, b)$ はクロネッカーのデルタ (Kronecker delta) と呼ばれ，以降の計算でも度々出てくる関数である．式 (4.23) の導出の際と類似の計算で，重みパラメータ $w_{k,i}$ に関する偏微分は次のようになる．

$$\frac{\partial \phi_{\mathcal{D}}(\theta)}{\partial w_{k,i}} = \frac{1}{N} \sum_{\mu=1}^{N} x_i^{(\mu)} \left(t_k^{(\mu)} - P(\boldsymbol{T} = \mathbf{1}_k \mid \mathbf{x}^{(\mu)}, \theta) \right). \tag{4.24}$$

式 (4.23) と (4.24) より，各パラメータに関する勾配（偏導関数）が得られたので，これらの勾配を用いてアルゴリズム 4.2 を実行することにより，MLR の学習アルゴリズムを構成できる．具体的には以下の通りである．

まず，パラメータの値 θ を適当な値で初期化 ($\theta = \theta^{(0)}$) し [13]，式 (4.23) と (4.24) を用いて式 (4.21) の更新式に従ってすべてのパラメータの値を更新する．

$$b_k^{(t+1)} \leftarrow b_k^{(t)} + \frac{\eta}{N} \sum_{\mu=1}^{N} \left(t_k^{(\mu)} - P(\boldsymbol{T} = \mathbf{1}_k \mid \mathbf{x}^{(\mu)}, \theta^{(t)}) \right), \tag{4.25}$$

$$w_{k,i}^{(t+1)} \leftarrow w_{k,i}^{(t)} + \frac{\eta}{N} \sum_{\mu=1}^{N} x_i^{(\mu)} \left(t_k^{(\mu)} - P(\boldsymbol{T} = \mathbf{1}_k \mid \mathbf{x}^{(\mu)}, \theta^{(t)}) \right). \tag{4.26}$$

あとは，この更新を収束するまで繰り返すだけである．更新式 (4.25), (4.26) は式 (4.21) に基づく更新式であるが，もちろん式 (4.22) のモーメンタム法に基づく更新式を利用することも可能である．

$$b_k^{(t+1)} \leftarrow b_k^{(t)} + \frac{\eta}{N} \sum_{\mu=1}^{N} \left\{ \left(t_k^{(\mu)} - P(\boldsymbol{T} = \mathbf{1}_k \mid \mathbf{x}^{(\mu)}, \theta^{(t)}) \right) \right.$$

---

[13] 平均 0 のガウス乱数や平均 0 の一様乱数などを用いてランダムな値で初期化することが多い．

$$+ \alpha \left(t_k^{(\mu)} - P(\boldsymbol{T} = \boldsymbol{1}_k \mid \mathbf{x}^{(\mu)}, \theta^{(t-1)}) \right) \Big\}, \tag{4.27}$$

$$w_{k,i}^{(t+1)} \leftarrow w_{k,i}^{(t)} + \frac{\eta}{N} \sum_{\mu=1}^{N} \Big\{ x_i^{(\mu)} \left(t_k^{(\mu)} - P(\boldsymbol{T} = \boldsymbol{1}_k \mid \mathbf{x}^{(\mu)}, \theta^{(t)}) \right)$$

$$+ \alpha x_i^{(\mu)} \left(t_k^{(\mu)} - P(\boldsymbol{T} = \boldsymbol{1}_k \mid \mathbf{x}^{(\mu)}, \theta^{(t-1)}) \right) \Big\}. \tag{4.28}$$

以上の手続きをまとめたものをアルゴリズム 4.3 に示す.

アルゴリズム 4.3 MLR の統計的機械学習アルゴリズム（バッチ型学習）

1. 訓練集合 $\mathcal{D}$ を用意.
2. $t = 0$ とし, $\theta^{(0)}$ をガウス乱数（or 一様乱数）で初期化.
3. **repeat**
4.   **for all** $k = 1, 2, \ldots, K$ **do**
5.   式 (4.25) で $b_k^{(t+1)}$ を計算.   ▷ モーメンタム法の場合は式 (4.27)
6.   **for all** $i = 1, 2, \ldots, n$ **do**
7.   式 (4.26) で $w_{k,i}^{(t+1)}$ を計算.   ▷ モーメンタム法の場合は式 (4.28)
8.   **end for**
9.   **end for**
10. $t \leftarrow t + 1$
11. **until** $|p^{(t+1)} - p^{(t)}| < \varepsilon, \ \forall p \in \theta$ ▷ すべてのパラメータの収束をチェック
12. **return** $\theta^{(t+1)}$ ▷ 最尤解を得る

さて，いよいよこれから手書き数字画像データベースの MNIST を用いて実際に MLR を学習する．学習において重要な 2 つの誤差がある．一つは**訓練誤差 (training error)** であり，もう一つは**テスト誤差 (test error)** である．MNIST は，人手で正解のクラスがラベル付けされた 6 万個の訓練データと 1 万個のテストデータで構成される．学習は 6 万個の訓練データを用いて実行する．学習はすでに述べたように，式 (4.19) の対数尤度関数 $\phi_{\mathcal{D}}(\theta)$ の最大化により達成されるが，これはつまり，訓練データの入出力関係を最も高確率で再現するようなパラメータ値を求めることに他ならない．したがって，学習アルゴリズムが正常に機能していれば，（仮定したモデルの範囲内で）最も訓練データの入出力関係を再現するようなパラメータ値が求まることとなる．**訓練データの入出力関係の再現性を示すのが訓練誤差である**．訓練誤差は以下のようにして求める

150 第 4 章 確率モデルによるパターン認識

ことができる．訓練集合中の入力データを我々が学習している MLR に入力し，
式 (4.10) を用いてクラス確率を計算し，式 (4.5) に従い出力クラスを推定する．
我々は正解のクラスを知っているので，モデルが推定したクラスが正解かどう
かを調べることができる．6 万個の訓練データすべてに対してこれを調べて，推
定クラスと正解クラスの誤適合率（誤認識率）を計算したものが訓練誤差であ
る．当然，訓練誤差が低いほど訓練データの入出力関係をよりよく再現してい
るといえる．

　モデルの設計法が悪くなく，さらにアルゴリズムがうまく機能していれば，
学習により訓練誤差を減らすことができるであろう [14]．しかし，それだけで満
足してはいけない．我々がほしいシステムは，一般の手書き数字画像を正確に
認識してくれるシステムであり，学習に用いた訓練集合 "のみ" を正確に認識
するシステムではない．訓練集合だけを正確に認識するシステムがほしいのな
らば，わざわざ学習などをせずに，訓練集合のデータベースを作成して，その
データベース内でのマッチングにより認識をすれば十分である．我々がほしい
のは，世の中のあらゆる手書き数字画像を正確に認識できるシステムであり，
つまり，**学習に用いていない未知の入力に対しても正解を答えてくれるシステ
ム**なのである．世の中のすべての手書き数字画像を集めてくることは不可能な
ので，我々は世の中に無数にある手書き数字画像の中のほんの一部である訓練
集合のみの情報から，そのようなシステムを作り上げなければならない．これ
を**汎化 (generalization)** と呼び，機械学習の究極の目標の一つとなっている．
未知の入力に対する認識性能は，テスト誤差により近似的に調べることができ
る．テスト誤差は，1 万個テストデータに対する誤認識率を計算することによ
り得られる．

　訓練誤差とテスト誤差がバランスよく小さくなれば理想である．しかし場合
によっては，訓練誤差は小さいがテスト誤差が大きいといったような状況に遭
遇する．これは，訓練集合に含まれるノイズ等の，認識に対して不必要な揺ら
ぎにモデルが過剰に適合してしまって，認識に対して重要な要素を見失ってし
まっている状態である．このような現象を**過適合 (over fitting)** と呼ぶ．過適

---

[14] 学習に用いているモデルがデータの性質をうまく反映できない場合，学習しても訓練誤差があ
まり減らないということもある．

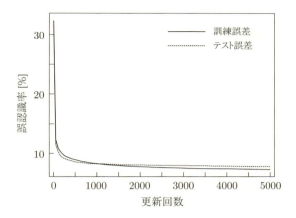

図 4.9 MNIST の 6 万個の訓練データを用いた MLR の学習における訓練誤差とテスト誤差．縦軸が誤差（誤認識率）であり，横軸が勾配法の更新回数である．

合したシステムは未知データに対して脆弱で，アプリケーションとしては極めて劣悪なものになることが多い．過適合は，データに内在する複雑さを遥かに超えるような**柔軟性 (flexibility)**，または複雑さ (complexity) をもつモデル[15]を使用した場合に起こることがあり，特にデータ数が少ない状況で深刻になることが多い．過適合を防ぐ技術の一つが**正則化 (regularization)** である．訓練データへの過適合を防ぐために学習の際にパラメータに関して何らかの制約を設けるのである．正則化に関する基礎的な考え方については第 5 章を参照されたい．モデルの柔軟性と過適合については，文献 [3] の第 1 章で，多項式回帰問題を例にとり大変わかりやすく説明されている．

図 4.9 に，MNIST の 6 万個の訓練データに対して勾配法を用いて MLR を学習した際の各更新ステップごとの訓練誤差とテスト誤差のプロットを示す．手書き数字画像は 2 値化 (binarization) により 1 bit の白黒画像にしている（黒が 0 で白が 1）[16]．学習率は $\eta = 0.2$ とし，$\alpha = 0.9$ のモーメンタム法（式 (4.27)，(4.28)）を用いている．訓練誤差とテスト誤差がパラメータの更新ごとに減少

---

[15] モデルの柔軟性（複雑さ）を示す一つの指標は，モデルがもつパラメータの数である．パラメータの数が多くなるとモデルが柔軟になり，複雑なデータに適合しやすくなる．
[16] MNIST の手書き数字画像は階調値が $0 \sim 255$ の 256 階調からなる 8 bit グレースケール画像である．

152　　第 4 章　確率モデルによるパターン認識

し，認識性能が向上していることが確認できる．図 4.9 を見ると**初期更新による性能改善が著**しいことがわかる．このような性能改善の傾向は，（今回のケースに限らず）多くの場面で見ることができる．5000 回の更新における誤認識率は，訓練誤差とテスト誤差がそれぞれ約 7.2% と 約 7.7% となっている．以上の手続きで，MLR を用いた手書き数字画像認識システムは一通り完成である．

　最後に，学習のスピードアップのためのテクニックを紹介する．式 (4.23)，(4.24) を見ればわかる通り，勾配の計算には訓練データの個数分の和が必要である．勾配はパラメータ更新ごとに計算しなくてはならないので，訓練データ数 N が大きくなると計算時間的につらくなってくる．この問題を緩和する技術として，（ミニバッチ型）**確率勾配法 (stochastic gradient method)** がある．確率勾配法では，勾配計算の際にすべての訓練データを使うのではなく，B 個の訓練データをランダムに訓練集合中から選択し，選択した訓練データのみを用いて近似的に勾配を計算する．その近似勾配を用いてパラメータを更新し，また B 個の訓練データをランダムに選び直して次の更新のための近似勾配を計算するのである．

　勾配計算に用いる一定数 B を**ミニバッチサイズ (mini batch size)** と呼び，選ばれる B 個の訓練データの集合を**ミニバッチ (mini batch)** 集合と呼ぶ．訓練集合 $\mathcal{D}$ からサイズ B のミニバッチ集合 $\mathcal{B} = \{(\mathbf{x}^{(\mu)}, \mathbf{t}^{(\mu)}) \mid \mu = 1, 2, \ldots, B\} \subset \mathcal{D}$ をランダムに選択する [17]．このミニバッチ集合 $\mathcal{B}$ を用いて式 (4.23)，(4.24) を

$$\frac{\partial \phi_{\mathcal{D}}(\theta)}{\partial b_k} \approx \frac{1}{B} \sum_{\mu=1}^{B} \left(t_k^{(\mu)} - P(\boldsymbol{T} = \mathbf{1}_k \mid \mathbf{x}^{(\mu)}, \theta) \right), \tag{4.29}$$

$$\frac{\partial \phi_{\mathcal{D}}(\theta)}{\partial w_{k,i}} \approx \frac{1}{B} \sum_{\mu=1}^{B} x_i^{(\mu)} \left(t_k^{(\mu)} - P(\boldsymbol{T} = \mathbf{1}_k \mid \mathbf{x}^{(\mu)}, \theta) \right) \tag{4.30}$$

のように近似し，これらの近似勾配を用いてパラメータを更新する．ミニバッチサイズは数十〜数百程度に設定することが多いようである．勾配計算の時間が大幅に短縮されるため，特にデータ数が大きい場合に確率勾配法はより実用的である．

---

[17] データの番号はランダムに選択されたミニバッチ集合の中で再度付け直しており，元の訓練集合内の番号付けとは対応していないことに注意．

4.3 多値ロジスティック回帰モデル　153

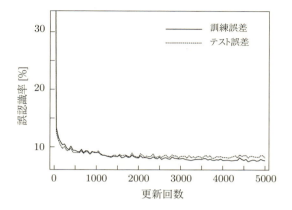

図 4.10 MNIST の 6 万個の訓練データを用いた MLR のミニバッチサイズ $B = 100$ の確率勾配法による学習における訓練誤差とテスト誤差．縦軸が誤差（誤認識率）であり，横軸が勾配法の更新回数である．

　確率勾配法に対して，全訓練データを用いたもともとの勾配法による学習を**バッチ型学習 (batch training)** と呼ぶ．確率勾配法による MLR の学習の手続きをまとめたものをアルゴリズム 4.4 に示す．図 4.10 に $B = 100$ とした確率勾配法による MNIST の学習結果を示す．諸条件（パラメータの初期値・学習率・モーメンタム）は図 4.9 と同様にしている．ランダム要素を含む学習アルゴリズムであるため，図 4.9 と違って誤差の上下が目立つが，訓練誤差・テスト誤差ともに減少していくことが確認できる．図 4.10 の 5000 回の更新における誤認識率は，訓練誤差とテスト誤差がそれぞれ約 7.7% と 約 8.1% となっており[18]，バッチ型学習の結果には及ばないまでも，比較的近い性能を示している．$N = 60000, B = 100$ なので，今回の場合，単純計算で数百倍高速化されている．

アルゴリズム 4.4 MLR の統計的機械学習アルゴリズム（確率勾配法）

1. 訓練集合 $\mathcal{D}$ を用意．
2. $t = 0$ とし，$\theta^{(0)}$ をガウス乱数（or 一様乱数）で初期化．

---

[18] ランダム要素が入ったアルゴリズムなので，誤認識率も実行のたびに若干上下する．ミニバッチサイズ B を大きくすると結果の変動は安定する．

154   第 4 章　確率モデルによるパターン認識

3. **repeat**
4. 　　サイズ B のミニバッチ集合 $\mathcal{B}$ を $\mathcal{D}$ 中からランダムに選出.
5. 　　**for all** $k = 1, 2, \ldots, K$ **do**
6. 　　　　式 (4.29) の近似勾配をもとにした勾配上昇法で $b_k^{(t+1)}$ を計算.
7. 　　　　**for all** $i = 1, 2, \ldots, n$ **do**
8. 　　　　　　式 (4.30) の近似勾配をもとにした勾配上昇法で $w_{k,i}^{(t+1)}$ を計算.
9. 　　　　**end for**
10. 　　**end for**
11. 　　$t \leftarrow t + 1$
12. **until** $|p^{(t+1)} - p^{(t)}| < \varepsilon, \, \forall p \in \theta$　　　　▷ すべてのパラメータの収束をチェック
13. **return** $\theta^{(t+1)}$　　　　　　　　　　　　　　　　　　　▷ 最尤解を得る

MLR を最尤法で学習することにより，テスト集合に対する認識率が 92% 前後の性能を示す手書き数字画像認識システムを手に入れることができた．しかし，まだ約 8% は認識に失敗する．テストデータは 1 万個なので，約 800 個の画像は認識に失敗していることになる．より高性能の認識システムを実現するためにはどうすればよいだろうか？ 一つの方針は，より多くのパラメータをもった，より柔軟なモデル用いることである．

4.4　制限ボルツマンマシン分類器

本節では制限ボルツマンマシン分類器 (discriminative restricted Boltzmann machine: DRBM) [6,7] を紹介する．制限ボルツマンマシン分類器は，4.3 節で説明した MLR よりも高い分類性能をもった分類器である．DRBM は制限ボルツマンマシン (restricted Boltzmann machine: RBM) と呼ばれるマルコフ確率場 (Markov random field) 型の確率モデルがもとになっている分類器である．RBM の詳細については文献 [1] に譲るとして，ここではその詳細を意識せずに話を進めていく．

4.4.1　制限ボルツマンマシン分類器の定義

本項では DRBM を用いた式 (4.3) の条件付き分布のモデル化について説明する．

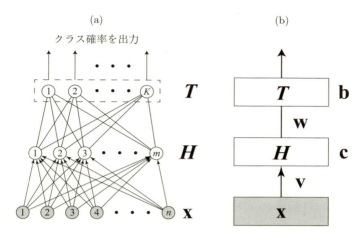

図 4.11 (a) DRBM のグラフ構造．入力層，中間層，出力層の 3 層からなるモデルである．確率変数が対応したノード（出力ノード）は白で表現されている．出力層は MLR と同様の層である．(b) (a) の簡略表現．**b**, **c** はそれぞれ出力ノードと中間ノードに割り当てられたバイアスパラメータを，**v**, **w** はそれぞれ入力・中間層間と中間・出力層間のリンクに割り当てられた重みパラメータを表している．

DRBM は次のような条件付き分布としてモデル化される．

$$
P(\boldsymbol{T}=\mathbf{t}, \boldsymbol{H}=\mathbf{h} \mid \mathbf{x}, \theta)
$$
$$
= \frac{1}{Z(\mathbf{x},\theta)} \exp\Big(\sum_{k=1}^{K} b_k t_k + \sum_{j=1}^{m} c_j h_j + \sum_{k=1}^{K}\sum_{j=1}^{m} w_{k,j} t_k h_j + \sum_{j=1}^{m}\sum_{i=1}^{n} v_{j,i} h_j x_i \Big).
$$
(4.31)

$\boldsymbol{H} = (H_1, H_2, \ldots, H_m)^{\mathrm{T}}$ は，ベクトル $\mathbf{h} = (h_1, h_2, \ldots, h_m)^{\mathrm{T}}$ を実現値としてとる確率変数ベクトルであり，要素 h_j は 0 か 1 のどちらかをとる[19]．$Z(\mathbf{x}, \theta)$ は規格化定数である．DRBM をグラフ的に表すと図 4.11 (a) のようになる．図 4.4 と比べると層が一つ増えていることがわかる．入力層と出力層の間の層を**中間層 (middle layer)** や**隠れ層 (hidden layer)** などと呼び，中間層のノードを中間ノードや隠れノードと呼ぶ．式 (4.31) の指数の肩の第 3 項が中間層と出力層のつながりに対応しており，第 4 項が中間層と入力層のつながりに対応し

---
[19] $\mathbf{h} \in \{0,1\}^m$ と表現することもある．

ている．$w_{k,j}$ が k 番目の出力ノードと j 番目の中間ノード間の重みパラメータであり，$v_{j,i}$ が j 番目の中間ノードと i 番目の入力ノード間の重みパラメータである．また，b_k は k 番目の出力ノードのバイアスパラメータであり，c_j は j 番目の中間ノードのバイアスパラメータである．MLR ではパラメータの種類が 2 種類であったが，DRBM になると倍の 4 種類となっている．θ はそれら 4 種類のパラメータをまとめたものである．図 4.11 を見てみると，中間層と出力層の間のリンクは向きのない無向リンクになっており，中間層と入力層の間のリンクは下層から上層への有向リンクになっている．リンクの有向性・無向性は，**因果関係 (causality)** の流れを表している．入力層から中間層への流れは条件付き分布であり，原因（入力）と結果の流れが一方向なので有向リンクになっている．入力が中間層に影響を与えることはあっても，その逆はないということである．中間層と出力層は結合分布（同時分布）になっている．結合分布内の確率変数間には一方向的な因果関係はなく，双方向的に影響を与え合う．そのため，中間層と出力層の間は無向リンクとなっている．少し奇妙に思うかもしれないが，出力層が中間層の値に影響を受けると同時に，中間層も出力層の値から影響を受けるのである．

まずは $Z(\mathbf{x}, \theta)$ の具体的な形を求めてみよう．条件付き分布 $P(\boldsymbol{T}, \boldsymbol{H} \mid \mathbf{x}, \theta)$ を規格化するための規格化定数であるので，

$$Z(\mathbf{x}, \theta) = \sum_{\mathbf{t}} \sum_{\mathbf{h}} \exp \Big(\sum_{k=1}^{K} b_k t_k + \sum_{j=1}^{m} c_j h_j + \sum_{k=1}^{K} \sum_{j=1}^{m} w_{k,j} t_k h_j$$
$$+ \sum_{j=1}^{m} \sum_{i=1}^{n} v_{j,i} h_j x_i \Big) \tag{4.32}$$

により定義される．$\sum_{\mathbf{h}}$ は確率変数ベクトル $\boldsymbol{H}$ の可能なすべての実現値組み合わせに関する和を表しており，いまの場合，$\sum_{\mathbf{h}} = \sum_{h_1=0,1} \sum_{h_2=0,1} \cdots \sum_{h_m=0,1}$ である．$\sum_{\mathbf{t}}$ はすでに式 (4.8) で出てきている和の記号である．$\sum_{\mathbf{h}}$ の和を実行すると，式 (4.32) は

$$Z(\mathbf{x}, \theta) = \sum_{\mathbf{t}} \exp \Big(\sum_{k=1}^{K} b_k t_k \Big) \sum_{\mathbf{h}} \exp \Big(\sum_{j=1}^{m} A_j(\mathbf{t}, \mathbf{x}, \theta) h_j \Big)$$
$$= \sum_{\mathbf{t}} \exp \Big(\sum_{k=1}^{K} b_k t_k \Big) \prod_{j=1}^{m} \sum_{h_j=0,1} \exp \Big(A_j(\mathbf{t}, \mathbf{x}, \theta) h_j \Big)$$

$$= \sum_{\mathbf{t}} \exp\Big(\sum_{k=1}^{K} b_k t_k\Big) \prod_{j=1}^{m} \Big(1 + \exp A_j(\mathbf{t}, \mathbf{x}, \theta)\Big) \tag{4.33}$$

となる．ここで

$$A_j(\mathbf{t}, \mathbf{x}, \theta) = c_j + \sum_{k=1}^{K} w_{k,j} t_k + \sum_{i=1}^{n} v_{j,i} x_i \tag{4.34}$$

とおいている．次に $\sum_{\mathbf{t}}$ の和を実行する．$\boldsymbol{T}$ は $\mathbf{1}_1 \sim \mathbf{1}_K$ の K 通りの実現値をとるので，式 (4.33) は

$$Z(\mathbf{x}, \theta) = \sum_{k=1}^{K} e^{b_k} \prod_{j=1}^{m} \Big(1 + \exp A_j(\mathbf{1}_k, \mathbf{x}, \theta)\Big) \tag{4.35}$$

となる．$x = \exp(\ln x)$ の関係式を用いて整理すると，式 (4.35) は

$$Z(\mathbf{x}, \theta) = \sum_{k=1}^{K} \exp\Big\{ b_k + \sum_{j=1}^{m} \ln\Big(1 + \exp A_j(\mathbf{1}_k, \mathbf{x}, \theta)\Big)\Big\} \tag{4.36}$$

となり，規格化定数の具体的な形を得ることができる．

DRBM における入力 $\mathbf{x}$ に対するクラス確率 $P(\boldsymbol{T} = \mathbf{1}_k \mid \mathbf{x})$ はどのように計算されるのだろうか？ 中間層の $\boldsymbol{H}$ の存在がクラス確率の計算においては余計となって DRBM は式 (4.3) の形をしていないため，単純にこのままでは計算が難しそうである．このような場合は周辺化 (marginalization) を用いる．周辺化により，確率モデルにおいて余計な確率変数を消去できる．具体的には

$$P(\boldsymbol{T} = \mathbf{t} \mid \mathbf{x}, \theta) = \sum_{\mathbf{h}} P(\boldsymbol{T} = \mathbf{t}, \boldsymbol{H} = \mathbf{h} \mid \mathbf{x}, \theta) \tag{4.37}$$

となる．消去したい確率変数に関して，可能なすべての実現値組み合わせに関する和をとることにより周辺化は達成される[20]．式 (4.37) の左辺は式 (4.3) と

---

[20] 0 か 1 のどちらかを実現値としてとるスカラーの確率変数 Y, Z があったとして，入力 x を受け取った下での Y と Z の結合確率 $P(Y, Z \mid x)$ を考える．$x = 2$ である時，$Y = 1$ となる確率 $P(Y = 1 \mid x = 2)$ はどのように求められるだろうか？ 確率変数 Z は 0 か 1 のどちらかを確率的にとるため，値が固定されず，Z のとる値についてはすべての場合を考慮する必要が出てくる．つまり，$P(Y = 1 \mid x = 2)$ は互いに「$x = 2$ の時 $Y = 1$ かつ $Z = 0$ の確率」と「$x = 2$ の時 $Y = 1$ かつ $Z = 1$ の確率」の排反な 2 つの確率の和となる．

$$P(Y = 1 \mid x = 2) = P(Y = 1, Z = 0 \mid x = 2) + P(Y = 1, Z = 1 \mid x = 2)$$
$$= \sum_{z = 0, 1} P(Y = 1, Z = z \mid x = 2).$$

これが周辺化の基本的な考え方である．

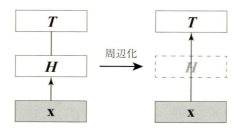

図 4.12 周辺化により中間層が消去されて，入力層と出力層の見かけ上の直接的な関係性が得られる．

同様の形をしており，これを用いればクラス確率を計算できる．式 (4.33) と類似の計算により，式 (4.37) の左辺は次のように表せる．

$$P(\boldsymbol{T} = \mathbf{t} \mid \mathbf{x}, \theta) = \frac{1}{Z(\mathbf{x}, \theta)} \exp\left\{ \sum_{k=1}^{K} b_k t_k + \sum_{j=1}^{m} \ln\left(1 + \exp A_j(\mathbf{t}, \mathbf{x}, \theta)\right) \right\}. \tag{4.38}$$

ここで，$A_j(\mathbf{t}, \mathbf{x}, \theta)$ はすでに式 (4.34) で定義されている．周辺化により中間層の確率変数が消去されて，見かけ上中間層に依存しない入出力関係の条件付き分布が得られた（図 4.12）．式 (4.38) を用いてクラス確率は

$$P(\boldsymbol{T} = \mathbf{1}_k \mid \mathbf{x}, \theta) = \frac{1}{Z(\mathbf{x}, \theta)} \exp\left\{ b_k + \sum_{j=1}^{m} \ln\left(1 + \exp A_j(\mathbf{1}_k, \mathbf{x}, \theta)\right) \right\} \tag{4.39}$$

により計算される．ある入力 $\mathbf{x}$ に対する最終的な出力クラスは，式 (4.5) の右辺のクラス確率を式 (4.39) にすることにより得られる．

MLR と DRBM の関係は，以下のようになっている．

$$Q_k(\mathbf{x}, \theta) = b_k + \sum_{j=1}^{m} \ln\left(1 + \exp A_j(\mathbf{1}_k, \mathbf{x}, \theta)\right) \tag{4.40}$$

と定義すると，式 (4.36)，(4.39) はそれぞれ

$$Z(\mathbf{x}, \theta) = \sum_{k=1}^{K} \exp\left(Q_k(\mathbf{x}, \theta)\right), \tag{4.41}$$

$$P(\boldsymbol{T} = \mathbf{1}_k \mid \mathbf{x}, \theta) = \frac{1}{Z(\mathbf{x}, \theta)} \exp\left(Q_k(\mathbf{x}, \theta)\right) \tag{4.42}$$

と表される．$\mathbf{t}$ が 1-of-K 表現であることに注意すると，式 (4.38) は

$$P(\boldsymbol{T} = \mathbf{t} \mid \mathbf{x}, \theta) = \frac{1}{Z(\mathbf{x}, \theta)} \exp\left(\sum_{k=1}^{K} Q_k(\mathbf{x}, \theta) t_k\right) \tag{4.43}$$

となる．これらの式を式 (4.7), (4.9), (4.10) と比べると，MLR の $q_k(\mathbf{x}, \theta)$ が DRBM の $Q_k(\mathbf{x}, \theta)$ に対応していることがわかり，その関連から $Q_k(\mathbf{x}, \theta)$ が DRBM において入力 $\mathbf{x}$ に対して k 番目の出力ノードが受け取る信号と解釈できる．

4.4.2　制限ボルツマンマシン分類器に対する統計的機械学習

本項では，統計的機械学習を用いて DRBM のパラメータ θ を最適化するための方法を説明する．基本的な流れは 4.3.2 項とほとんど同じで，対数尤度関数が異なるため勾配法で利用する勾配の式が異なる点が唯一の違いである．

周辺化により確率変数 $\boldsymbol{H}$ を消去した式 (4.38) を式 (4.17) に代入すると，N 個の訓練データからなる訓練集合 $\mathcal{D}$ に対する DRBM の対数尤度関数は

$$\phi_{\mathcal{D}}(\theta) = \frac{1}{N} \sum_{\mu=1}^{N} \left\{ \sum_{k=1}^{K} b_k t_k^{(\mu)} + \sum_{j=1}^{m} \ln\left(1 + \exp A_j(\mathbf{t}^{(\mu)}, \mathbf{x}^{(\mu)}, \theta)\right) \right\}$$
$$- \frac{1}{N} \sum_{\mu=1}^{N} \ln \sum_{k=1}^{K} \exp\left\{ b_k + \sum_{j=1}^{m} \ln\left(1 + \exp A_j(\mathbf{1}_k, \mathbf{x}^{(\mu)}, \theta)\right) \right\} \tag{4.44}$$

となる．勾配法によりこの対数尤度関数を最大とする θ を求めればよい．

勾配法のために式 (4.44) の各パラメータに関する勾配（偏導関数）を求めていく．まず，b_k に関する偏微分は

$$\frac{\partial \phi_{\mathcal{D}}(\theta)}{\partial b_k} = \frac{1}{N} \sum_{\mu=1}^{N} t_k^{(\mu)}$$
$$- \frac{1}{N} \sum_{\mu=1}^{N} \frac{1}{Z(\mathbf{x}^{(\mu)}, \theta)} \exp\left\{ b_k + \sum_{j=1}^{m} \ln\left(1 + \exp A_j(\mathbf{1}_k, \mathbf{x}^{(\mu)}, \theta)\right) \right\}$$

より

160 第 4 章 確率モデルによるパターン認識

$$\frac{\partial \phi_{\mathcal{D}}(\theta)}{\partial b_k} = \frac{1}{N} \sum_{\mu=1}^{N} \left(t_k^{(\mu)} - P(\boldsymbol{T} = \boldsymbol{1}_k \mid \mathbf{x}^{(\mu)}, \theta) \right) \tag{4.45}$$

となる．$P(\boldsymbol{T} = \boldsymbol{1}_k \mid \mathbf{x}^{(\mu)}, \theta)$ は式 (4.39) で示されているクラス確率である．式 (4.23) と見かけは同じだが，クラス確率の定義が異なるため，異なる勾配式となっていることに注意してほしい．

b_k 以外のパラメータに関する勾配を求める前に，b_k 以外のパラメータに関する偏微分の結果をすべて含む形の偏導関数を導いておき，その偏導関数を公式的に扱うことで個々のパラメータに関する偏微分の結果を導く．いま，α を b_k 以外のパラメータのいずれかだとしよう．式 (4.44) の α に関する偏微分は

$$
\begin{aligned}
\frac{\partial \phi_{\mathcal{D}}(\theta)}{\partial \alpha} &= \frac{1}{N} \sum_{\mu=1}^{N} \sum_{j=1}^{m} \frac{\exp A_j(\mathbf{t}^{(\mu)}, \mathbf{x}^{(\mu)}, \theta)}{1 + \exp A_j(\mathbf{t}^{(\mu)}, \mathbf{x}^{(\mu)}, \theta)} \frac{\partial A_j(\mathbf{t}^{(\mu)}, \mathbf{x}^{(\mu)}, \theta)}{\partial \alpha} \\
&\quad - \frac{1}{N} \sum_{\mu=1}^{N} \frac{1}{Z(\mathbf{x}^{(\mu)}, \theta)} \sum_{k=1}^{K} \sum_{j=1}^{m} \frac{\exp A_j(\boldsymbol{1}_k, \mathbf{x}^{(\mu)}, \theta)}{1 + \exp A_j(\boldsymbol{1}_k, \mathbf{x}^{(\mu)}, \theta)} \frac{\partial A_j(\boldsymbol{1}_k, \mathbf{x}^{(\mu)}, \theta)}{\partial \alpha} \\
&\quad \times \exp \left\{ b_k + \sum_{j=1}^{m} \ln \left(1 + \exp A_j(\boldsymbol{1}_k, \mathbf{x}^{(\mu)}, \theta) \right) \right\} \\
&= \frac{1}{N} \sum_{\mu=1}^{N} \sum_{j=1}^{m} \left(\mathrm{sig}\left(A_j(\mathbf{t}^{(\mu)}, \mathbf{x}^{(\mu)}, \theta) \right) \frac{\partial A_j(\mathbf{t}^{(\mu)}, \mathbf{x}^{(\mu)}, \theta)}{\partial \alpha} \right. \\
&\quad \left. - \sum_{k=1}^{K} \mathrm{sig}\left(A_j(\boldsymbol{1}_k, \mathbf{x}^{(\mu)}, \theta) \right) P(\boldsymbol{T} = \boldsymbol{1}_k \mid \mathbf{x}^{(\mu)}, \theta) \frac{\partial A_j(\boldsymbol{1}_k, \mathbf{x}^{(\mu)}, \theta)}{\partial \alpha} \right)
\end{aligned}
\tag{4.46}
$$

となる．ここで

$$\mathrm{sig}(x) = \frac{1}{1 + e^{-x}} \tag{4.47}$$

はシグモイド関数 (sigmoid function) と呼ばれる機械学習分野で頻出の関数である．シグモイド関数はヘビィサイドの階段関数 (Heaviside step function)

$$H(x) = \begin{cases} 1 & (x > 0) \\ 0 & (x < 0) \end{cases} \tag{4.48}$$

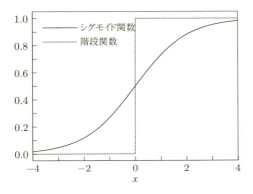

図 **4.13** シグモイド関数 $\mathrm{sig}(x)$.

を滑らかにしたような関数である（図 4.13）．式 (4.46) を使って b_k 以外のパラメータに関する偏微分を求めていく．まずは $w_{k,j}$ に関する偏微分を求める．

$$\frac{\partial A_{j'}(\mathbf{t}^{(\mu)}, \mathbf{x}^{(\mu)}, \theta)}{\partial w_{k,j}} = \delta(j,j') t_k^{(\mu)}, \quad \frac{\partial A_{j'}(\mathbf{1}_{k'}, \mathbf{x}^{(\mu)}, \theta)}{\partial w_{k,j}} = \delta(j,j') \delta(k,k')$$

であるから，$\alpha = w_{k,j}$ として式 (4.46) を用いると

$$\frac{\partial \phi_{\mathcal{D}}(\theta)}{\partial w_{k,j}} = \frac{1}{N} \sum_{\mu=1}^{N} \Big(t_k^{(\mu)} \mathrm{sig}\big(A_j(\mathbf{t}^{(\mu)}, \mathbf{x}^{(\mu)}, \theta)\big) \\
- P(\boldsymbol{T} = \mathbf{1}_k \mid \mathbf{x}^{(\mu)}, \theta) \mathrm{sig}\big(A_j(\mathbf{1}_k, \mathbf{x}^{(\mu)}, \theta)\big) \Big) \tag{4.49}$$

を得る．式 (4.49) の右辺第 1 項は

$$t_k^{(\mu)} \mathrm{sig}\big(A_j(\mathbf{t}^{(\mu)}, \mathbf{x}^{(\mu)}, \theta)\big) = \begin{cases} \mathrm{sig}\big(A_j(\mathbf{1}_k, \mathbf{x}^{(\mu)}, \theta)\big) & (t_k^{(\mu)} = 1) \\ 0 & (t_k^{(\mu)} = 0) \end{cases}$$

であるから，

$$t_k^{(\mu)} \mathrm{sig}\big(A_j(\mathbf{t}^{(\mu)}, \mathbf{x}^{(\mu)}, \theta)\big) = t_k^{(\mu)} \mathrm{sig}\big(A_j(\mathbf{1}_k, \mathbf{x}^{(\mu)}, \theta)\big)$$

と書くことができる．したがって，

162 第 4 章 確率モデルによるパターン認識

$$\frac{\partial \phi_{\mathcal{D}}(\theta)}{\partial w_{k,j}} = \frac{1}{N} \sum_{\mu=1}^{N} \text{sig}\big(A_j(\mathbf{1}_k, \mathbf{x}^{(\mu)}, \theta)\big)\Big(t_k^{(\mu)} - P(\boldsymbol{T} = \mathbf{1}_k \mid \mathbf{x}^{(\mu)}, \theta)\Big) \quad (4.50)$$

を得る.

次に c_j に関する偏微分を求める.

$$\frac{\partial A_{j'}(\mathbf{t}^{(\mu)}, \mathbf{x}^{(\mu)}, \theta)}{\partial c_j} = \frac{\partial A_{j'}(\mathbf{1}_{k'}, \mathbf{x}^{(\mu)}, \theta)}{\partial c_j} = \delta(j, j')$$

であるから, $\alpha = c_j$ として式 (4.46) を用いると

$$\begin{aligned}
\frac{\partial \phi_{\mathcal{D}}(\theta)}{\partial c_j} = \frac{1}{N} \sum_{\mu=1}^{N} \Big(& \text{sig}\big(A_j(\mathbf{t}^{(\mu)}, \mathbf{x}^{(\mu)}, \theta)\big) \\
& - \sum_{k=1}^{K} \text{sig}\big(A_j(\mathbf{1}_k, \mathbf{x}^{(\mu)}, \theta)\big) P(\boldsymbol{T} = \mathbf{1}_k \mid \mathbf{x}^{(\mu)}, \theta) \Big)
\end{aligned} \quad (4.51)$$

を得る. 次に $v_{j,i}$ に関する偏微分を求める.

$$\frac{\partial A_{j'}(\mathbf{t}^{(\mu)}, \mathbf{x}^{(\mu)}, \theta)}{\partial v_{j,i}} = \frac{\partial A_{j'}(\mathbf{1}_{k'}, \mathbf{x}^{(\mu)}, \theta)}{\partial v_{j,i}} = \delta(j, j') x_i^{(\mu)}$$

であるから, $\alpha = c_j$ として式 (4.46) を用いると

$$\begin{aligned}
\frac{\partial \phi_{\mathcal{D}}(\theta)}{\partial v_{j,i}} = \frac{1}{N} \sum_{\mu=1}^{N} x_i^{(\mu)} \Big(& \text{sig}\big(A_j(\mathbf{t}^{(\mu)}, \mathbf{x}^{(\mu)}, \theta)\big) \\
& - \sum_{k=1}^{K} \text{sig}\big(A_j(\mathbf{1}_k, \mathbf{x}^{(\mu)}, \theta)\big) P(\boldsymbol{T} = \mathbf{1}_k \mid \mathbf{x}^{(\mu)}, \theta) \Big)
\end{aligned} \quad (4.52)$$

を得る.

以上, 式 (4.44) の各パラメータに関する勾配が式 (4.45), (4.50) – (4.52) の形で得られた. あとは, 4.3.2 項 (3) で説明した MLR の学習の時と同じように, これらの勾配を用いて 4.3.2 項 (2) で説明した勾配上昇法により対数尤度関数を最大化することで, DRBM の学習を行うことができる.

隠れノード数 $m = 500$ とした DRBM を用いて MNIST を学習する. MLR の時とほぼ同じ設定[21] で, MNIST を確率勾配法により学習させた時の誤認識率の推移を図 4.14 に示す. パラメータの更新ごとに誤認識率が低減しており, 図

4.4 制限ボルツマンマシン分類器　163

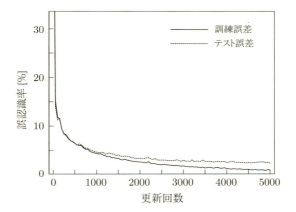

図 4.14　MNIST の 6 万個の訓練データを用いた DRBM のミニバッチサイズ $B=100$ の確率勾配法による学習における訓練誤差とテスト誤差．縦軸が誤差（誤認識率）であり，横軸が勾配法の更新回数である．

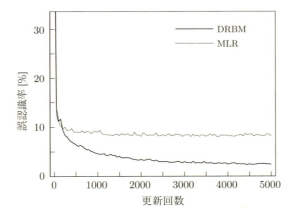

図 4.15　MLR のテスト誤差（図 4.10）と DRBM のテスト誤差（図 4.14）の比較．

4.10 に示した MLR の学習のプロットと類似の傾向が出ていることがわかる．

[21) 式 (4.51), (4.52) より計算される下層のパラメータ $\mathbf{c}$, $\mathbf{v}$ の勾配は，式 (4.45), (4.50) より計算される上層のパラメータ $\mathbf{b}$, $\mathbf{w}$ の勾配に比べてかなり小さくなっており，$\mathbf{c}$, $\mathbf{v}$ の更新による変化量は $\mathbf{b}$, $\mathbf{w}$ に比べて小さくなっている．このような現象は勾配消失 (vanishing gradient) と呼ばれ，多層ネットワークに対する学習の際にしばしば起こる．そのため，$\mathbf{c}$, $\mathbf{v}$ の更新の際の学習率は $\mathbf{b}$, $\mathbf{w}$ の学習率の 10 倍に設定している．

164   第 4 章　確率モデルによるパターン認識

やはり，DRBM においても初期更新の性能改善が大きいことがわかる．5000 回
更新時点の誤認識率は，訓練誤差とテスト誤差がそれぞれ約 0.85% と 約 2.4%
となっており [22]，MLR に比べると大幅に性能が向上している．図 4.15 に，図
4.10 に示した MLR のテスト誤差と図 4.14 に示した DRBM のテスト誤差の比
較を示す．並べてみると認識率に大きな差が出ていることがわかる．

4.4.3　制限ボルツマンマシン分類器と多値ロジスティック回帰モデルの比較

図 4.4 と図 4.11 を比べるとわかる通り，DRBM は MLR に一つ層（中間層）
を加えたモデルとなっており，この層の存在が図 4.15 に示したような性能の違
いを生んでいる．層を加えると一体何か変わるのだろうか？ 本項では，MLR
と DRBM の違いについて考える．

先も述べた通り，両者の大きな違いは層の数であり，これはすなわちパラメー
タ数の違いである．MLR は合計で $R_{\mathrm{MLR}} = (n+1)K$ 個のパラメータをもち，
対して，DRBM のパラメータ数は合計で $R_{\mathrm{DRBM}} = \{m(n+1+K)+K\}$ 個で
ある．$m = nK/(n+1+K)$ の時 $R_{\mathrm{MLR}} = R_{\mathrm{DRBM}}$ であり，$m > nK/(n+1+K)$
の時 $R_{\mathrm{MLR}} < R_{\mathrm{DRBM}}$ となる．図 4.16 に $n = 784$，$K = 10$（MNIST 学習の設
定）とした場合の両者のパラメータ数の比較を示す．中間ノード数 m が小さく
ない限り，DRBM のパラメータ数が MLR を大きく上回っている．4.3.2 項 (3)
で，パラメータ数とモデルの柔軟さの関係について少し触れた．パラメータ数
が大きいとモデルが柔軟になり，訓練データに適合しやすくなる傾向がある．
図 4.10 の MLR での 5000 回更新時点の訓練誤差は約 7.7% であり，図 4.14 の
DRBM での 5000 回更新時点の訓練誤差は約 0.85% となっている．パラメータ
数のより多い DRBM のほうが，MLR に比べてより訓練データに適合している
ことの現れである．

MLR と DRBM には，パラメータ数以外にも実はもっと大きな本質的な違
いがある．MLR の場合，入力 $\mathbf{x}$ の情報は直接的に出力層に影響を与えるが，

---

[22] 15000 回更新時点の訓練誤差とテスト誤差はそれぞれ約 0.018% と 約 2.1% となり，さらに
性能が伸びている．対して，MLR は 15000 回更新時点で 5000 回更新時点とほとんど結果
が変わらない．

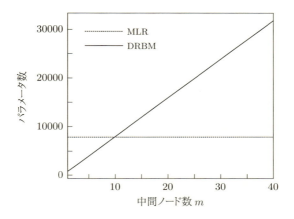

図 4.16 MLR のパラメータ数と DRBM のパラメータ数の比較. 横軸は中間ノードの数 m であり, $n = 784$, $K = 10$ と設定している.

DRBM の場合は中間層を経由して出力層に間接的に影響を与えることになる. 中間層で一度入力情報が混ざり, 混ぜられた結果が出力に影響を及ぼすのである. これがどのような効果をもつのかを以下で見てみる.

i 番目の入力ノードに入る入力 x_i が微小に変化して $x_i + \Delta_i$ となったとして, この微小変化が出力結果に及ぼす影響を評価する. 元の入力を $\mathbf{x}$, x_i が微小に変化して $x_i + \Delta_i$ となった入力を $\mathbf{x}_{\Delta_i}$ と書くこととし, $\boldsymbol{T} = \mathbf{1}_k$ となるクラス確率を考える. MLR の場合, クラス確率の大小変化に直接影響を及ぼすのは式 (4.10) の指数の肩に乗っている $q_k(\boldsymbol{x}, \theta)$ である. 入力の変化 Δ_i による $q_k(\boldsymbol{x}, \theta)$ の変化量 $\Delta q_k = q_k(\mathbf{x}_{\Delta_i}, \theta) - q_k(\mathbf{x}, \theta)$ は

$$\Delta q_k = w_{k,i} \Delta_i \tag{4.53}$$

となる. x_i の変化量 Δ_i にリンク $w_{k,i}$ の重みがかかった分の量が, $q_k(\boldsymbol{x}, \theta)$ の変化量である. つまり, x_i の変化が $q_k(\boldsymbol{x}, \theta)$ に及ぼす影響は, i 番目のノードの入力の変化量 Δ_i と i 番目の入力ノードから k 番目の出力ノードへのリンクの重みパラメータ $w_{k,i}$ の値のみで決まり, 他の入力ノードの入力には一切依存しない. 言い換えれば, i 番目のノードの入力の情報は他のノードの入力とは独立に出力ノードへと伝わるということである.

166   第 4 章　確率モデルによるパターン認識

一方，DRBM の場合，クラス確率の大小変化に直接影響を及ぼすのは式 (4.40)
で定義されている

$$Q_k(\mathbf{x}, \theta) = b_k + \sum_{j=1}^{m} \ln\left(1 + \exp A_j(\mathbf{1}_k, \mathbf{x}, \theta)\right)$$

である．Δi が微小であるとしたテイラー展開を用いることにより，入力の微小
変化 Δ_i による $Q_k(\boldsymbol{x}, \theta)$ の変化量 $\Delta Q_k = Q_k(\mathbf{x}_{\Delta_i}, \theta) - Q_k(\mathbf{x}, \theta)$ は

$$\Delta Q_k = \sum_{j=1}^{m} v_{j,i} \mathrm{sig}\left(A_j(\mathbf{1}_k, \mathbf{x}, \theta)\right)\Delta_i + \frac{1}{2}\sum_{j=1}^{m} v_{j,i}^2 \frac{\mathrm{sig}\left(A_j(\mathbf{1}_k, \mathbf{x}, \theta)\right)}{1 + \exp A_j(\mathbf{1}_k, \mathbf{x}, \theta)}\Delta_i^2 + O(\Delta_i^3)$$

$$(4.54)$$

となる．少々複雑な式ではあるが，いま重要なことは一点である．ΔQ_k は入力
ベクトルの関数となっている．つまり，x_i の変化が $Q_k(\boldsymbol{x}, \theta)$ に及ぼす影響は，
i 番目のノードの入力の変化量 Δ_i のみではなく他のノードの入力の値も関係す
る．DRBM の場合は MLR の場合と違って，i 番目のノードの入力の情報は他
ノードの入力に依存した形の情報に変換され，出力ノードへ伝わるのである．

DRBM において追加された層は，単にパラメータ数を増加させるだけでな
く，以上のようなモデルの性質の本質的な相違点を生む．このモデルの性質の
違いに着目して，人の項目選択行動を機械に学習させるという面白い報告があ
る [11,12]．可能な選択肢として $\{A, B, C, D, E\}$ の 5 つの項目があるとする．こ
の中でたとえば項目 $\{A, B, C\}$ のみを被験者に提示した時，その被験者がどれ
を選択するかということを当てたい．この問題は本章のテーマとなっているク
ラス分類問題そのものである．入力は A から E までに対応した 5 つの入力ノー
ドとなり，選択肢として提示された項目が 1 の入力となり，逆に，提示されな
かった項目が 0 の入力となる．したがって，上の提示例での入力ベクトルは
$(1, 1, 1, 0, 0)^{\mathrm{T}}$ である．出力はどの項目（クラス）を選択するかを示すものであ
り，これは 1-of-K 表現のベクトルで表現可能である．たくさんの被験者に実際
に項目を提示し，その中から選択してもらうことでたくさんの訓練データを集
め，そのデータを用いてクラス分類器を学習するのである．著者らの主張によ
ると，MLR は人の選択行動をうまく学習することはできないが，DRBM では

それが可能となっている.

人の選択行動には,「魅力効果」・「妥協効果」・「類似効果」の 3 つの重要な効果があるといわれている. たとえば, ある雑誌の購読に対して (a) インターネット購読 ($59), (b) 冊子購読 ($125), (c) インターネットと冊子の両方で購読 ($125) の 3 つの選択肢があるとする. これは選択肢 (b) が肝となっている. (b) を提示しない場合は, 最も安い (a) が一番多く選択されたが, (b) を提示した途端に (c) を選択する人が最も多くなったという実験結果がある. これは (b) という「おとり」の存在により, (c) のお得感(魅力)が相対的に増したことの現れであり, このような効果を魅力効果という. 妥協効果は, 安くて性能が低い商品, そこそこの値段でそこそこの性能の商品, 高くて高性能の商品があった場合に真ん中のそこそこの商品が最も選ばれやすいという, 極端な選択を避ける効果のことである. 類似効果は, ほぼ同じ条件の 2 つの選択肢があった場合, お互いがシェアを奪い合う(選択する人が割れる)という効果である. MLR ではこれら 3 つの効果をうまく再現することができないということになっているが, それもそのはずである. これら 3 つの効果はいずれも他の選択肢, すなわち, 他の入力との関係で選択が変化している. 上で述べた通り, MLR の場合, ある入力が出力に与える影響は他の入力とは独立であるため, このような効果をうまく再現できないのである. 対して DRBM の場合, ある入力が出力に与える影響は他の入力によって変化するため, このような効果を再現できる.

4.5 まとめ：深層学習へ

本章では MLR と DRBM を用いた分類器について説明し, MNIST に対する分類を実際に行った. 結果, 確率勾配法で学習した場合のテスト集合に対する認識率はそれぞれ約 91.9% と約 97.6% となり, DRBM のほうが格段に高くなっていた. 図 4.4 と図 4.11 を比べるとわかる通り, MLR と DRBM の間の一番の違いは層の数である. MLR は入力層と出力層の 2 層から構成されていたが, DRBM はそれらにさらに中間層を加えた 3 層構成となっていた. 4.4.3 項で説明したように, 加えられた中間層は入力の複雑な関係性を反映し, MLR では表現できないようなデータ構造の学習を可能にするのである. 層を加えるこ

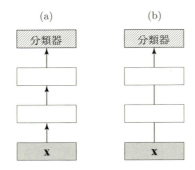

図 4.17 深層学習モデル．入力層と分類器の間に複数個の中間層を積む．(a) 入力が下層から上層（順方向）へ伝搬していくモデル．(b) 分類器の下層の各層が双方向の（順序関係のない）信号伝搬をもつモデル．分類器の直下のリンクが無向リンクの場合もある．

とは，単純にパラメータ数を増やすだけでなく，そのように学習モデルを本質的に発展させる．

では，DRBM を超えてさらに認識性能を向上させるためにはどうすればよいだろうか？ 一つの有望な道筋は「層の数を増やす」であり，その発想が深層学習へとつながっていくのである．深層学習では，分類器（MLR や DRBM など）の下に図 4.17 のように多層のネットワークを構成する．構成の仕方は様々である．たとえば，図 4.17 (a) は入力の信号が上層に方向性をもって伝搬していくモデルであり，その伝搬の方法は図 4.4 の伝搬の方法とおおよそ同じである．図 4.17 (a) のことを**ディープニューラルネットワーク (deep neural network: DNN)** と呼ぶ [2]．対して，図 4.17 (b) の層間は図 4.11 の出力層と中間層の間のつながりのような無向性リンクでつながれており，各層の変数は確率変数となっている．図 4.17 (b) のことを**ディープボルツマンマシン (deep Boltzmann machine: DBM)** と呼ぶ [14, 15]．図 4.17 のように，深層学習モデルでは分類器と入力層の間に複数個の中間層を積んでおり，各層の間には MLR や DRBM の時と同じように重みパラメータが割り当てられている．

より具体的にイメージをつかむために，図 4.17 (a) の DNN がどのようなモデルになっているかを簡単に見てみる．DNN において分類器の下に積まれて

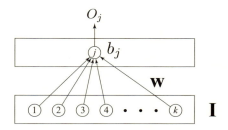

図 4.18　DNN の基本構成要素．パーセプトロンと呼ばれる．

いる層はニューラルネットワークである．ニューラルネットワークの基本構成要素は図 4.18 で示されるような**パーセプトロン (perceptron)** である．ある層への入力ベクトル $\mathbf{I} = (I_1, I_2, \ldots, I_k)^{\mathrm{T}}$[23] が有向リンク $\mathbf{w}$ を通して一つ上の層の j 番目のノードへ

$$s_j = \sum_{i=1}^{k} w_{j,i} I_i \tag{4.55}$$

の形で伝わり，その j 番目のノードは

$$O_j = a(s_j + b_j) \tag{4.56}$$

の形で出力を出す．そして，その出力がさらに一つ上の層への入力となる．b_j は各ノード個別に割り当てられているバイアスパラメータ[24]であり，関数 $a(x)$ は**活性化関数 (activation function)** と呼ばれる関数である．活性化関数の選択肢は様々あり，たとえば式 (4.47) のシグモイド関数や式 (4.48) のヘビィサイド階段関数など様々な関数が選択肢となる．活性化関数としてその有効性から最近特に頻繁に用いられるのが

$$a(x) = \max(0, x) \tag{4.57}$$

で定義される**正規化線形関数 (rectified linear unit: ReLU)** と呼ばれる関

---
[23] 入力層である場合は，$\mathbf{I} = \mathbf{x}$ である．
[24] バイアスパラメータの負を閾値パラメータと呼び，バイアスパラメータの代わりにそちらを使う場合もある．

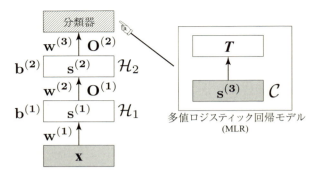

図 4.19 図 4.17 (a) の DNN の信号伝搬の流れ．分類器は MLR を用いている．

数[25]である [5,8]．DNN は上記のような信号伝搬ルールを再帰的に用いて入力層から分類器まで信号を伝える．そして，分類器として MLR を用いた場合，式 (4.7) の条件部の $\mathbf{x}$ が入力そのものではなくなり，上記の再帰ルールで伝わってきた下層からの出力となる．

例として図 4.17 (a) のような，分類器に入るまでに 2 つの中間層を通る DNN を考え，信号の伝搬を一つずつ見ていく（図 4.19）．入力層は n 個の入力ノードで構成され，下から 1 番目の中間層が H_1 個，2 番目の中間層が H_2 個の中間ノードで構成されるとする．また，分類器の MLR の入力層は m 個のノードで構成されるとする．説明の都合上，以降，下から 1 番目の中間層と 2 番目の中間層をそれぞれ $\mathcal{H}_1$ と $\mathcal{H}_2$ で表し，分類器の入力層を $\mathcal{C}$ で表す．

まず，$\mathcal{H}_1$ の j 番目のノードは入力層から式 (4.55) に従い

$$s_j^{(1)} = \sum_{i=1}^{n} w_{j,i}^{(1)} x_i \tag{4.58}$$

を受け取る．$\mathbf{w}^{(1)}$ は入力層と $\mathcal{H}_1$ の間の有向リンクの重みパラメータである．そして，$\mathcal{H}_1$ の j 番目のノードは活性化関数 $a(x)$ を通して式 (4.56) に従い

$$O_j^{(1)} = a\big(s_j^{(1)} + b_j^{(1)}\big) \tag{4.59}$$

を出力し，それを $\mathcal{H}_2$ へと伝える．$\mathbf{b}^{(1)}$ は $\mathcal{H}_1$ の個々のノードに割り当てられ

---
[25] ランプ関数とも呼ばれる．

たバイアスパラメータである.

次に, $\mathcal{H}_2$ の k 番目のノードは $\mathcal{H}_1$ から式 (4.55) に従い

$$s_k^{(2)} = \sum_{j=1}^{H_1} w_{k,j}^{(2)} O_j^{(1)} \tag{4.60}$$

を受け取り, 式 (4.56) に従い

$$O_k^{(2)} = a\big(s_k^{(2)} + b_k^{(2)}\big) \tag{4.61}$$

を出力する. $\mathbf{w}^{(2)}$ は $\mathcal{H}_1$ と $\mathcal{H}_2$ の間の有向リンクの重みパラメータであり, $\mathbf{b}^{(2)}$ は $\mathcal{H}_2$ の個々のノードに割り当てられたバイアスパラメータである.

最後に, $\mathcal{C}$ の l 番目のノードは $\mathcal{H}_2$ からより式 (4.55) に従い

$$s_l^{(3)} = \sum_{k=1}^{H_2} w_{l,k}^{(3)} O_k^{(2)} \tag{4.62}$$

を受け取る. $\mathbf{w}^{(3)}$ は $\mathcal{H}_2$ と $\mathcal{C}$ の間の有向リンクの重みパラメータである.

以上のような再帰的な信号伝搬により, 分類器には $\mathbf{x}$ の代わりに $\mathbf{s}^{(3)} = (s_1^{(3)}, s_2^{(3)}, \ldots, s_m^{(3)})^{\mathrm{T}}$ が入力として入り, 結果として式 (4.7) は

$$P(\boldsymbol{T} = \mathbf{t} \mid \mathbf{s}^{(3)}, \theta) = \frac{1}{Z(\mathbf{s}^{(3)}, \theta)} \exp\Big(\sum_{k=1}^{K} q_k(\mathbf{s}^{(3)}, \theta) t_k\Big) \tag{4.63}$$

となる. $\mathbf{s}^{(3)}$ は入力 $\mathbf{x}$ と分類器の下層のすべてのパラメータ ($\mathbf{b}^{(1)}$, $\mathbf{b}^{(2)}$, $\mathbf{w}^{(1)}$, $\mathbf{w}^{(2)}$, $\mathbf{w}^{(3)}$) に依存するが, それらの値が決まれば式 (4.63) を使ってクラス確率を求めることができる.

いま, この認識システムは分類器のパラメータ θ とその下層のすべてのパラメータに依存しており, これらすべてを最適化する必要がある. 最適化の方針はこれまでと同様で, 式 (4.63) に対して 4.3.2 項 (1) で説明した最尤法を用いるのである. つまり, 式 (4.11) の訓練データに対する対数尤度関数

$$\phi_{\mathcal{D}} = \frac{1}{N} \sum_{\mu=1}^{N} \ln P(\boldsymbol{T} = \mathbf{t}^{(\mu)} \mid \mathbf{s}^{(3,\mu)}, \theta) \tag{4.64}$$

172　第 4 章　確率モデルによるパターン認識

を，分類器の下層のすべてのパラメータ $\mathbf{b}^{(1)}$，$\mathbf{b}^{(2)}$，$\mathbf{w}^{(1)}$，$\mathbf{w}^{(2)}$，$\mathbf{w}^{(3)}$ と分類器のパラメータ θ に関して最大化するのである．$\mathbf{s}^{(3,\mu)}$ は，μ 番目の入力データ $\mathbf{x}^{(\mu)}$ を DNN の入力とした場合の分類器への入力 $\mathbf{s}^{(3)}$ である．

　DNN は，非常に膨大な数のパラメータを最尤推定により決めなくてはならない．もちろん，式 (4.64) を勾配法で最大化することにより目的は原理的には達成されるのだが，パラメータの数が極端に多いため，計算時間等の様々な技術的な問題がそこにはある．それらの技術的な問題を克服するためのアルゴリズム技術がいわゆる深層学習である．深層学習のより詳細については，文献 [1, 4, 10] を参照するとよいだろう．

参考文献

[1] 神嶌敏弘 編，麻生英樹・安田宗樹・前田新一・岡野原大輔・岡谷貴之・久保陽太郎・ボレガラダヌシカ 著：深層学習 Deep Learning. 近代科学社 (2015), 436p.

[2] Bengio, Y.: *Learning deep architectures for AI. Foundations and Trends in Machine Learning* **2**. NOW, pp.1–127 (2009), 140p.

[3] Bishop, C. M.: *Pattern Recognition and Machine Learning.* Springer-Verlag (2006), 758p.

[4] Glorot, X., Bordes, A., Bengio, Y.: Deep sparse rectifier neural networks. *Proceedings of the 14th International Conference on Artificial Intelligence and Statistics (AISTATS)*, **15**, pp.315-323 (2011).

[5] Goodfellow, I., Bengio, Y., Courville, A.: *Deep Learning.* MIT Press (2016), 797p.

[6] Larochelle, H., Bengio, Y.: Classification using discriminative restricted Boltzmann machines. *Proceedings of the Twenty-fifth International Conference on Machine Learning (ICML)*, pp.536–543 (2008).

[7] Larochelle, H., Mandel, M., Pascanu, R., Bengio, Y.: Learning algorithms for the classification restricted Boltzmann machine. *The Journal of Machine Learning Research*, **13**, pp.643–669 (2012).

[8] LeCun, Y., Bengio, Y., Hinton, G.: Deep learning. *Nature*, **521**, pp.436–444 (2015).

[9] LeCun, Y., Bottou, L., Bengio, Y., Haffner, P.: Gradient-based learning applied to document recognition. *Proceedings of the IEEE*, **86**, pp.2278–2324 (1998).

[10] 岡谷貴之：深層学習. 講談社 (2015), 165p.

[11] Osogami, T., Otsuka, M.: Restricted Boltzmann machines modeling human choice. *Proceedings of the Advances in Neural Information Processing Systems 27 (NIPS)*, pp.73–81 (2014).

[12] 恐神貴行・大塚誠：人の選択行動を学習する制限ボルツマンマシン. オペレーションズ・リサーチ：経営の科学（特集 ニューロサイエンスと数理モデリング），**60**, pp.221–226

(2015).

[13] Peng, H., Mou, L., Li, G., Liu, Y., Zhang, L., Jin, Z.: Building program vector representations for deep learning. *Proceedings of the 8th International Conference of Knowledge Science, Engineering and Management*, pp.547–553 (2015).

[14] Salakhutdinov, R., Hinton, G. E.: Deep Boltzmann machines. *Proceedings of the 12th International Conference on Artificial Intelligence and Statistics (AISTATS)*, pp.448–455 (2009).

[15] Salakhutdinov, R., Hinton, G. E.: An efficient learning procedure for deep Boltzmann machines. *Neural Computation*, **24**, pp.1967–2006 (2012).

5

圧縮センシングとその近辺

5.1 はじめに

　本章では，スパース性を用いた確率的推論について紹介する．スパース性とは「ほとんどがゼロである」という状況を指した言葉であり，この性質をうまく使うと，少ない情報からでも知りたいことを適切に推定することが可能となる．その驚くべき性質を利用した技術の代表例が圧縮センシングである．一見画像処理と関係しないように感じるかもしれないが，画像を取得するという所作においては，観測をすることで見たいものの多数のデータを得て，そのデータを適切に処理することで所望の画像を得る．ところが観測の事情によっては，良質のデータを取得することがしばしば困難であったりする．そのような場合に，このスパース性を用いた確率的推論を利用し，少ない観測データからであっても良質な画像を得ることができる．

　まずは確率的推論を利用した推定についておさらいしておこう．

5.2 ベイズ推定

5.2.1 確率的事象を扱う基本事項

　世の中で起こる現象には必ず不確実な要素が入り込むため，確率による記述を必要とする．ある入力に対して出力が得られる関係を，入出力関係と呼ぶ．その時に不確実な要素が含まれるような場合，確率的推論の枠組みが必要となる．決定的な入出力関係であれば，それを表現するために関数が用いられる一

方で，確率的な入出力関係を取り扱うためには，条件付き確率が用いられる．

事象 A が起きた時の確率を $P(A)$，事象 B が起きた時の確率を $P(B)$ とし，事象 A かつ事象 B が起こる同時確率を $P(A,B)$ とした時，条件付き確率は，以下のような定義をもつ．

定義 5.1 （同時確率と条件付き確率）

$$P(A,B) = P(A|B)P(B) = P(B|A)P(A). \tag{5.1}$$

$P(A|B)$ は B が起こった上で A が起こる条件付き確率，$P(B|A)$ は A が起こった上で B が起こる条件付き確率である．

3つ以上の事象間の関係でも同様に，同時確率から次のように条件付き確率が定義される．

$$P(A,B,C) = P(A|B,C)P(B,C) = P(A,B|C)P(C). \tag{5.2}$$

5.2.2 最尤推定

何がしかの実験や過程を通じて，入力 x に対して出力 y が得られるとする．その様子を数学的に記述するとしたら，入力を引数にもつある関数により出力は与えられるとするのが適当であろう．問題は，その関数が何者であるかである．ここでその関数を当てるための**回帰 (regression)** という問題を取り上げる．

いくつかの関数の候補 $f_k(x)$ があるものの，その組み合わせも含めてどうやって関数を表現すればよいかがわからないとする．そこで，a_k という重みをかけて足しあげることで様々な関数を表現することを考えてみる．この重みの数値でもって，どの関数を利用すると，出力をうまく捉えた関数が表現できるかを考えるというわけだ．しかしながら入力から素直に出力が得られることは現実の問題では難しい．その出力を観測する際に生じるノイズや不確実な要素が大いに含まれる．そこでその部分を，z というガウス分布に従う確率変数を用いることで，以下のように入出力関係が与えられると大胆に仮定しよう．

$$y = \sum_{k=1}^{n} a_k f_k(x) + z. \tag{5.3}$$

176 第 5 章 圧縮センシングとその近辺

a_k の値を推定し，入出力関係を的確に表す関数を求めることにしよう．単一の入出力関係のペアでは，複数の係数を推定するのは困難であろう．そこで複数回（D 回）にわたり同様の実験を行うことを考える．その時の入出力の値は，$\mathbf{y} = (y_1, y_2, \cdots, y_D)^{\mathrm{T}}$，および $\mathbf{x} = (x_1, x_2, \cdots, x_D)^{\mathrm{T}}$ であったとする．得られた複数の入力と出力からなる**データ**を利用して，入出力関係を決める**パラメータ**を推定するという問題である．ノイズ z がガウス分布に従うことからその確率密度関数は，

$$P(z) = \frac{1}{\sqrt{2\pi\sigma^2}} \exp\left(\frac{1}{2\sigma^2} z^2\right) \tag{5.4}$$

である．簡単のため，ノイズの大きさは既知であるとして $\sigma^2 = 1$ としよう．入出力関係に含まれる不確実な要素はノイズのみであるから，そのノイズの確率密度関数から，パラメータ $\mathbf{a} = (a_1, a_2, \cdots, a_n)^{\mathrm{T}}$ と入力を指定した上で，出力のデータが得られる条件付き確率が決まる．

$$P(z) = P(y|x, \mathbf{a}) = \frac{1}{\sqrt{2\pi\sigma^2}} \exp\left\{\frac{1}{2}\left(y - \sum_{k=1}^{n} a_k f_k(x)\right)^2\right\}. \tag{5.5}$$

複数回にわたり入出力関係を観測することで得られるデータはそれぞれ独立に生じるものと仮定すると，データ $\mathcal{D} = (\mathbf{x}, \mathbf{y})$ の生成確率は，この条件付き確率と $P(x)$ の積で決まる．

$$P(\mathcal{D}|\mathbf{a}) = \prod_{d=1}^{D} P(y_d|x_d, \mathbf{a})P(x_d). \tag{5.6}$$

得られたデータを最もうまく再現するパラメータを求めるとすると，この生成確率が最も高いものを選ぶのが妥当である．生成確率をパラメータがどの程度適切かを表す数値として改めて読み直すことにしよう．そこで，生成確率の対数をとったパラメータの**対数尤度関数 (log-likelihood function)** を最大化することでもっともらしいパラメータを求める．

$$\max_{\mathbf{a}} \left\{\sum_{d=1}^{D} \log P(y_d|x_d, \mathbf{a})\right\}. \tag{5.7}$$

これが**最尤推定 (maximum likelihood estimation)** であり，データを支配

する確率モデルのパラメータを推定する**統計学**において確立した方法である. $P(X_d)$ はパラメータに依存しないので,ここでは省略されている.

ちなみに最尤推定は,**機械学習**においても利用する. データから関数にかかる重みを推定することを,データから関数の構造を学ぶということで**学習**と呼ぶ. この場合は最尤推定に基づき,学習を行っているということになる. 機械学習ではそのため明確に区別しているわけではないが,最尤法と呼ばれることもある. 統計学と機械学習は目的が異なる. 前者がデータの解析に主眼をおいているのに対して,後者はその部分にだけ注力はしていない. つまりパラメータの推定精度だけに注力はしない. 機械学習では学習したパラメータを利用した後に,さらに異なる入力から出力を得ることで予測を行い,その予測における精度について注目をするという違いがある [11].

さて最尤推定の話に戻ろう. 具体的に条件付き確率の形を入れれば,以下の最小化問題に帰着する.

$$\min_{\mathbf{a}} \left\{ \frac{1}{2} \sum_{d=1}^{D} \left(y_d - \sum_{k=1}^{n} f_k(x_d) a_k \right)^2 \right\}. \tag{5.8}$$

パラメータ $\mathbf{a}$ に関係のない項については無視をしている. もっと簡素にベクトルと行列を用いれば,以下のように書き換えることができる.

$$\min_{\mathbf{a}} \left\{ \frac{1}{2} |\mathbf{y} - \boldsymbol{F}\mathbf{a}|_2^2 \right\}. \tag{5.9}$$

ここで最小化問題に関係のない定数は省いてある. 手前の係数が $1/2$ であるのは,のちの便宜のためである. $\boldsymbol{F}$ は $D \times n$ 行列であり,各成分は $(\boldsymbol{F})_{dk} = f_k(x_d)$ である. さらに $|\cdot|_2$ はベクトルの L_2 ノルムを表す.

$$|\mathbf{a}|_2 = \sqrt{a_1^2 + a_2^2 + \cdots + a_n^2}. \tag{5.10}$$

定義 5.2 (ベクトルの L_p ノルム) 一般に n 次元のベクトルの L_p ノルムとは,$p > 0$ に対して,

178　第5章　圧縮センシングとその近辺

$$|\mathbf{a}|_p = \left(\sum_{k=1}^{n} |a_k|^p \right)^{\frac{1}{p}} \tag{5.11}$$

と定義される.

上記の最小化問題を $\mathbf{a}$ について解くために微分をしてみよう. ベクトルの微分は慣れないうちは, 難しいと考えるだろう. 各成分ごとに丁寧に微分をした結果を並べればよい. 変数は $\mathbf{a}$ であるから, a_k について一つ一つ微分をしていくことを考える.

$$\frac{\partial}{\partial a_k} \left(\frac{1}{2} \sum_{d=1}^{D} \left(y_d - \sum_{k=1}^{n} f_k(x_d)a_k \right)^2 \right) = - \sum_{d=1}^{D} f_k(x_d) \left(y_d - \sum_{l=1}^{n} f_l(x_d)a_l \right). \tag{5.12}$$

これが各 k についてすべて 0 になれば, 最小となるような解を得ることができる. その条件を満たす a_k を求めるには以下の方程式を解けばよい.

$$\sum_{d=1}^{D} f_k(x_d) \sum_{l=1}^{n} f_l(x_d)a_l = \sum_{d=1}^{D} f_k(x_d)y_d. \tag{5.13}$$

これを再び行列とベクトルで表すと,

$$\boldsymbol{F}^{\mathrm{T}}\boldsymbol{F}\mathbf{a} = \boldsymbol{F}^{\mathrm{T}}\mathbf{y} \tag{5.14}$$

と書くのが適切である. これを**正規方程式 (normal equation)** と呼ぶ. この線形連立方程式を解くには, $\boldsymbol{F}^{\mathrm{T}}\boldsymbol{F}$ の逆行列を求めればよいことがわかる. ただし, $\boldsymbol{F}$ 自体は長方行列であるため, $\boldsymbol{F}^{\mathrm{T}}\boldsymbol{F}$ が逆行列をもつかどうかは, D と n の大きさ次第である. もしも $D < n$ であれば, データが少ないがために, n 個の係数を決定するには不十分である. その事実は, $\boldsymbol{F}^{\mathrm{T}}\boldsymbol{F}$ のランクが高々 D であるために正則でないという形で現れる.

5.2.3　ベイズ推定と正則化

それではデータが十分にない場合に何とかして推定することはできないものだろうか. その解決方策が**正則化 (regularization)** である.

正則化は最尤推定を行う際, データが十分にない場合にとりあえずの推定解を

選び出すことに利用される．機械学習において，データが少ない時にパラメータが多すぎるためにデータに合わせすぎてしまう**過学習 (overtraining)** という現象を防ぐ手法としても利用される．ここではその正則化を**ベイズ推定 (Bayesian inference)** の枠組みから自然に導入してみよう．

ベイズ推定とは，条件付き確率の間に成立する次のベイズの定理を利用した推定手法である．

定理 5.1 （ベイズの定理） 条件付き確率の間には，以下の関係が成立する．

$$P(A|B) = \frac{P(B|A)P(A)}{P(B)}. \tag{5.15}$$

ベイズの定理では，A と B の事象の順番が反転していることに注意したい．このベイズの定理を用いると，原因と結果の関係を反転させることができるのだ．パラメータ $\mathbf{a}$ を推定する話に適用すれば，データが生成される際には，パラメータ $\mathbf{a}$ が原因となって，結果としてデータが出力されたと見る．その関係を逆にした条件付き確率をベイズの定理から求めることができる．

$$P(\mathbf{a}|y,x) = \frac{P(y|x,\mathbf{a})P(x)P(\mathbf{a})}{P(y,x)}. \tag{5.16}$$

これは y, x という入出力の関係から $\mathbf{a}$ の候補を挙げることを考えた時に，その候補を挙げる確率を得たと考えられる．この条件付き確率を**事後確率 (posteriori probability)** と呼ぶ．この事後確率が最大となるようなパラメータを選んでみよう．これがベイズの定理を利用したパラメータ推定の方法，すなわちベイズ推定の手法の一つ，**最大事後確率推定 (maximum a posteriori estimation: MAP estimation)** だ．

$$\max_{\mathbf{a}} \left\{ \sum_{d=1}^{D} \log P(y|x,\mathbf{a}) + \log P(\mathbf{a}) \right\}. \tag{5.17}$$

ここで $\log P(X)$ はパラメータに依存しないので無視した．先ほどの最尤推定と比較すると，第 2 項の $P(\mathbf{a})$ の対数があるところが異なる．このパラメータについての確率分布関数は，**事前確率（prior probability）**と呼ばれる．パラメータに関して事前に知りうる情報があれば，それを確率分布関数の形で反映

させることができるのだ.

　最尤推定を行う際に，データの数とパラメータの数について，前者が少ない時にはパラメータの推定に後者を決定することができなかった．これはつまり，パラメータに関する**情報が不足**しているからだ．しかしこの事前確率により，パラメータに関しての情報を追加することでその不足分を補うことができるのだ.

　それではいくつかの事前確率を利用して，パラメータを推定することを考えてみよう．事前確率を表す確率分布関数としてパラメータに関する L_2 ノルムによるガウス分布を仮定してみよう.

$$P(\mathbf{a}) = \sqrt{\frac{\lambda}{2\pi}} \exp\left(-\frac{\lambda}{2} |\mathbf{a}|_2^2\right). \tag{5.18}$$

最大事後確率推定は，以下の最小化問題を解くことで実行される.

$$\min_{\mathbf{a}} \left\{ \frac{1}{2} |\mathbf{y} - \boldsymbol{F}\mathbf{a}|_2^2 + \frac{\lambda}{2} |\mathbf{a}|_2^2 \right\}. \tag{5.19}$$

この最小化問題は，再びパラメータ $\mathbf{a}$ についての微分から容易に解を求めることができる．正規方程式の代わりに以下の方程式を解く問題に帰着される.

$$\left(\boldsymbol{F}^{\mathrm{T}}\boldsymbol{F} + \lambda I_n\right) \mathbf{a} = \boldsymbol{F}^{\mathrm{T}}\mathbf{y}. \tag{5.20}$$

I_n は，$n \times n$ の単位行列である．$\boldsymbol{F}^{\mathrm{T}}\boldsymbol{F}$ が正則でないところを λI_n で，まさに正則化しているのが見てとれる．このベクトルの L_2 ノルムによる正則化を用いた回帰を**リッジ回帰 (ridge regression)** と呼ぶ.

5.2.4　ラプラス分布による正則化

　他にも事前分布として異なる分布関数を仮定してみよう．次のパラメータ $\mathbf{a}$ の L_1 ノルムによるラプラス分布を事前分布として採用しよう.

$$P(\mathbf{a}) = \frac{\lambda}{2} \exp\left(-\lambda |\mathbf{a}|_1\right). \tag{5.21}$$

この場合の最大事後確率推定は，以下の最小化問題に帰着する.

$$\min_{\mathbf{a}} \left\{ \frac{1}{2} |\mathbf{y} - F\mathbf{a}|_2^2 + \lambda |\mathbf{a}|_1 \right\}. \tag{5.22}$$

この最小化問題を **LASSO (least absolute shrinkage and selection operators)** と呼ぶ [14]．最小解を解析的に求めることは難しいので，数値計算に頼ることとなる．これまで見てきた最小化問題と決定的に異なるのは，L_1 ノルムが存在するために絶対値関数が存在し，微分可能でないところがある．その微分ができないというところから，解析的に解を求めることはおろか，その数値計算手法についてもよく検討する必要がある．次の節では，L_1 ノルムが存在するような最適化問題を解く手法について紹介していこう．

5.3 L_1 ノルムが存在する最適化問題

L_1 ノルムを含む最適化問題で一番厄介なのは，絶対値関数の存在である．絶対値関数は微分可能でないところが存在するため，最適化問題を解くことを難しくさせる．解析的に解くことを諦めたとしても数値計算手法によって解くにも工夫がいる．

5.3.1 最急降下法

最適化問題を解く際の最も素朴な方法として知られるのが，**最急降下法 (steepest descent method)** である．ここでは最小化問題に絞って話をしよう．あるコスト関数 $C(\mathbf{a})$ を最小にする最小化問題を考える．このコスト関数が微分可能である時，以下のようにパラメータを更新していくのが，最急降下法である．

定義 5.3 （**最急降下法**） 初期条件 $\mathbf{a}[0]$ を適当に設定したのち，ある更新幅 η により，

$$\mathbf{a}[t+1] = \mathbf{a}[t] - \eta \nabla C(\mathbf{a}[t]) \tag{5.23}$$

と更新していく．

$\nabla C(\mathbf{a}[t])$ は，ベクトル $\mathbf{a}$ の各成分でそれぞれ微分して $\mathbf{a} = \mathbf{a}[t]$ とした時の勾配を並べたベクトルを意味する．この更新幅をうまく調整しないと振動したり，発散したりする．機械学習においてはこの更新幅を学習係数と呼ぶ．

先ほどの最尤推定の問題に対して適用してみると

182　第 5 章　圧縮センシングとその近辺

$$C(\mathbf{a}) = \frac{1}{2} \left| \mathbf{y} - \boldsymbol{F} \mathbf{a} \right|_2^2 \tag{5.24}$$

であるから，パラメータの各成分で微分をして結果を並べることで勾配を求めると，

$$\nabla C(\mathbf{a}) = -\boldsymbol{F}^{\mathrm{T}} \left(\mathbf{y} - \boldsymbol{F} \mathbf{a} \right) \tag{5.25}$$

であることがわかる．当然この勾配が $\mathbf{0}$ となる条件から正規方程式が導かれる．一方，最急降下法の更新式は次のように与えられる．

$$\mathbf{a}[t+1] = \mathbf{a}[t] + \eta \boldsymbol{F}^{\mathrm{T}} \left(\mathbf{y} - \boldsymbol{F} \mathbf{a}[t] \right). \tag{5.26}$$

5.3.2　ニュートン法

　ここで最急降下法を別の視点で考えてみよう．素朴な解釈では，コスト関数の微分により決まる勾配に従ってパラメータを更新させていくのが最急降下法である．その際に，これまでの結果である暫定解 $\mathbf{a}[t]$ から少しだけ動く．その動く幅を決めているのが η である．そのため最急降下法の更新においてはコスト関数の全域の情報は必要ではなく，暫定解 $\mathbf{a}[t]$ の様子だけが有効であると考えられる．そこでコスト関数を暫定解 $\mathbf{a}[t]$ の周りで 2 次までテイラー展開することを考えよう．

$$C(\mathbf{a}) = C(\mathbf{a}[t]) + \nabla C(\mathbf{a}[t]) \left(\mathbf{a} - \mathbf{a}[t] \right) + \frac{1}{2} \left(\mathbf{a} - \mathbf{a}[t] \right)^{\mathrm{T}} \boldsymbol{H} \left(\mathbf{a} - \mathbf{a}[t] \right). \tag{5.27}$$

$\boldsymbol{H}$ はヘシアン（Hesse 行列）と呼ばれるものであり，各成分は $(\boldsymbol{H})_{kk'} = \partial^2 C(\mathbf{a}) / \partial a_k \partial a'_k \big|_{\mathbf{a}=\mathbf{a}[t]}$ である．この 2 次までのコスト関数を最小化すると，次のような解が得られる．

$$\mathbf{a} = \mathbf{a}[t] - \boldsymbol{H}^{-1} \nabla C(\mathbf{a}[t]). \tag{5.28}$$

この最小解は，先ほどの最急降下法による更新則で $\mathbf{a}[t+1]$ が満たすものと似ているもののやや異なる．この最小解を更新則に採用したものを**ニュートン法** (**Newton's method**) と呼ぶ．

定義 5.4　（ニュートン法）　初期条件 $\mathbf{a}[0]$ を適当に設定し，ヘシアン $\boldsymbol{H}$ の

5.3 L_1 ノルムが存在する最適化問題　　183

逆行列を計算したのち,

$$\mathbf{a}[t+1] = \mathbf{a}[t] - \boldsymbol{H}^{-1} \nabla C(\mathbf{a}[t]) \tag{5.29}$$

と更新していく.

　ニュートン法は最急降下法より極小解への収束が早い（2次収束）ことが知られているものの, 一方で更新のたびにヘシアンの逆行列の計算を余儀なくされるため, たいていの場合はその分の計算時間がかかる. 収束が早いものの, その更新のための計算時間がかかるというトレードオフの関係にあり, 利用には注意したい. ヘシアンの逆行列を近似的に計算していく方法を準ニュートン法と呼ぶ. これを先程来扱っている最尤推定の問題で適用することを考えてみよう. ヘシアンは $\boldsymbol{H} = \boldsymbol{F}^{\mathrm{T}} \boldsymbol{F}$ で与えられるため, データが足りない場合には逆行列が存在しない. やはりデータが不足していると, 正規方程式が解けないことと同様の問題が生じる.

　さて最急降下法では, ヘシアンの逆行列の代わりに $1/\eta$ を利用している. つまり, コスト関数の2次までの近似からさらにヘシアンを $\boldsymbol{I}_n/\eta$ と置き換えていることがわかる. ここで, $\boldsymbol{I}_n$ は, n 次元の単位行列である. 変更後のコスト関数を

$$C_\eta(\mathbf{a}, \mathbf{b}) = C(\mathbf{b}) + \nabla C(\mathbf{b}) (\mathbf{a} - \mathbf{b}) + \frac{1}{2\eta} |\mathbf{a} - \mathbf{b}|_2^2 \tag{5.30}$$

と定義しよう. その結果, 次のような最小化問題の解を最急降下法における更新則に利用していることがわかる.

$$\min_{\mathbf{a}} \{ C_\eta(\mathbf{a}, \mathbf{a}[t]) \}. \tag{5.31}$$

この変更を加えたコスト関数は, 2次関数であるから平方完成をすることで容易に解を求めることができる. このようにコスト関数を2次まで展開をして, さらにヘシアンの逆行列の計算を避けるために2次の項に変更を加えたものを更新のたびに用意して, その最適化を行うのが最急降下法の別の解釈といえる. このようにコスト関数を逐次近似して, 容易な最適化を繰り返すことで元のコスト関数の最適解を求める方法を**逐次最適化**と呼ぶ.

5.3.3 上界逐次最小化法

このコスト関数の置き換えをしても，適切に最小化問題を解くことができるのはなぜだろうか．最急降下法が適切に実行される場合には，η の値が重要である．η が小さければ，最急降下法により極小解に収束することが知られているが，η が大きいと更新のたびにパラメータが激しく振動したり発散したりする．この更新幅を変えることで，コスト関数との関係が変わり，もとにしている最小化問題との乖離が起こると予想される．元のコスト関数と比較した時，変更を加えたコスト関数は 1 次の項までは一致していることから，パラメータ $\mathbf{a} = \mathbf{a}[t]$ での勾配は同じである．一方 2 次の項については異なる．その部分に注目をすると，最急降下法で注目されるコスト関数の 2 次までの項と変更を加えたコスト関数の差は，次の量で決まることがわかる．

$$C_\eta(\mathbf{a}, \mathbf{b}) - C(\mathbf{a}) \equiv \Delta_2(\mathbf{a}, \mathbf{b}) = \frac{1}{2}\left(\mathbf{a} - \mathbf{a}[t]\right)^{\mathrm{T}}\left(-\boldsymbol{H} + \frac{1}{\eta}\boldsymbol{I}_n\right)\left(\mathbf{a} - \mathbf{a}[t]\right). \quad (5.32)$$

この差が正であれば，コスト関数の 2 次までの項が常に大きいことが示される．逆に負であれば，常に小さいことが示される．このように 2 次形式で表されたものについて常に正となる場合は，挟まれた行列が正定値をとると呼ぶ．逆に負である場合は負定値であり，マイナスをとった行列が正定値をとる．この正定値性は行列の固有値から決まる．任意の対称行列（ヘシアンは極値をもつ時は対称行列）が直交変換で対角化可能であることから，

$$\Delta_2(\mathbf{a}, \mathbf{b}) = \frac{1}{2}\mathbf{c}^{\mathrm{T}}\left(-\boldsymbol{\Lambda}_H + \frac{1}{\eta}\boldsymbol{I}_n\right)\mathbf{c} = \frac{1}{2}\sum_{k=1}^{n}\left(-\lambda_i + \frac{1}{\eta}\right)u_i^2 \quad (5.33)$$

と変換できる．$\mathbf{c} = O(\mathbf{a} - \mathbf{a}[t])$ であり，O は直交変換行列である．さらに $\boldsymbol{\Lambda}_H$ はヘシアンの固有値が並んだ対角行列である．ヘシアンの固有値の最大値よりも大きい $1/\eta$ を選べば，$-\boldsymbol{H} + \boldsymbol{I}_n/\eta$ は正定値となる．一方，最小値よりも小さい $1/\eta$ を選ぶと負定値となる．最急降下法の経験的性質から，η を小さく選ぶと元のコスト関数の最小化が適切に行われることから，$-\boldsymbol{H} + \boldsymbol{I}_n/\eta$ が正定値となること，すなわち変更を加えたコスト関数 $C_\eta(\mathbf{a}, \mathbf{b})$ が，元のコスト関数の 2 次までを見た時に上界となっていることが最急降下法の成功の鍵を握ると類推される．

ここまではコスト関数の2次までの展開のみに注目をしたが，コスト関数そのものと変更を加えたコスト関数を比較することを考えてみよう．両者の間では，以下の不等式が成立する．

$$C(\mathbf{a}) \le C_\eta(\mathbf{a}, \mathbf{b}). \tag{5.34}$$

このように，元のコスト関数に対して，上界となるような関数を**代理関数 (surrogate function)** と呼ぶ．ここでは変更を加えたコスト関数が代理関数の性格をもつことがわかる．ここからは $C_\eta(\mathbf{a}, \mathbf{b})$ を代理関数と呼ぶことにしよう．

上記の不等式が成立していることを見るには，

$$d(\mathbf{a}, \mathbf{b}) = C(\mathbf{a}) - C_\eta(\mathbf{a}, \mathbf{b}) \tag{5.35}$$

が常に負であることを示せばよい．この関数のパラメータ $\mathbf{a}$ についての微分をとると，

$$\nabla d(\mathbf{a}, \mathbf{b}) = \nabla C(\mathbf{a}) - \nabla C(\mathbf{b}) - (\mathbf{a} - \mathbf{b})/\eta \tag{5.36}$$

である．これはヘシアンの最大固有値よりも大きい $1/\eta$ を選んでいる時，全成分について常に負となることを示せる．それを示すためには，全成分それぞれについてさらにパラメータ $\mathbf{a}$ の各成分で微分をする．第1項からはヘシアンが，第3項から $1/\eta$ が得られる．$\boldsymbol{H} - \boldsymbol{I}_n/\eta$ が常に正であるから，常に $d(\boldsymbol{a}, \boldsymbol{b}) \le 0$ が示される．この時，$C(\mathbf{a})$ は $1/\eta$ 平滑であると呼ぶ．

こうしてコスト関数そのものの最小化を直接目指すのではなく，よく知られた最急降下法では元のコスト関数の上界となる代理関数を逐次最小化をしている，**上界逐次最小化法 (minimization maximizer)** であるという別の視点が明らかとなった．それでは上界を逐次最小化していくことで，なぜ元のコスト関数の最小化が行えるのであろうか．代理関数の最小値は $C(\mathbf{b}) - \eta \, |\nabla C(\mathbf{b})|_2^2 /2$ である．$\mathbf{a} = \mathbf{a}[t+1]$ として，更新後のパラメータと $\mathbf{b} = \mathbf{a}[t]$ 更新前のパラメータを代入すると，代理関数の最小解は必ず更新前のパラメータでのコスト関数よりも小さくなることがわかる．さらに代理関数が満たす不等式から

$$C(\mathbf{a}[t+1]) \le C(\mathbf{a}[t]) \tag{5.37}$$

186   第5章　圧縮センシングとその近辺

となることがわかる．これが代理関数が満たすべき不等式で，$1/\eta$ がヘシアンの最大固有値と等しい時，等号が成立してしまう．等号が成立しないようにするためには，まずはこの η を適切に設定する必要がある．また代理関数の最小解が，更新前のパラメータでのコスト関数と比べた時に小さくならないのは $|\nabla C(\mathbf{b})|_2^2 = 0$ のみである．これは勾配がある限り成立しない．逐次最小化の途中で勾配がなくなることは極値に捕まる時だけである．更新のたびに適切な η を設定しておけば**必ずコスト関数を下げる**ことから，逐次最小化では極小値に必ず到達することがわかる．対象とするコスト関数が極小値のない凸関数であれば，**必ず最小値に到達する**ことがわかる．これが上界逐次最小化法により，確実に最小化問題を解くことができる理屈である．

　ここで利用したのは代理関数が 2 次関数であること，そして代理関数が満たすべき不等式を満たしている（$1/\eta$ 平滑である）ことである．

5.3.4　近接勾配法

　最急降下法が代理関数の最小化であるという別の見方は，本題である L_1 ノルムを含む最小化問題にどのような利点をもたらすであろうか．まず代理関数は 2 次関数である．コスト関数を 2 次関数で代用する方法であるということを踏まえると，非常に汎用性の高い方法であることがうかがえる．さらに 2 次関数の最小値であれば，平方完成など**微分を利用しないで**最小解を求めることができるという顕著な性質がある．

　そこで本題である LASSO における第 1 項の L_2 ノルム部分 $C(\mathbf{a})$ について，代理関数による置き換えを考えてみよう．第 2 項の L_1 ノルムについては変更を加えないとすると，次の変更を加えたコスト関数は元のコスト関数の上界であることは変わらない．

$$C(\mathbf{a}) + \lambda \,|\mathbf{a}|_1 \le C_\eta(\mathbf{a}, \mathbf{b}) + \lambda \,|\mathbf{a}|_1 . \tag{5.38}$$

この性質が保たれていることから，上界逐次最小化が適用できることがわかる．そこで，代理関数と L_1 ノルムからなる次のコスト関数の最小化を考える．

$$\min_{\mathbf{a}} \left\{ C_\eta(\mathbf{a}, \mathbf{b}) + \lambda \,|\mathbf{a}|_1 \right\} . \tag{5.39}$$

第 1 項の代理関数について，のちの便宜のため，2 次関数であることから先に平方完成をしておくと，結局問題として扱うべき最小化問題は次の格好をしていることがわかる．

$$\min_{\mathbf{a}} \left\{ \frac{1}{2} |\mathbf{a} - \mathbf{z}|_2^2 + \eta\lambda |\mathbf{a}|_1 \right\}. \tag{5.40}$$

ここで $\mathbf{z} = \mathbf{b} - \eta\nabla C(\mathbf{b})$ である．これは L_1 ノルムがない場合の代理関数最小解である．この L_2 ノルムと別のコスト関数を足しあげたものの最小解を求めるというのは最適化問題で頻繁に登場する計算であり，文献には以下のような近接写像として紹介される．

定義 5.5 （近接写像） 凸関数 $g(\mathbf{a})$ に対して近接写像を以下のように定義する．

$$\mathrm{prox}_g(\mathbf{z}) = \underset{\mathbf{a}}{\mathrm{argmin}} \left\{ \frac{1}{2} |\mathbf{a} - \mathbf{z}|_2^2 + g(\mathbf{a}) \right\}. \tag{5.41}$$

L_1 ノルムに限らず複数の項が足しあげられたコスト関数を最小化する場合にとられる基本的処方箋として，代理関数を利用した方法がある．そのメリットは，上記の近接写像の計算さえ済ませておけば，その結果を利用するだけで最小化が実行できるというところにある．所詮 2 次関数に毛が生えただけのものであるから，その計算は手で実行できるはずだ．その解を逐次代入を繰り返すだけで，元のコスト関数の最小化が実行できる．このように代理関数を利用して近接写像の結果を逐次代入をする方法を**近接勾配法 (proximal gradient method)** と呼ぶ．

5.3.5 軟判定閾値関数

それでは L_1 ノルムに対する近接写像の計算をしてみよう．元の LASSO の問題では，行列 F によりパラメータ $\mathbf{a}$ が混ざり合うことで扱いが面倒となるが，この近接写像の計算は，ベクトルのみが含まれる L_2 ノルムとベクトルの L_1 ノルムの計算のみであるから容易である．特に L_2 ノルム部分からは，

$$\frac{1}{2} |\mathbf{a} - \mathbf{z}|_2^2 = \frac{1}{2} \sum_{k=1}^{n} (a_k - z_k)^2 \tag{5.42}$$

と各成分の 2 乗和が現れる．また同様に

188   第5章　圧縮センシングとその近辺

$$|\mathbf{a}|_1 = \sum_{k=1}^{n} |a_k| \tag{5.43}$$

として各成分の絶対値の和が現れる．このように各成分の和に分かれる性質を**分離性 (separability)** という．この分離性を利用して，L_1 ノルムの近接写像は，各変数を独立に扱い，計算をすればよいということがわかった．

> **定義 5.6**　（絶対値関数のある最小化問題）　L_1 ノルムの近接写像は各成分ごとに以下の最小化問題を解けばよい．
>
> $$\min_a \left\{ \frac{1}{2} (a - z)^2 + \lambda \eta |a| \right\} \tag{5.44}$$

絶対値関数は微分可能でないところがあるが，場合分けをすれば，それぞれの場合について高々1次関数になるので容易に解くことができる．それぞれ $a > 0$，$a = 0$，そして $a < 0$ について考えると，コスト関数は，

$$\frac{1}{2} (a - z)^2 + \lambda \eta |a| = \begin{cases} \frac{1}{2} \{a - (z - \lambda\eta)\}^2 - \frac{1}{2} (z - \lambda\eta)^2 & (a > 0) \\ \frac{1}{2} z^2 & (a = 0) \\ \frac{1}{2} \{a - (z + \lambda\eta)\}^2 - \frac{1}{2} (z + \lambda\eta)^2 & (a < 0) \end{cases} \tag{5.45}$$

となる．図 5.1 にコスト関数の振る舞いを示す．この結果，最小解は z の大きさによって 3 通りに変わるので，最小解を表す次の**軟判定閾値関数 (soft-thresholding function)** を用意することで対応する．

$$S_{\lambda\eta}(z) = \begin{cases} z - \lambda\eta & (z > \lambda\eta) \\ 0 & (-\lambda\eta \le z \le \lambda\eta) \\ z + \lambda\eta & (z < -\lambda\eta) \end{cases} \tag{5.46}$$

軟判定閾値関数は図 5.2 に示す振る舞いをする．絶対値関数の有無により，本来の線形な振る舞いから，不感帯があるのが特徴的である．絶対値関数により，絶対値が閾値として $\lambda\eta$ を超えられない場合，ゼロに落とされるということが起こる．各成分ごとに同じように軟判定閾値関数を適用することができるので，

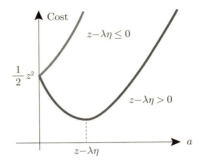

図 5.1 $a > 0$ に限った場合のコスト関数の振る舞い.

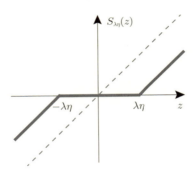

図 5.2 軟判定閾値関数の振る舞い.

L_1 ノルムに対する近接写像は,

$$\text{prox}_{\lambda\eta|\cdot|_1}(\mathbf{z}) = S_{\lambda\eta}(\mathbf{z}) \tag{5.47}$$

と与えられる.$\mathbf{z}$ としては,暫定解から勾配を引いたもの $\mathbf{a}[t] - \eta\nabla C(\mathbf{a}[t])$ が代入されることを思い出すと,L_1 ノルムを導入することにより,最急降下法に比べて,軟判定閾値関数が追加で適用される.すると逐次最小化において暫定解から勾配を引き,その結果が閾値を超えられない成分をゼロに潰すということを示している.すなわち LASSO による最小化問題の解は,**ゼロが多くなる傾向にある**.このゼロが多い解のことをスパースな解と呼ぶことがある.対数尤度関数がガウス分布由来の L_2 ノルムでなくても同様に代理関数を導入すること

で，LASSO と共通の逐次最小化の手続きとなることから，ラプラス分布を事前分布においた最大事後確率推定による結果は，スパースな解を与えることがわかる．そこで推定対象であるベクトルにゼロ成分が多いという特徴があるというスパース性 (sparsity) を有する場合，このラプラス分布を利用した最大事後確率推定により，その特徴的なベクトルを推定することが可能となる．この顕著な性質を利用した技術がのちに述べる**圧縮センシング (compressed sensing)** であり，**低ランク行列再構成 (reconstruction of low-rank matrix)** である．

それでは上界逐次最小化による L_1 ノルムを含む最小化問題のアルゴリズムをまとめておこう．このアルゴリズムを **ISTA(iterative shrinkage soft-thresholding algorithm)** と呼ぶ．

アルゴリズム 5.1　Iterative Shrinkage Soft-thresholding Algorithm (ISTA)

---

1. $t = 0$ とする．初期条件を適当に用意する．
2. 前回の更新までに得られた暫定解 $\mathbf{a}[t]$ を用いて，

$$\mathbf{z}[t] = \mathbf{a}[t] - \eta \nabla C(\mathbf{a}[t]) \tag{5.48}$$

を計算する．
3. 軟判定閾値関数を適用して更新する．

$$\mathbf{a}[t+1] = S_{\lambda\eta}(\mathbf{z}[t]). \tag{5.49}$$

4. 終了基準を満たすまでステップ 2-4 を繰り返す．

5.3.6　ネステロフの加速法

上界逐次最小化法を適用して近接勾配法に基づいた更新をしていく場合，変形させる前の関数 $C(\mathbf{a})$ が $1/\eta$ 平滑である時，最小化させたいコスト関数（L_1 ノルム等を含む）を $f(\mathbf{a})$ とすれば，

$$f(\mathbf{a}[t]) - f(\mathbf{a}^*) \leq \frac{|\mathbf{a}[0] - \mathbf{a}^*|_2^2}{2\eta t} \tag{5.50}$$

であることが知られている．$\mathbf{a}^*$ は最適解である．さらに $C(\mathbf{a})$ に強凸性が成立

する場合は，線形収束 ($\mathbf{a}[t+1] - \mathbf{a}^* = \alpha(\mathbf{a}[t] - \mathbf{a}^*)$ $|\alpha| < 1$) を示すという性質も知られている．更新された解は最適解から $O(1/t)$ 程度の誤差があるというのは，最急降下法を利用した場合の結果と同様である．近接勾配法を利用するのは，最小化させたいコスト関数の一部に微分可能でない関数がある場合である．微分可能でない関数は含まれていたとしても，最急降下法を実行した場合と変わらない収束を見せるということがわかる．実際の応用を念頭におくと，より高速に最適解に漸近していく方法が望まれる．そこで利用されるのが**ネステロフの加速法 (Nesterov's acceleration)** である．先ほどの近接勾配法に基づくアルゴリズム ISTA にその加速法を適用したものを **FISTA(fast iterative shrinkage soft-thresholding algorithm)** と呼ぶことがある．

アルゴリズム 5.2 Fast Iterative Shrinkage Soft-Thresholding Algorithm (FISTA)

---

1. $t = 0$ とする．初期条件を適当に用意する．($w[0] = 0$)
2. 前回の更新までに得られた暫定解 $\mathbf{a}[t]$ を用いて，

$$\mathbf{z}[t] = \mathbf{a}[t] - \eta \nabla C(\mathbf{a}[t]) \tag{5.51}$$

を計算する．

3. 軟判定閾値関数を適用して更新する．

$$\mathbf{b}[t] = S_{\lambda\eta}(\mathbf{z}[t]). \tag{5.52}$$

4. 以下のルールで更新をする．

$$\mathbf{a}[t+1] = \mathbf{b}[t] + \left(\frac{w[t]-1}{w[t+1]}\right)(\mathbf{b}[t] - \mathbf{b}[t-1]). \tag{5.53}$$

$w[t+1] = \left(1 + \sqrt{1 + 4w^2[t]}\right)/2$ である．
5. 終了基準を満たすまでステップ 2-5 を繰り返す．

この加速法を利用すると，誤差の収束は $O(1/t^2)$ となり改善する．証明の詳細は文献に譲るが，案外と簡易な計算で証明することができる [3]．更新により誤差がどのように変化していくかを直接見て，誤差を抑えるようにうまく式変形をしている．近接勾配法を適用する場合に利用できる加速法であるので，覚えておくと有用であろう．

5.4 多様な確率モデル

5.4.1 ポアソン分布

これまでの例では，データの入出力関係の間に不確実な要素として，ガウス分布に従う加法的ノイズが存在すると仮定して話を進めてきた．

対象とする問題によっては，ガウス分布は適切ではなく，他の確率分布関数を適用するほうが良好な推定を行える場合がある．ここではガウス分布とは異なる確率分布関数をもつ例として，ポアソン分布を取り扱ってみよう．ポアソン分布は期待値と分散が共通な1パラメータにより記述される確率分布である．その期待値を，いくつかの関数 $f_k(x_d)$ にパラメータ a_k で重み付けされた和で決まっているものとしよう．

$$P(y|x,\mathbf{a}) = \frac{1}{y!} \exp\left(-\sum_{k=1}^{n} a_k f_k(x)\right) \left(\sum_{k=1}^{n} a_k f_k(x)\right)^y. \qquad (5.54)$$

この確率的な入出力関係に従い，生成されるいくつかのデータを取得した後に，パラメータ $\mathbf{a}$ を推定することを考える．ここで注意したいのは，ポアソン分布はその定義上，期待値が正でなければならない．そこでパラメータ a_k および $f_k(x_d)$ が正の値をとることが要求される．

最尤推定の処方箋に従えば，以下の最小化問題を解けばよいことがわかる．

$$\min_{\mathbf{a}} \left\{ \sum_{d=1}^{D} \left\{ \sum_{k=1}^{n} a_k f_k(x_d) - y_d \log\left(\sum_{k=1}^{n} a_k f_k(x_d)\right) \right\} \right\}. \qquad (5.55)$$

ここで最急降下法を適用することを想定してコスト関数の符号を逆にしている．最急降下法の適用のために勾配を計算してみる．

$$\nabla\left(\sum_{d=1}^{D} -\log P(y_d|x_d, \mathbf{a})\right) = \sum_{d=1}^{D}\left(f_k(x_d) - \frac{y_d f_k(x_d)}{\sum_{l=1}^{n} a_l f_l(x_d)}\right). \qquad (5.56)$$

このまま最急降下法の更新則を素朴に考えると，以下の更新式を得る．

$$a_k[t+1] = a_k[t] - \eta \sum_{d=1}^{D}\left(f_k(x_d) - \frac{y_d f_k(x_d)}{\sum_{l=1}^{n} a_l[t] f_l(x_d)}\right). \qquad (5.57)$$

読みやすさのため，成分ごとに表示した．ベクトル表示では，以下のようになる．

$$\mathbf{a}[t+1] = \mathbf{a}[t] - \eta \left(\mathbf{F}^{\mathrm{T}} \mathbf{1}_D - \mathbf{F}^{\mathrm{T}} \left(\frac{\mathbf{y}}{\mathbf{F}\mathbf{a}} \right) \right). \tag{5.58}$$

ここで $\mathbf{1}_D = (1, 1, \cdots, 1)$ とする. さらに表記上, ベクトルの割り算は成分ごとに行うものとする. さて, この更新則に基づきパラメータを更新していくと, パラメータ $\mathbf{a}$ が負になってしまう. ポアソン分布の期待値の性質からパラメータと関数の内積は負になってはならない. 任意の関数列で負にならないためには, 関数列が正であること, さらにパラメータ自身も正であり続けなければならない. そこで最尤推定の段階で正の値の範囲で最小化を行うことを条件として, 更新則も上記のように, 負の値が生じるということがないようにしたい. 不等式制約を課して最尤推定を行うことも考えられるがやや煩雑であるため, ここでは比較的容易な工夫により正値性を保つことのできる手法を紹介する.

5.4.2 正値性を保った更新則

最急降下法に基づく更新則を素朴に適用した場合, 更新ごとにパラメータが正の値となるかどうかは保証できない. これは更新則内にある負の要素の問題によるものである. そこで更新幅 η を工夫して負の値にならないようにする. 単純に幅を小さくとれば負の要素によってパラメータが負になることを防ぐことができるが, 全体的に更新の幅が小さくなるために計算速度が低減するという問題が発生する. そこで更新幅 η をベクトル化して成分ごとに変化させることを考える.

$$\mathbf{a}[t+1] = \mathbf{a}[t] - \boldsymbol{\eta} \odot \left(\mathbf{F}^{\mathrm{T}} \mathbf{1}_D - \mathbf{F}^{\mathrm{T}} \left(\frac{\mathbf{y}}{\mathbf{F}\mathbf{a}[t]} \right) \right). \tag{5.59}$$

ここで $\odot$ は成分ごとの積をとるものとする. 最急降下法がちょうどコスト関数を 2 次まで展開をして, 2 次の項をヘシアンから別のものに置き換えたコスト関数の逐次最小化であることを思い出すと, 上記の更新則は以下の変更を加えたコスト関数の最小化に相当するものである.

$$C_{\boldsymbol{\eta}}(\mathbf{a}, \mathbf{a}[t]) = C(\mathbf{a}[t]) + \nabla C(\mathbf{a}[t])(\mathbf{a} - \mathbf{a}[t]) + \frac{1}{2}(\mathbf{a} - \mathbf{a}[t])^{\mathrm{T}} \operatorname{diag}(1/\boldsymbol{\eta})(\mathbf{a} - \mathbf{a}[t]). \tag{5.60}$$

ここで diag は対角成分に引数のベクトルをもつ対角行列であるとする. このよ

194 第 5 章 圧縮センシングとその近辺

うに更新幅を成分ごとに変えた上で，更新則で負となる要素を消去する．更新
幅ベクトルを

$$\boldsymbol{\eta} = \frac{\mathbf{a}[t]}{\boldsymbol{F}^{\mathrm{T}}\mathbf{1}_D} \tag{5.61}$$

としよう．その時更新則を改めて書き下すと，

$$\mathbf{a}[t+1] = \frac{\mathbf{a}[t]}{\boldsymbol{F}^{\mathrm{T}}\mathbf{1}_D} \odot \boldsymbol{F}^{\mathrm{T}}\left(\frac{\mathbf{y}}{\boldsymbol{F}\mathbf{a}}\right) \tag{5.62}$$

となる．この時初期条件として選ぶパラメータを正の値にしておけば，$\boldsymbol{F}$ の各
成分も正であれば，常に正のままでパラメータが更新される．この更新則は，ポ
アソン分布で取得データが適切に表現される SPECT（単一光子放射断層撮影：
single photon emission computed tomography）の再構成手法として用いられる
ML-EM 法と呼ばれるアルゴリズムと同様なものである [12]．ここで考えたよ
うに，更新幅を成分ごとに変えることで，特性をもったアルゴリズムを構築で
きる．

5.4.3 非負値制約行列分解

これまではパラメータがベクトルの意味で多数含まれることを想定してきた．
入出力関係がベクトルの内積の形で与えられるということを想定したためだ．
ここで異なるパラメータのセットをもってきて複数の出力が得られる場合を考
えてみよう．

$$y_l = \sum_{k=1}^{n} a_{kl} f_k(x) \tag{5.63}$$

同様に，入出力関係にはノイズがかかってしまうことを想定しよう．再びガウス
ノイズを導入すると，最尤推定の処方箋に従えば，パラメータを推定するには，

$$\min_{\boldsymbol{A}}\left\{\frac{1}{2}\left|\boldsymbol{Y}-\boldsymbol{F}\boldsymbol{A}\right|_{\mathrm{F}}^{2}\right\} \tag{5.64}$$

を解けばよいことがわかる．$(\boldsymbol{Y})_{dl} = y_{dl}$ であり，$(\boldsymbol{A})_{kl} = a_{kl}$ である．さらに F
と添字のついたノルムは，**フロベニウスノルム (Frobenius norm)** と呼ばれ，
行列の各成分の 2 乗をとり，和をとった後にルートをとったものである．$\boldsymbol{Y}$ と
いう行列を $\boldsymbol{A}$ と $\boldsymbol{F}$ という 2 つの行列に分解するという問題である．ただ分解

5.4 多様な確率モデル 195

するだけではなく，様々な特徴をもった行列に分解することが有用である．素朴に要素がすべて非負となるような制約をつけた行列分解を**非負値制約行列分解 (non-negative matrix factorization)** と呼ぶ [9]．

その際，先ほどのポアソン分布に従う出力を扱った場合と同様に，正値性を保った更新が役に立つ．まず素朴に微分を計算して，各成分ごとの更新幅を変えるために $\boldsymbol{H}$ という行列を用いて，最急降下法による更新則を構成してみると，

$$\boldsymbol{A}[t+1] = \boldsymbol{A}[t] + \boldsymbol{H} \odot \left(\boldsymbol{F}^{\mathrm{T}} \left(\boldsymbol{Y} - \boldsymbol{F}\boldsymbol{A}[t] \right) \right) \tag{5.65}$$

という形となる．更新幅を示す行列を以下のように設定する．

$$\boldsymbol{H} = \frac{\boldsymbol{A}[t]}{\boldsymbol{F}^{\mathrm{T}}\boldsymbol{F}\boldsymbol{A}[t]}. \tag{5.66}$$

更新則は差によるものから積を計算するものとなる．

$$\boldsymbol{A}[t+1] = \frac{\boldsymbol{A}[t]}{\boldsymbol{F}^{\mathrm{T}}\boldsymbol{F}\boldsymbol{A}[t]} \odot \left(\boldsymbol{F}^{\mathrm{T}}\boldsymbol{Y} \right). \tag{5.67}$$

ところでこの更新則は，適切な振る舞いを示しながら最適解を目指すのだろうか．更新則がどの列についても（行についてもだが）共通していることから，ある列 $(\boldsymbol{A}[t])_l$ に関する更新則

$$\mathbf{a}_l[t+1] = \frac{\mathbf{a}_l[t]}{\boldsymbol{F}^{\mathrm{T}}\boldsymbol{F}\mathbf{a}_l[t]} \odot \left(\boldsymbol{F}^{\mathrm{T}}\mathbf{y}_l \right) \tag{5.68}$$

について考えることにする．最急降下法は，変更を加えたコスト関数を最小化したものであるから，もとにしたコスト関数の上限となるかどうかが鍵である．そこで次のようなコスト関数と変更を加えたコスト関数の差分を考える．

$$d(\mathbf{a}, \mathbf{b}) = C(\mathbf{a}) - C_{1/\mathbf{h}}(\mathbf{a}, \mathbf{b}). \tag{5.69}$$

$C(\mathbf{a})$ はこれまでと同様に $C(\mathbf{a}) = |\mathbf{y} - \boldsymbol{F}\mathbf{a}|_2^2$ であり，$\mathbf{h}$ は $\boldsymbol{H}$ からある列 l を抜き取ったものである．この関数のパラメータ $\mathbf{a}$ についての微分をとると

$$\nabla d(\mathbf{a}, \mathbf{b}) = \nabla C(\mathbf{a}) - \nabla C(\mathbf{b}) - \mathrm{diag}(1/\mathbf{h})(\mathbf{a} - \mathbf{b}). \tag{5.70}$$

196 第 5 章 圧縮センシングとその近辺

となる．さらにこの全成分をパラメータ $\mathbf{a}$ について各成分で微分をすると，第 1 項からヘシアンが，第 3 項から $\mathrm{diag}(1/\mathbf{h})$ が得られる．示したいことは，変更を加えたコスト関数が元のコスト関数の上限となっていることであるから，ヘシアンが $\mathrm{diag}(1/\mathbf{h})$ を常に下回るということから負定値性を確認すればよい．そこで次のような 2 次形式を考慮することで負定値性を確認しよう．

$$\mathbf{u}^{\mathrm{T}} \left(\boldsymbol{F}^{\mathrm{T}} \boldsymbol{F} - \mathrm{diag} \left(\frac{\boldsymbol{F}^{\mathrm{T}} \boldsymbol{F} \mathbf{a}}{\mathbf{a}} \right) \right) \mathbf{u}. \tag{5.71}$$

そのまま直接評価するのではなく，次のような行列を考えるとよい．

$$\boldsymbol{M}_{kl} = a_k \left(\boldsymbol{F}^{\mathrm{T}} \boldsymbol{F} - \mathrm{diag} \left(\frac{\boldsymbol{F}^{\mathrm{T}} \boldsymbol{F} \mathbf{a}}{\mathbf{a}} \right) \right)_{kl} a_l. \tag{5.72}$$

この行列の任意のベクトル $\mathbf{u}$ による 2 次形式をとると，

$$\begin{aligned}
\mathbf{u}^{\mathrm{T}} \boldsymbol{M} \mathbf{u} &= \sum_{kl} \left\{ a_k u_k \left(\boldsymbol{F}^{\mathrm{T}} \boldsymbol{F} \right)_{kl} a_l u_l - a_k u_k \left(\boldsymbol{F}^{\mathrm{T}} \boldsymbol{F} \right)_{kl} a_l u_k \right\} \\
&= \sum_{kl} a_k \left(\boldsymbol{F}^{\mathrm{T}} \boldsymbol{F} \right)_{kl} a_l \left(u_k u_l - \frac{1}{2} u_k^2 - \frac{1}{2} u_l^2 \right) \\
&= -\frac{1}{2} \sum_{kl} a_k \left(\boldsymbol{F}^{\mathrm{T}} \boldsymbol{F} \right)_{kl} a_l \left(u_k - u_l \right)^2 \leq 0
\end{aligned} \tag{5.73}$$

となり，M については負定値性が示される．この行列 $\boldsymbol{M}$ はヘシアンと $\mathrm{diag}(1/\mathbf{h})$ の差について各成分拡大縮小の変換をしただけであるので，行列 $\boldsymbol{M}$ について負定値であることを示すことができれば，ヘシアンと $\mathrm{diag}(1/\mathbf{h})$ の差についても負定値であることが示される．よって上記の積による更新は常に上界となる代理関数を逐次最小化しているため，単調にコスト関数を下げていく．

5.4.4 非負値行列分解による辞書学習

　ここまでは $\boldsymbol{F}$ について固定して考えてきた．すなわちデータに合わせるための関数列が固定されていると考えていた．その関数列すらもデータから学習するとして最適なものを選ぶという方法がある．このようにデータに適切に合わせるための関数列を学習することを**辞書学習 (dictionary learning)** と呼び，機械学習の一つの方法として活用されている．同じコスト関数の形をしている

が，最適化する変数が $\boldsymbol{A}$ だけではなく $\boldsymbol{F}$ もということであるから，次の最小化問題を解くことになる．

$$\min_{\boldsymbol{A},\boldsymbol{F}} \left\{ \frac{1}{2} \left| \boldsymbol{Y} - \boldsymbol{F}\boldsymbol{A} \right|_{\mathrm{F}}^2 \right\}. \tag{5.74}$$

$\boldsymbol{A}$ については同様に，$\boldsymbol{F}$ を固定した上で同じ更新則を利用する．$\boldsymbol{F}$ については $\boldsymbol{A}$ を固定した上で，やはり同様に最急降下法を考える．

$$\boldsymbol{F}[t+1] = \boldsymbol{F}[t] + \boldsymbol{H} \odot \left((\boldsymbol{Y} - \boldsymbol{F}\boldsymbol{A})^{\mathrm{T}} \boldsymbol{A} \right). \tag{5.75}$$

$\boldsymbol{H}$ を次のように選ぶ．

$$\boldsymbol{H} = \frac{\boldsymbol{F}[t]}{(\boldsymbol{F}[t]\boldsymbol{A})^{\mathrm{T}} \boldsymbol{A}}. \tag{5.76}$$

すると最急降下法による更新則は，以下の積による更新則に変わる．

$$\boldsymbol{F}[t+1] = \frac{\boldsymbol{F}[t]}{(\boldsymbol{F}[t]\boldsymbol{A})^{\mathrm{T}} \boldsymbol{A}} \odot \left(\boldsymbol{Y}^{\mathrm{T}} \boldsymbol{A} \right). \tag{5.77}$$

この更新についても同様に，コスト関数と変更されたコスト関数を比較することで，常に上界となる代理関数を逐次最小化していることが確認できる．このようにして辞書学習を行いながら，辞書として獲得した関数列に対して最適なパラメータを調べると，経験的に辞書とパラメータがスパースになる（各成分にゼロが多い）ことが知られている．そのため比較的簡単な更新則で記述される非負値行列分解を行うことで，多くのデータからパラメータがスパースになるうまい辞書を得ることができる．

　上記ではポアソン分布に従う確率モデルからの流れで，非負値制約行列分解の話題を取り上げてきたが，もちろん非負値の制約を必ずしも必要とはしない．ただ現実に適用する問題設定では，画像に関する問題をはじめ，扱う要素が正の値をもつものが多く登場する．その際のアプローチとしてまずは非負値行列分解を適用してみてはどうだろうか．

5.4.5　低ランク行列分解
　それでは非負値に限らず行列分解の問題を考えてみよう．

$$\min_{\boldsymbol{A},\boldsymbol{F}} \left\{ \frac{1}{2} \left| \boldsymbol{Y} - \boldsymbol{F}\boldsymbol{A} \right|_{\mathrm{F}}^2 \right\}. \tag{5.78}$$

$\boldsymbol{Y}$ は $D \times L$ として，$\boldsymbol{F}$ は $D \times n$，$\boldsymbol{A}$ は $n \times L$ としよう．これは，$\boldsymbol{Y}$ にできるだけ近い $\boldsymbol{A}$ と $\boldsymbol{F}$ の積を見つけろという問題設定である．一般に長方行列は特異値分解を行うことができて，以下のような表現をすることができる．

$$\boldsymbol{Y} = \sum_{i=1}^{\min\{D,L\}} \mathbf{u}_i \lambda_i \mathbf{v}_i^{\mathrm{T}}. \tag{5.79}$$

λ_i は行列 $\boldsymbol{Y}$ の特異値であり，非負値をとる．$\min\{D, L\}$ は，D か L の小さいほうをとるという意味である．特異値が大きいものに付随するベクトル，特異ベクトル $\mathbf{u}_i$ および $\mathbf{v}_i$ は，行列 $\boldsymbol{Y}$ を構成する重要な成分であるといえる．そこで行列の形のデータが得られた場合に，そのデータに寄与する特異ベクトルを見つけることで，そのデータの特徴を取り出すことができる．

この特異値の非ゼロ要素の個数はその行列のランクと呼ばれる．このランクが低い行列を低ランク行列と呼ぶ．もしもこの行列のランクが n よりも小さければ，$\boldsymbol{F}$ と $\boldsymbol{A}$ の積により $\boldsymbol{Y}$ を記述することが十分にできることを意味する．一方で，n よりもランクが小さければ，上記の問題設定はできるだけ小さいランク n で $\boldsymbol{Y}$ を近似する行列 $\boldsymbol{F}\boldsymbol{A}$ を用意せよという問題となる．行列の低ランク近似 (low-rank approximation) と呼ばれる．

仮に行列 $\boldsymbol{Y}$ が，そもそも低ランクである場合を考えてみよう．その場合は行列 $\boldsymbol{Y}$ を表現するために $D \times L$ の要素の全容を知る必要あるのだろうか．先ほど紹介したように，特異ベクトルと特異値による分解により，行列 $\boldsymbol{Y}$ の素性が明らかとなった際，ランクの数に対してそれぞれ D 個の成分をもつベクトルと L 個の成分をもつベクトルだけで行列 $\boldsymbol{Y}$ は記述された．その意味で低ランクな行列であれば，行列 $\boldsymbol{Y}$ の全容を知らずとも推定することが可能ではないだろうか．このアイデアに基づいて，行列の要素を限定的に観測可能な場合に，行列の全容を復元する技術がある．これを低ランク行列再構成 (reconstruction of low-rank matrix) と呼ぶ．その場合，以下の最小化問題を解くことになる．

$$\min_{\boldsymbol{A},\boldsymbol{F}} \left\{ \frac{1}{2} \left| P_\Omega(\boldsymbol{Y}) - P_\Omega(\boldsymbol{F}\boldsymbol{A}) \right|_{\mathrm{F}}^2 \right\}. \tag{5.80}$$

$P_\Omega(\cdot)$ は，観測できた要素の集合 Ω に含まれない場合，0 となる写像である．観測できた部分についてのみフロベニウスノルムを最小化して，できるだけ近い行列を探すというものである．この技術を利用して，オンラインショッピングサービスなどに活用されているリコメンデーションシステムの基礎となる**協調フィルタリング (collaborative filtering)** が実現している．ここで鍵となるのが，行列のランクである．このランクが低いというのは，特異値にゼロが多い場合に実現する．そのため，ベクトルの要素にゼロが多い場合と同様に，低ランクであるという行列の特徴は，いわば行列のスパース性ともいえる顕著な性質である．

上記の低ランク行列再構成は，ランク n を指定した形となっている．実際に利用する場面では，前もってランクを知っていることは稀であるため，そのランクを推定することも含めて問題設定がなされる．この時，行列の低ランク性を意識した事前確率を利用したベイズ推定が有効となる．$\boldsymbol{W} = \boldsymbol{FA}$ とおいて，この行列 $\boldsymbol{W}$ が低ランクであるとする事前確率をおく．その場合には以下の行列のトレースノルムを利用した事前分布が有効である．

$$P(\boldsymbol{W}) \propto \exp\left(-\lambda \left|\boldsymbol{W}\right|_*\right). \tag{5.81}$$

$|\cdot|_*$ はトレースノルムと呼び，行列の特異値の和を示す．この事前確率を用いて，最大事後確率推定を行えばよい．結果として得られる最小化問題は以下の形をとる．

$$\min_{\boldsymbol{W}} \left\{ \frac{1}{2} \left|P_\Omega(\boldsymbol{Y}) - P_\Omega(\boldsymbol{W})\right|_{\mathrm{F}}^2 + \lambda \left|\boldsymbol{W}\right|_* \right\}. \tag{5.82}$$

この最小化問題を解くためには，以降で述べる最適化手法を利用することが可能である．関心のある読者は他の文献にも当たり，理解を深めて様々な応用に挑戦するとよいだろう [15].

5.4.6　カーネル法による拡張

これまでデータに合わせるために，事前に用意した関数列，または学習をして獲得した関数列を利用することを考えてきた．ここで重要なことは得られたデータがすでにあるという事実である．そのデータを利用して，その素性を調

200　　第 5 章　圧縮センシングとその近辺

べるため関数の形を表現するパラメータの推定を行ってきた．確率モデルの設定やパラメータに対する正則化によっては，得られたデータから大きく外れたものが得られることもしばしばある．これは複雑な振る舞いを合わせるために必要な関数の表現力とパラメータの数が乏しいために生じる．その対策として，素朴にパラメータの数を大きくすることが考えられるが，過学習の問題があり，正則化をしつつパラメータの数を増やすという拡張が望まれる．また，パラメータの増大により計算コストがかかるという問題もあり，その解決も必要となる．

そこで，得られたデータに忠実であり，パラメータを無下に増やすことのない関数の表現力の向上方法に**カーネル法 (kernel method)** がある [1,7]．ここで関数列 $f_n(\mathbf{x})$ の形を入力そのものの値に依存するのではなく，入力とこれまでに得られたデータにおける入力の間の距離に依存するものとする．すなわち

$$y = \sum_{d=1}^{D} b_d k(\mathbf{x}, \mathbf{x}^{(d)}) + z \tag{5.83}$$

という形を想定する．ノイズがガウス分布に従うことから，対数尤度関数の最大化をすると，

$$\min_{\mathbf{b}} \left\{ \frac{1}{2} \left| \mathbf{y} - \boldsymbol{K}\mathbf{b} \right|_2^2 \right\} \tag{5.84}$$

という最小二乗法に帰着する．$\boldsymbol{K}$ は $D \times D$ のカーネル行列と呼ばれるもので，$(\boldsymbol{K})_{d,d'} = k(\mathbf{x}^d, \mathbf{x}^{(d')})$ として定義される．パラメータ $\mathbf{b}$ の要素数が D であることに注意する．このカーネル行列において各成分が意味しているのは，異なる入力の間の距離である．遠くにいけばいくほど減衰するものが自然に想定されるため，よく利用されるガウスカーネルなどは，

$$k(\mathbf{x}^d, \mathbf{x}^{(d')}) = k_a \exp\left(-k_b \left| \mathbf{x}^{(d)} - \mathbf{x}^{(d')} \right|_2^2 \right) \tag{5.85}$$

と定義される．k_a と k_b はカーネルを特徴付けるパラメータである．上記の最小化問題を解く際に必要なのは $\boldsymbol{K}$ であるから，関数列の代わりにデータ入力間の距離を定義すれば回帰を行うことが可能というわけだ．ただしカーネル法はその表現力の高さゆえに，このまま利用すると過学習をする．そのため得られたデータには完全に合うものの他の入力に対して良好な振る舞いをするとは限

らず，パラメータがあまり大きくならないものとして以下の事前分布を利用するのが基本的なスタイルである．

$$P(\mathbf{b}) \propto \exp\left(-\frac{1}{2}\lambda \mathbf{b}^{\mathrm{T}} \boldsymbol{K} \mathbf{b}\right). \tag{5.86}$$

この場合，通常の関数列を用いたリッジ回帰と同様に，以下の解析的な結果を容易に求めることができる．

$$\mathbf{b} = (\boldsymbol{K} + \lambda)^{-1}\mathbf{y}. \tag{5.87}$$

このパラメータを得ることができれば，データに合わせた関数を作成できる．関数列を用意する場合はその関数形を与えることができるのに対して，カーネル法の場合は関数の値を知りたいところ $\mathbf{x}^{(i)}$ とデータ点の間の距離からなる別のカーネル行列 $(\boldsymbol{K}')_{i,d} = k(\mathbf{x}^{(i)}, \mathbf{x}^{(d)})$ を用意して，以下のように知りたいところの関数の値 y_i を計算するとよい．

$$y_i = \sum_{d=1}^{D} b_d k(\mathbf{x}^{(i)}, \mathbf{x}^{(d)}). \tag{5.88}$$

　通常の関数列を用意した回帰とは異なり，カーネル法ではすでに得られたデータ点からの距離に依存した関数による回帰を行う．そのためパラメータの意味が異なることに注意したい．通常の関数列を用意する場合は，どの関数を利用するかという選択のためにパラメータを利用している．それに対してカーネル法では，どの入力データを信用するかという選択にパラメータを利用している．改めて見てみると，パラメータ $\mathbf{b}$ はデータの個数分だけ成分をもっているため，そのデータ点をどの程度重要視するかという目安になっていることがわかる．また関数列を利用した回帰では $D \times n$ の行列を用いたのに対して，カーネル行列が $D \times D$ であることにも注目したい．大量のデータを利用できる場合，カーネル行列が大規模なものとなり計算量困難に陥る可能性がある．適切に前処理を施したり，工夫をする研究が現在進められているところだ．

5.5　圧縮センシング

　ここまでベイズ推定を利用した確率的推論の話をしてきた．事前分布として，

202　第 5 章　圧縮センシングとその近辺

推定しようとしているパラメータについてわかっていることを確率分布の形で取り込むことにより，情報が足りないがために絞りきることのできない解を選ぶことが可能となった．果たしてそれは求めたいパラメータの正解なのだろうか．ここでは推定されるパラメータに真の値として正解がある問題を考える．そしてその正解をベイズ推定で厳密に当てられる場合があることを紹介する．その顕著な性質を利用したのが圧縮センシングである．

5.5.1　線形観測過程

　見たいものを見ようと，観測機器や計測機器を使ってその対象の断片的な情報を取得することを考える．その観測過程をモデル化した時，以下のような関係を満たすものとする．

$$\mathbf{y} = \boldsymbol{A}\mathbf{x}^0. \tag{5.89}$$

$\boldsymbol{A}$ は観測行列と呼ばれるものであり，$\mathbf{x}^0$ が知りたいもの，見たいものを表すベクトルである．$\mathbf{y}$ が取得されたデータを表す．このように観測過程をモデル化する時，観測は線形観測であるという．観測行列のサイズを $M \times N$ とすると，それに応じて $\mathbf{y}$ は M 次元であり，$\mathbf{x}^0$ は N 次元である．$M = N$ であれば，観測行列に逆行列が存在しうるので $\mathbf{x}^0$ を知ることはそれほど難しいことではない．しかしながら観測してデータを取得するのにコストがかかり容易ではない時，$M < N$ となる場合がある．またはデータを取得する量を積極的に減らすことで高速な観測を実現したいという時にも，共通の問題設定をおくことになる．

　ここでスパース性を利用してみよう．すなわち知りたいもの $\mathbf{x}^0$ の成分が，実はほとんどゼロであると仮定してみよう．その場合，N 次元あるうち重要な非ゼロ成分が K 個しかないとすれば，見かけ上 N 個の未知数があるだけで，実際上 K 個の未知数がある問題となる．その未知数の数に対して方程式の数として $\mathbf{y}$ の成分の数 M が上回っていれば，K 個の未知数を推定するのに十分である．

5.5.2　L_1 ノルム最小化

　問題はその非ゼロ成分がどこにあるのか，ゼロがどこにあるのかが事前にはわからないということだ．そこで線形観測の結果に矛盾しないという条件の下

でできるだけスパースな解を求めてみよう.

定義 5.7 （L_0 ノルム最小化）　以下の最小化問題を考える.

$$\min_{\mathbf{x}} |\mathbf{x}|_0 \text{ s.t. } \mathbf{y} = \boldsymbol{A}\mathbf{x}. \tag{5.90}$$

$|\cdot|_0$ は，ベクトルの非ゼロ成分の個数を与える L_0 ノルムである.

残念ながら，この最小化問題は計算量爆発を引き起こす組合せ最適化問題に属する．どこが非ゼロかゼロかということを，N 次元の $\mathbf{x}$ の中で様々な組み合わせを考慮しながら最小化問題を計算しなければならないためだ．そこで緩和問題を考えることにする．計算量もそれほど大きくなく，スパースな解を求められるような代わりの最小化問題を用意する．ここで再び L_1 ノルムが登場する．L_0 ノルムの緩和として，L_1 ノルムを利用するのだ.

定義 5.8 （L_1 ノルム最小化）　以下の最小化問題を考える.

$$\min_{\mathbf{x}} |\mathbf{x}|_1 \text{ s.t. } \mathbf{y} = \boldsymbol{A}\mathbf{x}. \tag{5.91}$$

ベイズ推定におけるラプラス分布を利用した事後確率最大推定でスパースな解を選択することができるように，この L_1 ノルム最小化によっても再びスパースな解を得ることができる．絶対値関数の存在によりスパースな解が得られることを，以下の簡単な問題で確認してみよう.

例 5.1 （L_1 ノルム最小化によるスパース解の推定）　以下の最小化問題を解いてみよう.

$$\min_{x_1, x_2} \{|x_1| + |x_2|\} \text{ s.t. } y = \mathbf{a}^{\mathrm{T}}\mathbf{x}. \tag{5.92}$$

観測行列 $\boldsymbol{A}$ は，単なる行ベクトルに過ぎず，

$$\mathbf{a}^{\mathrm{T}} = \begin{pmatrix} 2 & 1 \end{pmatrix} \tag{5.93}$$

204   第 5 章　圧縮センシングとその近辺

とする．$y = 1$ とする．

　まずは制約条件にされている $y = \mathbf{a}^{\mathrm{T}} \mathbf{x}$ から，

$$1 = 2x_1 + x_2 \tag{5.94}$$

であることに注目したい．(x_1, x_2) の 2 次元座標空間上で，傾き -2 の直線を描くことがわかる．最小化するコスト関数部分を見ると，$x_2 = -2x_1 + 1$ を代入して

$$|x_1| + |-2x_1 + 1| \tag{5.95}$$

である．絶対値記号を外すために場合分けを駆使すると

$$|x_1| + |-2x_1 + 1| = \begin{cases} 3x_1 - 1 & (\frac{1}{2} \leq x_1) \\ -x_1 + 1 & (0 \leq x_1 < \frac{1}{2}) \\ -3x_1 + 1 & (x_1 < 0) \end{cases} \tag{5.96}$$

となることがわかる．最小値をとる (x_1, x_2) を求めてみると，$(x_1, x_2) = (\frac{1}{2}, 0)$ であり，確かにスパースな解が得られる．

5.5.3　直観的な理解

　2 次元座標空間 (x_1, x_2) 上で，先ほど扱った最小化問題について幾何学的に考察してみよう．まず制約条件は $x_2 = -2x_1 + 1$ という直線を描く．L_1 ノルムは絶対値の場合分けを繰り返すことにより，x_1, x_2 軸上に先端をもつ原点を中心とする菱形で表すことができる．制約条件を満たすような菱形を描くと，菱形と直線が接する時であることがわかる（図 5.3）．よく知られた L_2 ノルムでは 2 次元平面上で円を描く．その場合軸上に解をもつことは制約条件を表す直線が軸に直交しているという特殊な状況でしか起こらない．この図を見ると明らかなように，L_1 ノルムは尖っているために，スパースな解を出す能力に長けている．

5.5.4　実例

　実例を紹介しよう．$N = 1000$ 次元のうち，$K = 20$ 個のみがガウス分布に従

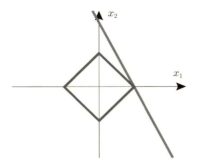

図 5.3　L_1 ノルム最小化の様子.

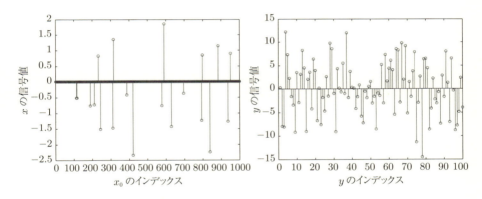

図 5.4　$N = 1000$ 次元のうち $K = 20$ 個の非零をもつ原信号（左）と $M = 100$ 次元の出力ベクトル（右）.

うランダム変数により正解となる $\mathbf{x}^0$ を生成する．さらにガウス分布に従うランダム変数をもった観測行列 A を適用して得られた $M = 100$ 次元のベクトル $\mathbf{y}$ を図 5.4 に示す．これに L_1 ノルム最小化を利用すると，スパースな解を得ると同時に**正解と一致する**結果を得る．一方 L_2 ノルムではそのような結果は得られない（図 5.5）．L_1 ノルムは，ベイズ推定における事後確率最大推定でも見てきたように，スパースな解を求めることができる．それだけではなく，**正解を当てることができる**性質をもつことがこの例から読み取れる．その性質は一

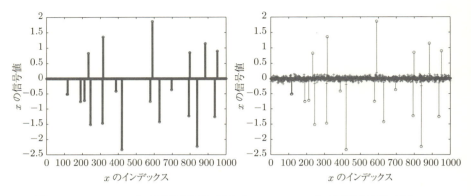

図 5.5　L_1 ノルムによる再構成結果（左）と L_2 ノルムによる再構成結果（右）．

般に成立するのだろうか？

定理 5.2　（**圧縮センシングの性能限界**）　観測行列 A が各成分平均 0，分散 1 のガウス分布から生成される時，以下の条件を満たす曲線を境にして，α が大きく，ρ が小さい領域では，L_1 ノルム最小化により非常に高い確率で原信号の推定に成功する [5, 6, 8]．

$$\frac{1}{\alpha} = 1 + \sqrt{\frac{\pi}{2}} t e^{\frac{t^2}{2}} \{1 - 2Q(t)\}, \tag{5.97}$$

$$\frac{\rho}{1-\rho} = 2\left(\frac{e^{-\frac{t^2}{2}}}{t\sqrt{2\pi}} - Q(t)\right). \tag{5.98}$$

$\alpha = \dfrac{M}{N}$，$\rho = \dfrac{K}{N}$ であり，

$$Q(t) = \int_t^\infty \frac{e^{\frac{x^2}{2}}}{\sqrt{2\pi}} dx \tag{5.99}$$

である（図 5.6）．

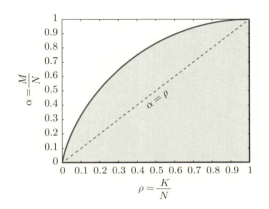

図 5.6 L_1 ノルム最小化による再構成が可能な領域と不可能な領域の相境界の様子.

　この発見が圧縮センシングの隆盛のきっかけとなり，MRI（磁気共鳴画像法：magnetic resonance imaging）等の医用画像への応用の成功 [10] により爆発的な流行を迎えた．ただスパース解を選択するだけではなく，そこに正解を当てるという要素があり，適当なものを選ぶというわけではないところが重要である．

　実際に圧縮センシングを MRI に適用した例を紹介しよう．MRI ではプロトンの密度を通して，体内の様子を撮像する．その際に電磁波を介して取得した信号 $\mathbf{y}$ は，体内の様子を示す信号とフーリエ変換の関係をもつ．このフーリエ変換の様子を離散化して線形変換で表現することで $\mathbf{y} = \boldsymbol{A}\mathbf{x}$ を満たす $\mathbf{x}$ を推定するという問題に帰着する．通常の MRI であれば，解像度分に必要な情報を取得（フルサンプリング）したのちに，逆フーリエ変換を通して体内の様子を推定することができる．しかし信号の数を減らして高速撮像を目指した途端に，逆フーリエ変換を施すことができなくなるため，圧縮センシングによる信号の再構成を必要とする．

　図 5.7 に，MRI でフルサンプリングして取得した信号 $\mathbf{y}$ から逆フーリエ変換を施した場合の通常の MRI 画像と，それに対して信号 $\mathbf{y}$ の一部だけを利用して，圧縮センシングによる再構成により取得した MRI 画像を示す．この場合は，なんと約 1/5 の取得信号からの再構成結果である．約 5 倍もの高速撮像で，図に示すようにフルサンプリングと遜色のない結果を引き出していることがわか

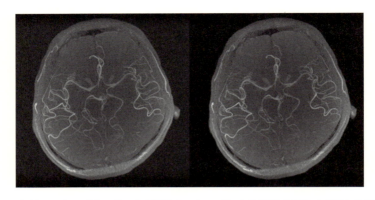

図 5.7 左がフルサンプリング，右が圧縮センシングによる再構成画像（京都大学病院放射線科協力）．

る．実用上では $\mathbf{x}$ の L_1 ノルムそのものを最小化するのではなく，全変動 (total variation) やウェーブレット変換などを施したものの L_1 ノルムを最小化することが多い．それらを組み合わせたものを最小化することもある．再構成したい問題の構造に照らして，適切な変換を利用する必要があることに注意したい．それらの組み合わせの係数によっても出てくる画像には微妙な違いがあり，特に医用画像の場合，診断に影響を与えるためその係数の選択は重要な問題となる [2]．

5.6　最適化の数理

圧縮センシングに現れるような最適化問題を解くために利用される基本的な数理について紹介していこう．L_1 ノルムの利用については，ベイズ推定のところで指摘したように，軟判定閾値関数を利用して対応することになるだろう．しかしながらここで考える問題は，等式制約がある．そこを適切に扱う必要がある．ここでは代表的な 2 種類の等式制約の扱い方について紹介することにしよう．

5.6.1　罰金法

1つ目は古典的ではあるが**罰金法 (penalty method)** と呼ばれる手法を紹介

する．最適化問題に等式制約や不等式制約など，追加で考慮しなければならない条件がある場合，その条件に違反していると罰金項として余計にコスト関数に付加する方法である．

> **定義 5.9**　（罰金法）　ここで最小化したいコスト関数を $f(\mathbf{x})$ として，制約条件を $g_k(\mathbf{x}) = 0$ となるものを考える．その時，罰金係数 ρ_μ をかけて，コスト関数に次のように罰金項を追加する．
>
> $$\min_{\mathbf{x}} \left\{ f(\mathbf{x}) + \sum_\mu \frac{\rho_\mu}{2} \left(g_\mu(\mathbf{x}) \right)^2 \right\}. \tag{5.100}$$

このコスト関数について最適化をする．その際，罰金係数を徐々に大きくしていくことで，制約条件を完全に満たす解へと誘導していく．圧縮センシングの問題設定であれば，$g_\mu(\mathbf{x}) = y_\mu - \mathbf{a}_\mu^{\mathrm{T}} \mathbf{x}$ とすると制約条件を示す関数は

$$\min_{\mathbf{x}} \left\{ |\mathbf{x}|_1 + \frac{1}{2} |\mathbf{y} - A\mathbf{x}|_\rho^2 \right\} \tag{5.101}$$

となる．$|\mathbf{z}|_\rho = \sqrt{\sum_\mu \rho_\mu z_\mu^2}$ とした．罰金係数をすべて共通のものにすれば，$\lambda = 1/\rho$ とすることで LASSO に帰着する．つまり形式的にはベイズ推定でラプラス分布を利用した事後確率最大推定で圧縮センシングを行うことができるのだ．その際，λ を次第に小さくしていく必要があることには注意したい．この係数 λ はちょうど軟判定閾値関数の閾値に関係しており，λ を次第に小さくしていくことで，閾値を次第に小さくしていくことがわかる．ただしこの係数を変化させていくスケジュールについては考察が必要であり，利便性がよいとは必ずしもいえない．

ちなみに等式制約以外にも，罰金法では不等式制約 $h(\mathbf{x}) \geq 0$ を扱うことが可能である．その際は，コスト関数に以下のように罰金項を加えればよい．

$$\min_{\mathbf{x}} \left\{ f(\mathbf{x}) + \sum_\mu \frac{\rho_\mu}{2} \left(g_\mu(\mathbf{x}) \right)^2 + \sum_\nu \frac{\sigma_\nu}{2} \left(\min\{0, h_\nu(\mathbf{x})\} \right)^2 \right\}. \tag{5.102}$$

5.6.2　ラグランジュ未定乗数法

次の制約条件の扱い方は，ラグランジュ未定乗数法 (Lagrange multiplier

210   第 5 章　圧縮センシングとその近辺

method) である．罰金法では制約条件の 2 乗を利用したが，こちらは線形結合を用いる．その際，ラグランジュ未定乗数と呼ばれる係数を利用する．

定義 5.10　（ラグランジュ未定乗数法）　等式制約に対して，コスト関数を以下のように変更したラグランジュアンを用意する．

$$L(\mathbf{x}, \boldsymbol{\xi}) = f(\mathbf{x}) + \sum_{\mu} \xi_{\mu} g_{\mu}(\mathbf{x}). \tag{5.103}$$

圧縮センシングで扱う最適化問題においては，ラグランジュアンは，

$$L(\mathbf{x}, \boldsymbol{\xi}) = |\mathbf{x}|_1 + \boldsymbol{\xi}^{\mathrm{T}}(\mathbf{y} - A\mathbf{x}). \tag{5.104}$$

となる．

ラグランジュ未定乗数法では，ラグランジュ未定乗数を新しい変数として残して，元の変数について先に最適化を行うことで，まず別の最適化問題へ変換する．その別の最適化問題が解きやすい形であったり，性質がよい形をしていることを期待する方法である．この元の変数について最適化を行うと，特にラグランジュ未定乗数が線形でかかっている時，以下のような凸共役な関数が出現する．

定義 5.11　（凸共役）　凸関数 $f(\mathbf{x})$ に対して，凸共役は，

$$f^*(\mathbf{z}) = \sup_{\mathbf{x}} \left\{ -f(\mathbf{x}) + \mathbf{z}^{\mathrm{T}}\mathbf{x} \right\} \tag{5.105}$$

で定義される．

いまの場合，$\mathbf{z} = A^{\mathrm{T}}\boldsymbol{\xi}$ とすれば $\mathbf{x}$ に関する最小化問題から

$$f^*(A^{\mathrm{T}}\boldsymbol{\xi}) = \sup_{\mathbf{x}} \left\{ -|\mathbf{x}|_1 - \boldsymbol{\xi}^{\mathrm{T}}A\mathbf{x} \right\} \tag{5.106}$$

が見い出される．sup とは上限を探すことである．この L_1 ノルムに対して凸共役な関数を実際に見つけてみよう．各成分独立な話の形をしているので，一つ

の成分について注目すればよい.

$$f^*(z) = \sup_x \{-|x| + zx\} \tag{5.107}$$

であるから, z について変化させながら考えてみる. $z > 1$ であれば x にかかる係数が必ず正となることから上限は $x = \infty$ である. 一方, $z < -1$ であれば x にかかる係数が必ず負となるので, 上限は再び $x = \infty$ となる. $-1 < z < 1$ であれば傾きが $x = 0$ で正から負へと変化するため, $x = 0$ が上限となる. 以上の結果から, 絶対値関数に対して, 凸共役な関数は,

$$f^*(z) = \begin{cases} \infty & (|z| > 1) \\ 0 & (|z| \le 1) \end{cases} \tag{5.108}$$

となることがわかる. そこでベクトル $\mathbf{z}$ に適用した場合は, それぞれの成分の結果を足しあげればよいので,

$$f^*(z) = \delta_{|\cdot|_\infty < 1}(\mathbf{z}) \tag{5.109}$$

となることがわかる. どれか一つでも ∞ となると, 結果が ∞ となることを考えればよい. ここで指示関数

$$\delta_{|\cdot|_\infty < \lambda}(\mathbf{z}) = \begin{cases} 0 & (|z|_\infty \le \lambda) \\ \infty & (\text{otherwise}) \end{cases} \tag{5.110}$$

を定義した. $|\mathbf{z}|_\infty = \max\{\mathbf{z}\}$ と定義される L_∞ ノルムである. この結果, ラグランジュアンに対して, 先に元の変数について最適化を行うことで, 以下の双対な最適化問題 (**双対問題**) を得ることができる.

$$\max_{\boldsymbol{\xi}} \left\{ -f^*(\boldsymbol{A}^\mathrm{T}\boldsymbol{\xi}) + \mathbf{y}^\mathrm{T}\boldsymbol{\xi} \right\}. \tag{5.111}$$

詳細は他の文献に譲るが, この双対問題は元の最小化問題の下限を与える弱双対性という性質を有する (下限が双対問題の最適解と一致する場合は強双対性が成り立つという). ここで双対問題のコスト関数を $g(\boldsymbol{\xi})$ とすると, 弱双対性より $g(\boldsymbol{\xi}) \le f(\mathbf{x}^*)$ が成立する. そのため一般に

$$f(\mathbf{x}) - f(\mathbf{x}^*) \leq f(\mathbf{x}) - g(\boldsymbol{\xi}) \tag{5.112}$$

が成立する．左辺は暫定解が最適解の間でどれだけコスト関数の値が離れているかを示す量である．右辺は暫定解における元の最小化問題と双対問題の間のコスト関数の値の差で，**双対ギャップ (duality gap)** と呼ばれるものである．この双対ギャップは最適化問題が与えられれば，評価することが容易である．そのためどれだけ最適解に近づいているのかの指標として用いられる．

このように新しいコスト関数，双対問題を定式化することで，異なる方法で最適化を考えることを可能にしたり，双対ギャップによる最適解への接近を評価することを可能にするのがラグランジュ未定乗数法である．ラグランジュ未定乗数法についても不等式制約を扱うことは罰金法と同様に可能である．

5.6.3 拡張ラグランジュ法

ここまで罰金法とラグランジュ未定乗数法という等式制約を扱う手法について見てきた．次に紹介するのはこれらを組み合わせた**拡張ラグランジュ法 (augmented Lagrangian method)** と呼ばれる方法であり，最近の進展とも相まって注目を集めている．

まず罰金法について思い出してみると，等式制約を扱うために，罰金項というものを導入した．その際に罰金係数を次第に大きくする必要があり，そのスケジュールは非自明なものである．一方ラグランジュ未定乗数法については，元の最適化問題に対して双対問題を導入する方法論であり，最適解を求めるためには，元の最適化問題同様に一定の計算が必要であることは変わらない．この両者を組み合わせることにより，罰金法の弱点を克服したのが拡張ラグランジュ法である．

最小化するべきコスト関数を $f(\mathbf{x})$，等式制約を $g_\mu(\mathbf{x})$ とする時，

定義 5.12 （**拡張ラグランジュ法**） 拡張ラグランジュ法では以下のような拡張ラグランジュアンを導入する．

$$L_{\mathrm{aug}}(\mathbf{x}, \boldsymbol{\xi}) = f(\mathbf{x}) + \sum_\mu \xi_\mu g_\mu(\mathbf{x}) + \sum_\mu \frac{\rho_\mu}{2} \left(g_\mu(\mathbf{x}) \right)^2. \tag{5.113}$$

拡張ラグランジュアンは，先に平方完成をしておくと便利である．実際に利用する時はこちらの形を利用する．

$$L_{\text{aug}}(\mathbf{x}, \boldsymbol{\xi}) = f(\mathbf{x}) + \sum_\mu \frac{\rho_\mu}{2}\left(g_\mu(\mathbf{x}) + \frac{\xi_\mu}{\rho_\mu}\right)^2. \qquad (5.114)$$

ラグランジュ未定乗数法も利用しており，等式制約を満たすように影響する効果が罰金法だけではないことから罰金係数を一定のままにしておけるのが，拡張ラグランジュ法の利点である．その代わりラグランジュ未定乗数については以下のように更新する．

$$\xi_\mu = \xi_\mu + \rho_\mu g_\mu(\mathbf{x}). \qquad (5.115)$$

この更新則の直観的な理解の仕方は，等式制約を満たしていない場合には，その大きさに応じてラグランジュ未定乗数を更新することにある．更新が必要なくなった時は，その等式制約を満たすようになったことを示す．

この拡張ラグランジュ法を利用すれば，罰金法にあったような利便性が低くなるという問題点もなく等式制約を扱うことができる．その点に注目して，効率よく圧縮センシングに現れる問題を解くアルゴリズムを導入しよう．

5.6.4 交互方向乗数法

ここで紹介するのは等式制約を適切に扱うことのできる拡張ラグランジュ法を用いた最適化手法である．基本的には2つ以上の凸関数によるコスト関数が組み合わさった最適化問題について強力な手法となる．そこで以下のような最小化問題を考える．

$$\min_{\mathbf{x}} \left\{ f(\mathbf{x}) + g(\mathbf{x}) \right\}. \qquad (5.116)$$

たとえば LASSO では，L_1 ノルムと L_2 ノルムの2つを同時に考慮した最小化問題を扱っている．その時は $f(\mathbf{x}) = |\mathbf{y} - A\mathbf{x}|_2^2/2$ および $g(\mathbf{x}) = \lambda|\mathbf{x}|_1$ とすればよい．この時あえて変数を増やすことで，コスト関数の分離を行う．その際に等式制約を用いて等価な以下の最小化問題を考える．

214   第 5 章 圧縮センシングとその近辺

$$\min_{\mathbf{x},\mathbf{z}} \{f(\mathbf{x}) + g(\mathbf{z})\} \text{ s.t. } \mathbf{x} - \mathbf{z} = \mathbf{0}. \tag{5.117}$$

ここで拡張ラグランジュ法を利用しよう. つまり新しく導入した変数と元の変数は同じであるとする等式制約を取り込んだ拡張ラグランジュアンを用いる.

$$\min_{\mathbf{x},\mathbf{z}} \left\{ f(\mathbf{x}) + g(\mathbf{z}) + \frac{\rho}{2} \left| \mathbf{x} - \mathbf{z} + \frac{\boldsymbol{\xi}}{\rho} \right|_2^2 \right\}. \tag{5.118}$$

罰金係数はすべて共通のものとした. その結果, 変数 $\mathbf{x}$ についても変数 $\mathbf{z}$ についても共通した 2 次関数が付与され, それぞれのコスト関数との間で最適化を行えばよい形となった. そこで $\mathbf{x}$ と $\mathbf{z}$ について, それぞれ逐次最適化を行うことで更新をしていくことにする.

$$\mathbf{x}[t+1] = \operatorname*{argmin}_{\mathbf{x}} \left\{ f(\mathbf{x}) + \frac{\rho}{2} \left| \mathbf{x} - \mathbf{z}[t] + \frac{\boldsymbol{\xi}[t]}{\rho} \right|_2^2 \right\}, \tag{5.119}$$

$$\mathbf{z}[t+1] = \operatorname*{argmin}_{\mathbf{z}} \left\{ g(\mathbf{z}) + \frac{\rho}{2} \left| \mathbf{x}[t+1] - \mathbf{z} + \frac{\boldsymbol{\xi}[t]}{\rho} \right|_2^2 \right\}. \tag{5.120}$$

さらにラグランジュ未定乗数については

$$\xi[t+1] = \xi[t] + \rho(\mathbf{x}[t+1] - \mathbf{z}[t+1]) \tag{5.121}$$

として更新をする. このように, 2 つ以上のコスト関数をそれぞれ分離して, 分離したコスト関数と 2 次関数の間で各変数を逐次最適化していきながらラグランジュ未定乗数を更新するアルゴリズムを**交互方向乗数法** (alternating direction method of multipliers: ADMM) という [4].

　次なる問題は, 分離された状態での最小化問題が解けるかどうかであるが, これが容易に解ける形をしているのが交互方向乗数法の顕著な性質である. それぞれ最小化問題を見ると, 近接写像で記述できることがわかる.

$$\mathbf{x}[t+1] = \operatorname{prox}_f \left(\mathbf{z}[t] - \frac{\boldsymbol{\xi}[t]}{\rho} \right), \tag{5.122}$$

$$\mathbf{z}[t+1] = \operatorname{prox}_g \left(\mathbf{x}[t+1] + \frac{\boldsymbol{\xi}[t]}{\rho} \right). \tag{5.123}$$

たとえば LASSO に適用することを想定していたので, $\mathbf{x}$ については $f(\mathbf{x})$ が L_2

ノルムとなり，平方完成をすることで自明に最小解を得る．

$$\mathbf{x}[t+1] = \left(\boldsymbol{A}^{\mathrm{T}}\boldsymbol{A} + \rho\boldsymbol{I}_N\right)^{-1}\left(\mathbf{z}[t] - \frac{\boldsymbol{\xi}[t]}{\rho} + \boldsymbol{A}^{\mathrm{T}}\mathbf{y}\right). \qquad (5.124)$$

$\mathbf{z}$ については軟判定閾値関数を用いることで

$$\mathbf{z}[t+1] = S_{\lambda/\rho}\left(\mathbf{x}[t+1] + \frac{\boldsymbol{\xi}[t]}{\rho}\right) \qquad (5.125)$$

と計算することができる．よってすべて手計算で最小解を得られる形となっている．また他の問題に交互方向乗数法を適用しようと考える時に，近接写像を用いればよいのだから，あらかじめその計算を行っておけばよく，使用者にとっても利用しやすい．

アルゴリズム 5.3　ADMM for LASSO

---

1. $t = 0$ とする．それぞれの変数を初期化する（たとえば $\mathbf{x}[0] = \boldsymbol{A}^{\mathrm{T}}\mathbf{x}$, $\mathbf{z}[0] = \mathbf{x}[0]$, $\mathbf{u}[0] = \mathbf{0}$）．
2. $\mathbf{x}[t]$ の更新

$$\mathbf{x}[t+1] = \left(\boldsymbol{A}^{\mathrm{T}}\boldsymbol{A} + \rho\boldsymbol{I}_N\right)^{-1}\left(\mathbf{z}[t] + \boldsymbol{A}^{\mathrm{T}}\mathbf{y} - \mathbf{u}[t]\right). \qquad (5.126)$$

3. $\mathbf{z}[t]$ の更新

$$\mathbf{z}[t+1] = S_{\lambda/\rho}\left(\mathbf{x}[t+1] + \mathbf{u}[t]\right). \qquad (5.127)$$

4. $\mathbf{u}[t]$ の更新

$$\mathbf{u}[t+1] = \mathbf{u}[t] + (\mathbf{x}[t] - \mathbf{z}[t]). \qquad (5.128)$$

5. 終了基準を満たすまでステップ 2-4 を繰り返す．

　ここで，$\mathbf{u}[t] = \boldsymbol{\xi}[t]/\rho$ とおいた．交互方向乗数法では罰金項の係数 ρ は変化させない．そのためステップ 2 にある逆行列の計算はあらかじめ行っておけばよい．特に LASSO の場合，$\boldsymbol{A}^{\mathrm{T}}\boldsymbol{A} + \rho\boldsymbol{I}_N$ は対称行列であるため，Cholesky 分解を利用するとよい．

5.6.5　等式制約を常に満たした交互方向乗数法

圧縮センシングのもともとの定式化では，L_1 ノルムの最小化を等式制約 $\mathbf{y} = \boldsymbol{A}\mathbf{x}$

216　第5章　圧縮センシングとその近辺

下で解くということであった．それに対して，罰金法を利用した LASSO を適用した上で近接勾配法や交互方向乗数法を用いるのも手だが，途中の暫定解が等式制約を満たすとは限らない．そこで更新の途中でも等式制約を常に満たした最適化手法を考案する必要がある．そこで等式制約を考慮したラグランジュアン (5.104) に対して，元の変数について最適化を行う前に，拡張ラグランジュ法を適用してしまう．

$$L_{\mathrm{aug}}(\mathbf{x}, \mathbf{z}, \boldsymbol{\xi}, \mathbf{u}) = |\mathbf{z}|_1 + \boldsymbol{\xi}^{\mathrm{T}}(\mathbf{y} - \boldsymbol{A}\mathbf{x}) + \frac{\rho}{2} |\mathbf{x} - \mathbf{z} + \mathbf{u}|_2^2. \tag{5.129}$$

$\mathbf{u}$ は，拡張ラグランジュ法におけるラグランジュ未定乗数と罰金係数の比である．この拡張ラグランジュアンについて，元の変数について最適化を行う．こうすることで，もともとのラグランジュ未定乗数法の適用時とは異なり，L_1 ノルムについての凸共役ではなく，L_2 ノルムの凸共役を利用することになる．実際に手続き的に $\mathbf{x}$ について微分を行い，最小解を計算しよう．

$$\nabla_{\mathbf{x}} L_{\mathrm{aug}}(\mathbf{x}, \mathbf{z}, \boldsymbol{\xi}, \mathbf{u}) = -\boldsymbol{A}^{\mathrm{T}}\boldsymbol{\xi} + \rho(\mathbf{x} - \mathbf{z} + \mathbf{u}) = \mathbf{0} \tag{5.130}$$

より，

$$\mathbf{x}^* = \frac{1}{\rho}\boldsymbol{A}^{\mathrm{T}}\boldsymbol{\xi} + (\mathbf{z} - \mathbf{u}[t]) \tag{5.131}$$

である．この最小解を拡張ラグランジュアンに代入して，$\boldsymbol{\xi}$ に関する最大化問題に，すなわち双対問題に置き換える．双対問題のコスト関数は次の通りである．

$$L_{\mathrm{aug}}^*(\boldsymbol{\xi}, \mathbf{z}, \mathbf{u}) = |\mathbf{z}|_1 + \boldsymbol{\xi}^{\mathrm{T}}\{\mathbf{y} + \boldsymbol{A}(\mathbf{z} - \mathbf{u})\} - \frac{1}{2\rho} \left|\boldsymbol{A}^{\mathrm{T}}\boldsymbol{\xi}\right|_2^2. \tag{5.132}$$

ここで $\boldsymbol{\xi}$ について 2 次関数であるからこのコスト関数の最大化は容易に実行できて，最適解は，

$$\boldsymbol{\xi} = \rho\left(\boldsymbol{A}\boldsymbol{A}^{\mathrm{T}}\right)^{-1}\{\mathbf{y} + \boldsymbol{A}(\mathbf{z} - \mathbf{u})\} \tag{5.133}$$

である．この結果を先ほど得られた $\mathbf{x}$ の最適解に代入すると，

$$\mathbf{x} = \boldsymbol{A}^{\mathrm{T}}\left(\boldsymbol{A}\boldsymbol{A}^{\mathrm{T}}\right)^{-1}\mathbf{y} + \left(\boldsymbol{I}_N - \boldsymbol{A}^{\mathrm{T}}\left(\boldsymbol{A}^{\mathrm{T}}\boldsymbol{A}\right)^{-1}\boldsymbol{A}\right)(\mathbf{z} - \mathbf{u}) \tag{5.134}$$

を得る．この解は調べてみるとわかるが，常に $\mathbf{y} = \boldsymbol{A}\mathbf{x}$ を満たしている．つま

りこの解を使う限りは任意の $\mathbf{z}$, $\mathbf{u}$ において，アルゴリズムのどの時点で止めても，等式制約が満たされているという顕著な性質をもっている．残るは $\mathbf{z}$ と $\mathbf{u}$ の計算であるが，これはこれまでの例と全く同様にして計算できる．

アルゴリズム 5.4 L_1 ノルム最小化問題に対する交互方向乗数法

1. $t = 0$ とする．それぞれの変数を初期化する（たとえば $\mathbf{x}[0] = \boldsymbol{A}^{\mathrm{T}}\mathbf{x}$, $\mathbf{z}[0] = \mathbf{x}[0]$, $\mathbf{u}[0] = \mathbf{0}$）.
2. $\mathbf{x}[t]$ の更新

$$\mathbf{x}[t+1] = \boldsymbol{A}^{\mathrm{T}} \left(\boldsymbol{A}\boldsymbol{A}^{\mathrm{T}} \right)^{-1} \mathbf{y} + \left(\boldsymbol{I}_N - \boldsymbol{A}^{\mathrm{T}} \left(\boldsymbol{A}^{\mathrm{T}}\boldsymbol{A} \right)^{-1} \boldsymbol{A} \right) (\mathbf{z}[t] - \mathbf{u}[t]). \tag{5.135}$$

3. $\mathbf{z}[t]$ の更新

$$\mathbf{z}[t+1] = S_{1/\rho} \left(\mathbf{x}[t+1] + \mathbf{u}[t] \right). \tag{5.136}$$

4. $\mathbf{u}[t]$ の更新

$$\mathbf{u}[t+1] = \mathbf{u}[t] + (\mathbf{x}[t] - \mathbf{z}[t]). \tag{5.137}$$

5. 終了基準を満たすまでステップ 2-4 を繰り返す．

5.6.6 双対拡張ラグランジュ法

さらに L_1 ノルム最小化問題に対する双対問題 (5.111) における最適化に対しても，交互方向乗数法を用いて，最適化を行うアルゴリズムを構築することができる．

$$\min_{\boldsymbol{\xi}, \mathbf{z}} \left\{ f^*(\mathbf{z}) + \mathbf{y}^{\mathrm{T}}\boldsymbol{\xi} + \frac{\rho}{2} \left| \mathbf{z} - \boldsymbol{A}^{\mathrm{T}}\boldsymbol{\xi}\mathbf{u}[t] \right|_2^2 \right\}. \tag{5.138}$$

交互方向乗数法の利点であるそれぞれの変数についての最小化問題については手で計算ができるというメリットがここでも生きる．

$$\boldsymbol{\xi}[t+1] = \operatorname*{argmin}_{\boldsymbol{\xi}} \left\{ \mathbf{y}^{\mathrm{T}}\boldsymbol{\xi} + \frac{\rho}{2} \left| \mathbf{z}[t] - \boldsymbol{A}^{\mathrm{T}}\boldsymbol{\xi} + \mathbf{u}[t] \right|_2^2 \right\}, \tag{5.139}$$

$$\mathbf{z}[t+1] = \operatorname*{argmin}_{\mathbf{z}} \left\{ f^*(\mathbf{z}) + \frac{\rho}{2} \left| \mathbf{z} - \boldsymbol{A}^{\mathrm{T}}\boldsymbol{\xi}[t+1] + \mathbf{u}[t] \right|_2^2 \right\}. \tag{5.140}$$

前者は平方完成により直ちに

$$\boldsymbol{\xi}[t+1] = \frac{1}{\rho} \left(\boldsymbol{A}\boldsymbol{A}^{\mathrm{T}} \right)^{-1} \{\rho\boldsymbol{A}\left(\mathbf{z}[t] + \mathbf{u}[t]\right) + \mathbf{y}\}. \tag{5.141}$$

後者は $\mathrm{prox}_{\delta_{|\cdot|_\infty < 1}}(\boldsymbol{A}^{\mathrm{T}}\boldsymbol{\xi} - \mathbf{u}[t])$ から直ちに解が求められる．まずは絶対値関数に凸共役な関数である指示関数の近接写像を計算してみよう．最小化するべき関数は，

$$\delta_{|z|<\lambda}(z) + \frac{1}{2}(z-a)^2 = \begin{cases} \infty & (z > \lambda) \\ \frac{1}{2}(z-a)^2 & (-\lambda < z < \lambda) \\ \infty & (z < -\lambda) \end{cases} \tag{5.142}$$

である．これをそれぞれ $\lambda < a$, $-\lambda \le a \le \lambda$, $a < \lambda$ について解くことで，$\mathrm{prox}_{\delta_{|\cdot|<\lambda}}(z) = \mathrm{clip}_\lambda(a)$ と計算される．ここで clip 関数は，

$$\mathrm{clip}_\lambda(a) = \begin{cases} \lambda & (a > \lambda) \\ a & (-\lambda < a < \lambda) \\ -\lambda & (a < -\lambda) \end{cases} \tag{5.143}$$

と定義される．よって，

$$\mathbf{z}[t+1] = \frac{1}{\rho}\mathrm{clip}_1 \left(\boldsymbol{A}^{\mathrm{T}}\boldsymbol{\xi}[t+1] - \mathbf{u}[t] \right) \tag{5.144}$$

を得る．

このように双対問題に対して拡張ラグランジュ法を利用したものを**双対拡張ラグランジュ法 (dual augmented Lagrangian: DAL)** と呼ぶ [15]．特に行列 $\boldsymbol{A}$ の性質により，近接勾配法などが収束が悪い時に有効である．そのような問題は行列 $\boldsymbol{A}$ の行の間に強い相関をもつ場合に起こる．

5.6.7 近接写像と拡張ラグランジュ法

最後に，ここで利用してきた拡張ラグランジュ法と，先ほど利用した上界逐次最小化法の関係について紹介しよう．上界逐次最小化法では関数 $g(\mathbf{x})$ の近接写像を考えた．

$$\mathbf{a}[t+1] = \mathrm{prox}_g \left(\mathbf{a}[t] \right) = \underset{\mathbf{a}}{\mathrm{argmin}} \left\{ \frac{1}{2}\left| \mathbf{a} - \mathbf{a}[t] \right|_2^2 + g(\mathbf{a}) \right\}. \tag{5.145}$$

たとえば $g(\mathbf{a})$ として L_1 ノルムを想定していた．ここで $\mathbf{a} - \mathbf{a}[t] = \mathbf{z}$ という等式制約を課すことで，2つの変数の最適化問題を考えることにする．

$$\mathbf{a}[t+1] = \underset{\mathbf{a},\mathbf{z}}{\operatorname{argmin}} \left\{ \frac{1}{2} |\mathbf{z}|_2^2 + g(\mathbf{a}) \right\} \text{ s.t. } \mathbf{z} = \mathbf{a} - \mathbf{a}[t]. \tag{5.146}$$

等式制約をラグランジュ未定乗数法を利用することで扱う．

$$\min_{\mathbf{a},\mathbf{z},\nu} \left\{ \frac{1}{2} |\mathbf{z}|_2^2 + g(\mathbf{a}) + \nu^{\mathrm{T}} \left(\mathbf{z} - \mathbf{a} + \mathbf{a}[t] \right) \right\}. \tag{5.147}$$

$\mathbf{z}$ については簡単な2次関数の問題であるから $\mathbf{z}^* = -\nu$ である．

$$\min_{\mathbf{a},\nu} \left\{ -\frac{1}{2} |\nu|_2^2 + g(\mathbf{a}) - \nu^{\mathrm{T}} \left(\mathbf{a} - \mathbf{a}[t] \right) \right\}. \tag{5.148}$$

$\min_{\mathbf{a}} \left\{ g(\mathbf{a}) - \nu^{\mathrm{T}} \mathbf{a} \right\} = -g^*(\nu)$ と凸共役な関数を導入することで，

$$\min_{\nu} \left\{ g^*(\nu) - \nu^{\mathrm{T}} \mathbf{a}[t] + \frac{1}{2} |\nu|_2^2 \right\}. \tag{5.149}$$

となる．ここで $\mathbf{a}[t]$ をラグランジュ未定乗数と見る．そうすることで，この最小化問題は，凸共役な関数 $g^*(\nu)$ の最小化に対して，等式制約 $\nu = 0$ が課されている時に拡張ラグランジュアンを最小化していると見ることができる．これより，近接写像の利用は，双対問題を拡張ラグランジュ法で解くことと対応していることがわかる．両者ともに微分を使わずに L_1 ノルムを利用した最小化問題を解くことのできる強力な方法であったが，双方が裏腹な関係をもっていることからわかるように見方の違いであり，共通した枠組みであることに気付くだろう．

5.7 情報統計力学

　ある条件の下では，L_1 ノルム最小化により，スパースな解を得て，しかもその解が入力ベクトルと一致する．このことが圧縮センシングの驚異的な力を示している．最後の節ではその条件を少し変わった方法，統計力学的アプローチで明らかにする [13,16]．統計力学とは，構成要素が非常に多数ある際にその統

220   第 5 章 圧縮センシングとその近辺

計的性質を通して全体の振る舞いを明らかにする，多数の原子や分子からなる
物質の性質を明らかにするためのアプローチである．多数の要素からなるベク
トルの平均的な推定精度を探るためにこれを利用する．

5.7.1 スピン系の統計力学

ここで統計力学の処方箋について簡単に紹介する．統計力学では舞台設定に
見合った**エネルギー関数 (ハミルトニアン) (energy function(Hamiltonian))**
を用意して，そのエネルギー関数に対して，**自由エネルギー ((Helmholtz) free
energy)** を計算するという手続きを踏む．この自由エネルギーは様々な期待値
を調べるための母関数となり，その計算を実行できれば様々な結果を導けるた
めだ．簡単な事例として，**イジング模型 (Ising model)** を取り扱うことで計算
の概略をつかむことにしよう．

イジング模型とは，磁性体の数理的な模型として考案され，現代でも統計力
学の処方箋を学ぶ教科書的な存在であり，なおかつ最も単純でありながら，多
数の構成要素が集まった時に示す非自明な性質を説明するための数理模型とし
て利用されている．ここで扱うのは，全結合型のイジング模型である．全結合
型のイジング模型は次のエネルギー関数により定義される．

$$E(\mathbf{x}) = -\frac{J}{N} \sum_{i<j} x_i x_j. \tag{5.150}$$

x_i は各点におかれたイジングスピンであり，$x_i = \pm 1$ をとる．これが磁石の
中に潜む磁気モーメントと呼ばれる微視的状態を示す構成要素となる．相互作
用の強度を J として，強磁性的な相互作用 $(J > 0)$ を考える．このように設定
すると，基本的にはイジングスピンは隣同士で揃う傾向をもつようになる．全
体としてイジングスピンが揃い，安定した状態にある時，強磁性相にあると呼
ぶ．自由エネルギーの計算のためには，カノニカル分布と呼ばれる多数の構成
要素が集まった時に従う確率分布を考える．

$$P(\mathbf{x}) = \frac{1}{Z} \exp\left(-\frac{E(\mathbf{x})}{T}\right). \tag{5.151}$$

Z は規格化定数であり，**分配関数 (partition function)** と呼ばれる重要な量で

ある．自由エネルギーを計算するためにはこの分配関数の計算が必要となる．分配関数の計算は規格化定数の計算であるため，すべての構成要素がとりうる全状態についての和を実行すればよい．

$$Z = \sum_{\mathbf{x}} \exp\left(\frac{J}{NT} \sum_{i<j} x_i x_j\right). \tag{5.152}$$

そのまま素直に和をとることでは計算は実行できない．見通しをよくするために，以下の恒等式を用いて分配関数を書き換えよう．指数の肩に現れている和は，いわゆる和の2乗を計算した時のクロスターム部分であるから，

$$\frac{1}{N^2} \sum_{i<j} x_i x_j = \frac{1}{2} \left\{ \left(\frac{1}{N} \sum_{i=1}^{N} x_i\right)^2 - \frac{1}{N^2} \sum_{i=1}^{N} x_i^2 \right\} \approx \frac{1}{2} \left(\frac{1}{N} \sum_{i=1}^{N} x_i\right)^2 + O\left(\frac{1}{N}\right) \tag{5.153}$$

と書ける．この表示を用いると分配関数は，

$$Z = \sum_{\mathbf{x}} \exp\left\{ \frac{NJ}{2T} \left(\frac{1}{N} \sum_{i=1}^{N} x_i\right)^2 \right\} \tag{5.154}$$

と書き直すことができる．ここで現れる $\sum_{i=1}^{N} x_i/N$ はスピンの揃い具合を表す**磁化 (magnetization)** と呼ばれる重要な量である．このように微視的自由度の平均的性質を推し量る物理量を，**秩序パラメータ (order parameter)** と呼ぶ．そこで秩序パラメータである磁化

$$m = \frac{1}{N} \sum_{i=1}^{N} x_i \tag{5.155}$$

に注目して，分配関数の計算においては，特定の m を与えるものについて $\mathbf{x}$ の和をとり，そしてその後で m の積分を実行することにする．

$$Z = \sum_{\mathbf{x}} \int dm \delta\left(m - \frac{1}{N} \sum_{i=1}^{N} x_i\right) \exp\left(\frac{NJ}{2T} m^2\right). \tag{5.156}$$

この操作は以下の恒等式を分配関数の中身に挿入したと考えてもよい．

$$1 = \int dm \delta\left(m - \frac{1}{N} \sum_{i=1}^{N} x_i\right). \tag{5.157}$$

222　第5章　圧縮センシングとその近辺

　ここで少し意味合いを考えよう．磁化 m が指定する特定の状態について，それと等価な微視的状態 $\mathbf{x}$ の組み合わせについてすべて和をとるというのは，**状態数 (density of states)** の数え上げに相当する．その対数をとったものを**エントロピー (entropy)** と呼ぶ．本来状態数はエネルギーを引数としてもつが，この場合エネルギーに相当する部分は $NJm^2/2$ であるからエネルギーの代わりに m を用いても意味は変わらない．そこで以下のように文字をおく．

$$-\frac{1}{T}e(m) = \frac{J}{2T}m^2, \tag{5.158}$$

$$s(m) = \frac{1}{N}\log\sum_{\mathbf{x}}\delta\left(m - \frac{1}{N}\sum_{i=1}^{N}x_i\right). \tag{5.159}$$

この時，分配関数は

$$Z = \int dm\,\exp\left\{N\left(-\frac{e(m)}{T} + s(m)\right)\right\} \tag{5.160}$$

と書き換えることができる．ここで，統計力学の前提である非常にたくさんの構成要素が集まっている状況を考えるために，$N \to \infty$（熱力学極限）をとる．非常に大きな N に対して，積分の主要な寄与は鞍点からのみ決まるという性質を利用すると

$$Z = \exp\left\{N\left(-\frac{e(m^*)}{T} + s(m^*)\right)\right\} \tag{5.161}$$

となる．m^* は，

$$m^* = \underset{m}{\operatorname{argmax}}\left\{-\frac{e(m)}{T} + s(m)\right\} \tag{5.162}$$

から決まる最大値をとる時の m である．分配関数の対数をとり，N で割ることで1スピンあたりの自由エネルギーを求めることができる．この自由エネルギーの格好は形式的に

$$-f = \frac{T}{N}\log Z = \max_{m}\left\{-e(m) + Ts(m)\right\} \tag{5.163}$$

という形で書くことができて，熱力学でよく知られた変分原理を再現する（ヘルムホルツの自由エネルギーはエネルギーからエントロピーの効果を引いたものの最小化で与えられる）．

5.7 情報統計力学　223

　それでは計算の話に戻ろう．残る計算すべき量はエントロピーである．このエントロピーの計算は，デルタ関数の積分表示を用いて以下のように書き換える．

$$\delta\left(m - \frac{1}{N}\sum_{i=1}^{N} x_i\right) = \int d\tilde{m} \exp\left\{\tilde{m}\left(Nm - \sum_{i=1}^{N} x_i\right)\right\}. \tag{5.164}$$

この表示によりエントロピーは，

$$s(m) = \frac{1}{N} \log\left\{\int d\tilde{m} \exp\left(Nm\tilde{m}\right) \prod_{i=1}^{N} \sum_{x_i} \exp\left(\tilde{m}x_i\right)\right\} \tag{5.165}$$

と変形できる．ここで

$$\sum_{\mathbf{x}} \prod_{i=1}^{N} f(x_i) = \prod_{i=1}^{N} \sum_{x_i} f(x_i) \tag{5.166}$$

という関係を用いた．x_i についての和をとると

$$s(m) = \frac{1}{N} \log\left\{\int d\tilde{m} \exp\left(Nm\tilde{m} + N \log 2 \cosh \tilde{m}\right)\right\} \tag{5.167}$$

となり，ここでも同様に $N \to \infty$ を考慮して鞍点法を適用すると，

$$s(m) = m\tilde{m}^* + \log 2 \cosh \tilde{m}^* \tag{5.168}$$

を得る．$\tilde{m}^*$ は

$$\tilde{m}^* = \underset{\tilde{m}}{\operatorname{argmax}} \left\{m\tilde{m}^* + \log 2 \cosh \tilde{m}^*\right\} \tag{5.169}$$

である．すべての結果をまとめると，自由エネルギーは次の m と $\tilde{m}$ についての最小化問題を解けばよいことがわかる．

$$f = \min_{m,\tilde{m}} \left\{Jm^2 + Tm\tilde{m} + T \log\left(2 \cosh \tilde{m}\right)\right\}. \tag{5.170}$$

この最小化問題を解くと，$\tilde{m} = -\tanh m$ が成立するので，m についての**自己無撞着方程式 (self-consistent equation)** が得られる．

$$m = \tanh\left(\frac{J}{T}m\right). \tag{5.171}$$

224   第 5 章　圧縮センシングとその近辺

この自己無撞着方程式は，逐次代入により固定点を求めることで解ける．

$$m[t+1] = \tanh\left(\frac{J}{T}m[t]\right). \tag{5.172}$$

この固定点が温度（または結合の強さ）の変化に応じて全結合相互作用をするイジング模型において，磁化が急激に変化をする**相転移 (phase transition)** を議論することができる．

5.7.2　圧縮センシングの性能評価

　準備が整ったところで，本題に戻ろう．多数の要素をもつベクトルがスパースであるという事前知識を利用すれば，一見条件が不足しているような連立方程式であっても，L_1 ノルムの最小化によりその非自明でスパースなベクトルを当てることができる．しかしそのためには連立方程式の数とスパース度合い，そして行列の性質や正解ベクトルに条件があるということであった．ここでは観測行列としてガウス分布から生成された要素をもつ単純なもの，正解ベクトルについてもガウス分布から生成されたものとする条件の下で，連立方程式の数とスパース度合いの間についての条件を統計力学の処方箋に従い，明らかにする．

- 観測行列 $\boldsymbol{A}$ は各成分，平均 0，分散 $1/N$ に従うランダム変数であるとする．
- 入力ベクトル $\mathbf{x}^0$ の各成分は，$\rho = K/N$ 程度の非零要素があり，非零要素はガウス分布に従うと仮定する．

$$P_0(x) = (1-\rho)\delta(x_i) + \rho\frac{1}{\sqrt{2\pi}}\exp\left(-\frac{1}{2}x_i^2\right). \tag{5.173}$$

- 出力ベクトルは $\mathbf{y} = \boldsymbol{A}\mathbf{x}^0$ によって与えられる．

　ベイズの定理により，事後確率最大推定という観点から，LASSO 型の最適化問題を定式化することができた．圧縮センシングでの文字の使い方に合わせて再び定式化を行うと，観測行列 $\boldsymbol{A}$，および正解ベクトルが与えられた上で，観測結果を示すベクトル $\mathbf{y}$ が与えられることから，

$$\mathbf{y} = \boldsymbol{A}\mathbf{x}^0 + \mathbf{z} \tag{5.174}$$

と書ける. ここで $\mathbf{z}$ として観測にガウス分布に従う確率変数で記述されるノイズが入っているとしよう. ノイズの確率分布から, 以下の条件つき確率を定義することができる.

$$P(\mathbf{y}|\boldsymbol{A}, \mathbf{x}) = \frac{1}{\sqrt{2\pi\sigma^2}} \exp\left(-\frac{1}{2\sigma^2} |\mathbf{y} - \boldsymbol{A}\mathbf{x}|_2^2\right). \tag{5.175}$$

ノイズのない理想的な場合を考える際には, $\sigma^2 \to +0$ とすればよい. これが $\mathbf{y}$ が与えられた時の $\mathbf{x}$ の尤度関数となる. さらに事前確率として, 次のラプラス分布を仮定する.

$$P(\mathbf{x}) = \frac{1}{2\beta} \exp\left(-\beta |\mathbf{x}|_1\right). \tag{5.176}$$

こうしてベイズの定理を利用することで事後確率を計算できる. この事後確率を用いて, 正解ベクトルを確率的に推定する際にその推定結果が正解ベクトルと一致するかどうかを調べることで推定精度を測る. 以下の最小二乗誤差の事後平均を議論する.

$$\mathrm{MSE} = \left\langle \frac{1}{N} |\mathbf{x} - \mathbf{x}^0|_2^2 \right\rangle_{\mathbf{x}|\boldsymbol{A}, \mathbf{y}}^{\beta}. \tag{5.177}$$

$\langle \cdot \rangle_{\mathbf{x}|\boldsymbol{A}, \mathbf{y}}^{\beta}$ は事後確率による平均を示す. 圧縮センシングで用いられる最適化問題は事後確率の最大化であるから, $\beta \to \infty$ として L_1 ノルムが最小となる解について議論をすればよい. この β というパラメータを統計力学の分野との対応から慣習的に**逆温度 (inverse temperature)** と呼ぶ. 逆温度は温度の逆数という意味からきており, その値が非常に大きいというのは, 温度が非常に低いという意味である. 温度が非常に低い場合, 自然に存在する構成要素は最低エネルギーをもつ状態に落ち着くことが知られている. その様子と対応づけることを目的に, L_1 ノルムにかかる係数を逆温度にしている. 事後確率による平均値を計算するためには, 事後確率をギブス分布とした統計力学の計算を行い, 自由エネルギーに相当するものを計算すればよい.

5.7.3 レプリカ法

事後確率をギブス分布として見ると, 分配関数に相当するものは以下の量である.

226 第 5 章 圧縮センシングとその近辺

$$Z(A, \mathbf{y}) = \lim_{\sigma^2 \to +0} \int d\mathbf{x} \exp\left(-\frac{1}{2\sigma^2}|\mathbf{y} - A\mathbf{x}|_2^2 - \beta|\mathbf{x}|_1\right). \tag{5.178}$$

ここで注目したいのは，観測行列 A と出力情報 $\mathbf{y}$ である．分配関数，すなわち自由エネルギーがその実現値に依存している格好である．これはある与えられた観測行列 A，出力情報 $\mathbf{y}$ をもとに，事後確率に基づく推定を行い，$\mathbf{x}$ についての様々な可能性を考慮するということを意味している．しかしながら $N \to \infty$ の熱力学的極限では，A や $\mathbf{y}$ などの個別具体的な状況に依存せず，1 自由度あたりの自由エネルギーはある特定の典型的な値をとり，その値が平均に収束するという性質が知られている．**自己平均性 (self-averaging property)** と呼ばれる性質である．そこで典型的な自由エネルギーの評価を行うために，A と $\mathbf{y}$ についての平均操作に注目する．

$$-\beta f = \left[\frac{1}{N}\log Z(A, \mathbf{y})\right]_{A, \mathbf{y}}. \tag{5.179}$$

A と $\mathbf{y}$ の実現値に関する平均を（相互作用や磁場がやはりランダム変数の問題である）スピングラス理論の用語を借りて，**配位平均 (configurational average)** と呼ぶ．この対数の外からの平均操作は非常に難しいため，**レプリカ法 (replica method)** と呼ばれる数学的恒等式と解析接続を利用した計算を展開する．

定義 5.13 （レプリカ法） 対数の外からの平均操作のために以下の恒等式を用いる．

$$[\log Z(A, \mathbf{y})]_{A, \mathbf{y}} = \lim_{n \to 0} \frac{[Z^n(A, \mathbf{y})]_{A, \mathbf{y}} - 1}{n}. \tag{5.180}$$

分配関数の冪が現れるが，一旦 n が実数であることを忘れて，自然数であると仮定して**同じ系のコピー**が存在するものとして計算を進める．最終的に n に関する式を得た時に実数であることを思い出して解析接続を行う．

それではレプリカ法に基づき，分配関数の冪乗の平均を計算してみよう．

$$[Z^n(A, \mathbf{y})]_{A, \mathbf{y}} = \lim_{\sigma^2 \to +0}\left[\int d\mathbf{x}^a \exp\left(-\frac{1}{2\lambda}\sum_{a=1}^n|\mathbf{y} - A\mathbf{x}^a|_2^2 - \beta\sum_{a=1}^n|\mathbf{x}^a|_1\right)\right]_{A, \mathbf{x}^0}. \tag{5.181}$$

幂乗をとった影響で, n 個のコピーをもつシステムの統計力学に帰着した. まずは A についての平均であるが, A が登場する項について注目すると, $\mathbf{t}^a = A\mathbf{x}^0 - A\mathbf{x}^a$ という M 次元のベクトルの部分に現れるのみである. また, A がガウス分布に従うことから, $\mathbf{t}^a$ も多変量ガウス分布に従う. この量の平均を調べると A に関する仮定より $\mathbf{0}$ であり, 共分散を調べると

$$(\mathbf{t}^a)^{\mathrm{T}}\mathbf{t}^b = \frac{1}{N}\left((\mathbf{x}^0)^{\mathrm{T}}\mathbf{x}^0 - (\mathbf{x}^0)^{\mathrm{T}}\mathbf{x}^a - (\mathbf{x}^0)^{\mathrm{T}}\mathbf{x}^b + (\mathbf{x}^a)^{\mathrm{T}}\mathbf{x}^b\right) \tag{5.182}$$

となることがわかる. そこで

$$q^{ab} = \frac{1}{N}(\mathbf{x}^a)^{\mathrm{T}}\mathbf{x}^b \tag{5.183}$$

と定義する. これはスピン系の統計力学で利用した磁化 $m = \sum_{i=1}^{N} x_i/N$ と同じように, 微視的状態の組み合わせからなる量の平均で秩序パラメータを定義している. その秩序パラメータを固定して, 微視的状態について先に和をとり, 後で秩序パラメータを変化させるというのが統計力学の処方箋に基づくアプローチであった. そこで分配関数の内部にやはり同様に,

$$1 = \prod_{a,b} \int dq^{ab}\delta\left(q^{ab} - \frac{1}{N}(\mathbf{x}^a)^{\mathrm{T}}\mathbf{x}^b\right) \tag{5.184}$$

なる恒等式を代入しておく.

次に $\mathbf{y}$ についての平均であるが, これは $\mathbf{y} = A\mathbf{x}^0$ であるということから, $\mathbf{x}^0$ についての平均をとればよい. そこで $\mathbf{x}^a$ と $\mathbf{x}^0$ についての積分をまとめてエントロピーとして定義しておこう.

$$s(\{q^{ab}\}) = \frac{1}{N}\log\left\{\left[\prod_{a=1}^{n}\int d\mathbf{x}^a \exp\left(-\beta|\mathbf{x}^a|_1\right)\prod_{a,b}\delta\left(q^{ab} - \frac{1}{N}(\mathbf{x}^a)^{\mathrm{T}}\mathbf{x}^b\right)\right]_{\mathbf{x}^0}\right\}. \tag{5.185}$$

分配関数の計算はここまでで,

$$[Z(A,\mathbf{y})]_{A,\mathbf{y}} = \lim_{\sigma^2 \to +0}\prod_{a,b}\int dq^{ab}\left[\exp\left(-\frac{1}{2\lambda}\sum_{a=1}^{n}|\mathbf{t}^a|_2^2\right)\right]_{\mathbf{t}^a}\exp\left(Ns(\{q^{ab}\})\right) \tag{5.186}$$

228 第5章 圧縮センシングとその近辺

と変形させることに成功した．$\mathbf{t}^a$ についての平均は，先ほど考察したように多変量正規分布に従うので，次の確率分布に従い計算をする．

$$P(\mathbf{t}^a|\mathcal{Q}) = \left(\sqrt{\frac{\det(\mathcal{Q}^{-1})}{(2\pi)^n}}\right)^N \exp\left(-\frac{1}{2}\sum_{a,b}(\mathbf{t}^a)^{\mathrm{T}}(\mathcal{Q}^{-1})^{ab}\mathbf{t}^b\right). \tag{5.187}$$

ここで行列 $\mathcal{Q}$ が共分散行列であり，$(\mathcal{Q})^{ab} = q^{ab}$ を指す．注意したいのが $\mathcal{Q}$ は $n \times n$ 行列であることだ．添字 a, b について和をとっており，$\mathbf{t}^a$ は N 次元のベクトルである．そのため，行列 $\mathcal{Q}$ による2次形式についてのガウス積分が，同様に N 回登場するという格好である．分配関数に現れるエントロピー以外の項をまとめた内部エネルギーを得ることができる．

$$-e(\{q^{ab}\}) = \frac{1}{N}\log\left[\exp\left(-\frac{1}{2\lambda}\sum_{a=1}^n |\mathbf{t}^a|_2^2\right)\right]_{\mathbf{t}^a}. \tag{5.188}$$

こうすることでスピン系の統計力学と同様に，分配関数の評価は鞍点評価に委ねられることがわかる．

$$[Z(\boldsymbol{A},\mathbf{y})]_{\boldsymbol{A},\mathbf{x}^0} = \lim_{\sigma^2 \to +0}\prod_{a,b}\int dq^{ab}\exp\left(-Ne(\{q^{ab}\}) + Ns(\{q^{ab}\})\right). \tag{5.189}$$

(1) レプリカ対称解

内部エネルギーの計算をしてみよう．対数の内部に注目すると，残る計算は，

$$\prod_{a=1}^n \int d\mathbf{t}^a \left(\sqrt{\frac{\det(\mathcal{Q}^{-1})}{(2\pi)^n}}\right)^N \exp\left\{-\frac{1}{2}\sum_{a,b}(\mathbf{t}^a)^{\mathrm{T}}\left(\frac{1}{\sigma^2}\delta_{ab} + (\mathcal{Q}^{-1})^{ab}\right)\mathbf{t}^b\right\} \tag{5.190}$$

というガウス積分を行えばよい．

定義 5.14（ガウス積分） ガウス積分の公式

$$\int dx\sqrt{\frac{a}{2\pi}}\exp\left(-\frac{a}{2}x^2 + bx\right) = \exp\left(\frac{b^2}{2a}\right) \tag{5.191}$$

およびその N 次元への一般化

$$\int d\mathbf{x} \sqrt{\frac{\det(\boldsymbol{A})}{(2\pi)^N}} \exp\left(-\frac{1}{2}\mathbf{x}^\mathrm{T}\boldsymbol{A}\mathbf{x} + \mathbf{b}^\mathrm{T}\mathbf{x}\right) = \exp\left(\frac{1}{2}\mathbf{b}^\mathrm{T}\boldsymbol{A}^{-1}\mathbf{b}\right) \quad (5.192)$$

を用いる. 以降頻繁にガウス積分が登場するので

$$\int Dx = \int \frac{dx}{\sqrt{2\pi}} \exp\left(-\frac{1}{2}x^2\right) \quad (5.193)$$

と書く.

　実際に $\mathbf{t}^a$ についてガウス積分を実行すると,

$$-e(\{q^{ab}\}) = -\frac{\alpha}{2}\log\det\left(\boldsymbol{I} + \frac{1}{\sigma^2}\mathcal{Q}\right) \quad (5.194)$$

を得る. $\alpha = M/N$ であり, $\mathbf{t}^a$ の次元が M であったことに注意してほしい. 有名な公式 $\log\det(\boldsymbol{A}) = \mathrm{Tr}\log\boldsymbol{\Lambda}$（$\boldsymbol{\Lambda}$ は $\boldsymbol{A}$ の対角化によって得られる対角行列）を用いればよいことがわかる. つまり問題は固有値問題に帰着した. しかしながら共分散行列 $\mathcal{Q}$ についてどんな特徴があるだろうか. 計算を押し進めるために, 以下の考察に基づき共分散行列の構造を仮設する. 添字 0 は特別であるとして, a については同じ系のコピーに過ぎないのだから, 添字の入れ替えについて対称であると仮定することには無理がないだろう. そこで以下のようなレプリカ対称解をおく.

$$q_{0a} = m \quad (a > 0), \quad (5.195)$$

$$q_{aa} = Q \quad (a > 0), \quad (5.196)$$

$$q^{ab} = q \quad (a \neq b). \quad (5.197)$$

$q^{00} = \rho$ は定義より定まっている. これをレプリカ対称性 (replica symmetry) の仮定と呼ぶ（レプリカ対称性の破れとは, この対称解があるパラメータ領域では不安定化することを指す）. この時共分散行列は以下の構造をもつ.

$$\mathcal{Q} = \begin{pmatrix} \rho - 2m + Q & \rho - 2m + q & \cdots & \rho - 2m + q \\ \rho - 2m + q & \rho - 2m + Q & \cdots & \rho - 2m + q \\ \vdots & & \ddots & \vdots \\ \rho - 2m + q & \rho - 2m + q & \cdots & \rho - 2m + Q \end{pmatrix}$$

230 第 5 章 圧縮センシングとその近辺

$$= (Q - q)I_n + (\rho - 2m + q)\,1_n. \tag{5.198}$$

I_n が $n \times n$ の単位行列，1_n が $n \times n$ 全成分 1 の行列である．よって $I + \mathcal{Q}/\lambda$ の固有値を求めると，1 個の $1 + (Q - q)/\sigma^2 + n(\rho - 2m + q)/\lambda$ と $n - 1$ 個の $1 + (Q - q)/\sigma^2$ という固有値をもつことがわかる．よって以下の最終的な表式を得る（ここで n が非常に小さいということを使っている）．

$$-e(\rho, Q, m, q) = -n\frac{\alpha}{2}\frac{\rho - 2m + q}{\sigma^2 + (Q - q)} - \frac{n}{2}\log\left(1 + \frac{1}{\sigma^2}(Q - q)\right). \tag{5.199}$$

5.7.4 エントロピーの評価

エントロピー部分の計算は，スピン系の統計力学の場合と全く同様にして，デルタ関数のフーリエ積分表示を行うことで実行できる．まずレプリカ対称解を仮定したため，出てくるデルタ関数は 3 つのタイプがある．

$$\delta\left(Q - \frac{1}{N}(\mathbf{x}^a)^{\mathrm{T}}\mathbf{x}^a\right) = \int d\tilde{Q}\exp\left\{\frac{\tilde{Q}}{2}\left(NQ - (\mathbf{x}^a)^{\mathrm{T}}\mathbf{x}^a\right)\right\}, \tag{5.200}$$

$$\delta\left(q - \frac{1}{N}(\mathbf{x}^a)^{\mathrm{T}}\mathbf{x}^b\right) = \int d\tilde{q}\exp\left\{-\frac{\tilde{q}}{2}\left(Nq - (\mathbf{x}^a)^{\mathrm{T}}\mathbf{x}^b\right)\right\}, \tag{5.201}$$

$$\delta\left(m - \frac{1}{N}\left(\mathbf{x}^0\right)^{\mathrm{T}}\mathbf{x}^a\right) = \int d\tilde{m}\exp\left\{-\tilde{m}\left(Nm - \left(\mathbf{x}^0\right)^{\mathrm{T}}\mathbf{x}^a\right)\right\}. \tag{5.202}$$

それぞれ積分変数の符号を変えたり係数を変えたりしているのは，後々の便利のためである．これらの積がエントロピーの対数の内部に現れるので，その部分にまず注目してみよう．

$$\prod_{a,b}\delta\left(q^{ab} - \frac{1}{N}(\mathbf{x}^a)^{\mathrm{T}}\mathbf{x}^b\right)$$

$$= \exp\left(N\frac{n}{2}\tilde{Q}Q - N\frac{n(n-1)}{2}\tilde{q}q - Nn\tilde{m}m\right)$$

$$\times \prod_{a=1}^n\exp\left(-\frac{1}{2}\tilde{Q}(\mathbf{x}^a)^{\mathrm{T}}\mathbf{x}^a + \tilde{m}\left(\mathbf{x}^0\right)^{\mathrm{T}}\mathbf{x}^a\right)\prod_{a\neq b}\exp\left(\frac{1}{2}\tilde{q}(\mathbf{x}^a)^{\mathrm{T}}\mathbf{x}^b\right). \tag{5.203}$$

最後の項は見覚えがある．レプリカの添字についてのクロスタームであることに気付くと，

$$\prod_{a\neq b}\exp\left(\frac{1}{2}\tilde{q}(\mathbf{x}^a)^{\mathrm{T}}\mathbf{x}^b\right) = \exp\left(\frac{\tilde{q}}{2}\left\{\left(\sum_{a=1}^n \mathbf{x}^a\right)^2 - \sum_{a=1}^n(\mathbf{x}^a)^{\mathrm{T}}\mathbf{x}^a\right\}\right). \quad (5.204)$$

さらにガウス積分を逆に利用したハバード・ストラトノビッチ変換を利用すれば,

$$\int D\mathbf{z}\prod_{a=1}^n\exp\left(\sqrt{\tilde{q}}\mathbf{z}^{\mathrm{T}}\mathbf{x}^a - \frac{\tilde{q}}{2}(\mathbf{x}^a)^{\mathrm{T}}\mathbf{x}^a\right) \quad (5.205)$$

を得る.

定義 5.15 （**ハバード・ストラトノビッチ変換**） ガウス積分の公式を逆に利用して，指数関数の肩の部分にある項を 1 次に減らすことができる.

$$\int D\mathbf{z}\exp\left(\sqrt{a}\mathbf{z}^{\mathrm{T}}\mathbf{x}\right) = \exp\left(\frac{a}{2}\mathbf{x}^{\mathrm{T}}\mathbf{x}\right). \quad (5.206)$$

代わりにガウス積分が増えることになるが，$\mathbf{x}$ が何かの和であるなど入り組んでいる場合に，1 次の項にすることで解きやすくするメリットがある.

最終的にエントロピーの項に現れる対数の内部にあるデルタ関数の積は,

$$\prod_{a,b}\delta\left(q^{ab} - \frac{1}{N}(\mathbf{x}^a)^{\mathrm{T}}\mathbf{x}^b\right)$$
$$= \exp\left(N\frac{n}{2}\tilde{Q}Q - N\frac{n(n-1)}{2}\tilde{q}q - Nn\tilde{m}m\right)$$
$$\times \prod_{a=1}^n\int D\mathbf{z}\exp\left(-\frac{1}{2}\left(\tilde{Q}+\tilde{q}\right)(\mathbf{x}^a)^{\mathrm{T}}\mathbf{x}^a + \left(\sqrt{\tilde{q}}\mathbf{z}+\tilde{m}\mathbf{x}^0\right)^{\mathrm{T}}\mathbf{x}^a\right).$$
$$(5.207)$$

という形をもつ．ここで $\mathbf{x}^a$ についての積分を考えると，n 個の積は全く同等のものがあるので，単純に積分の結果を n 乗しても構わない．また $\mathbf{x}^a$ の N 個の成分についても全く同等であるので，積分の結果を N 乗して構わない．最終的にエントロピーに関係する積分部分は,

$$\int\prod_{a=1}^n d\mathbf{x}^a\exp\left(-\beta|\mathbf{x}^a|_1\right)\prod_{a,b}\delta\left(q^{ab} - \frac{1}{N}(\mathbf{x}^a)^{\mathrm{T}}\mathbf{x}^b\right)$$

232　第 5 章　圧縮センシングとその近辺

$$= \exp\left(N\frac{n}{2}\tilde{Q}Q - N\frac{n(n-1)}{2}\tilde{q}q - Nn\tilde{m}m \right)$$
$$\times \exp\left\{ Nn\log\phi(x_0, z; \tilde{Q}, \tilde{q}, \tilde{m}) \right\}. \tag{5.208}$$

ここでまとめて

$$\phi(x_0, z; \tilde{Q}, \tilde{q}, \tilde{m}) = \int dx \exp\left(-\frac{1}{2}\left(\tilde{Q} + \tilde{q}\right)x^2 + \left(\sqrt{\tilde{q}}z + \tilde{m}x_0\right)x - \beta|x| \right) \tag{5.209}$$

とおいた．式 (5.208) の指数の肩にすべて N がかかっているため，$\tilde{Q}, \tilde{q}, \tilde{m}$ による鞍点評価をすればよい．結局エントロピーは，$\tilde{Q}, \tilde{q}, \tilde{m}$ による鞍点を用いて，

$$s(Q, m, q)$$
$$= \max_{\tilde{Q}} \left\{ \frac{n}{2}\tilde{Q}Q - \frac{n(n-1)}{2}\tilde{q}q - n\tilde{m}m + n\left[\int Dz\log\phi(x_0, z; \tilde{Q}, \tilde{q}, \tilde{m}) \right]_{\mathbf{x}^0} \right\} \tag{5.210}$$

という格好となる．内部エネルギーもエントロピーも，n についての 1 次の項があるため，レプリカ法の処方箋に則って，n の 1 次の寄与を見れば確かに有益な情報が引き出せそうだ．残る問題は，$\phi(x_0, z; \tilde{Q}, \tilde{q}, \tilde{m})$ の評価である．これは L_1 ノルム，つまり絶対値関数を含む積分であるので難しい．しかし $\beta \to \infty$ の極限をとることで，積分をせずに鞍点評価を行うことでこの問題点を回避することができる．

5.7.5　$\beta \to \infty$ の極限

やや天下りであるが，β を有限に留めたままで計算を実行したのちに $\beta \to \infty$ とした時の以下の問題点

- $Q - q \sim O(1/\beta)$ で Q と q が近付く．
- $\tilde{Q} + \tilde{q} \sim O(\beta)$ および $\tilde{m} \sim O(\beta)$，$\tilde{q} \sim O(\beta^2)$ で発散していく．

を解消するために，$\beta(Q - q) \to \chi$，$\tilde{Q} + \tilde{q} \to \beta\tilde{Q}$，$\tilde{q} \to \beta^2\tilde{\chi}$，$\tilde{m} \to \beta\tilde{m}$ と変数変換を行う．内部エネルギーについては，$\sigma^2 \to +0$ も合わせてとると，

$$-e(\rho, Q, m, q) = -n\frac{\alpha\beta}{2}\frac{\rho - 2m + Q}{\chi} + O(1) \tag{5.211}$$

となる．一方エントロピーについては，以下の表式を得る．

$$s(Q, m, q)$$
$$= n\beta \max_{\tilde{Q}} \left\{ \frac{1}{2}\tilde{Q}Q - \frac{1}{2}\tilde{\chi}\chi - \tilde{m}m \right.$$
$$\left. - \left[\int Dz \min_x \left\{ \frac{\tilde{Q}}{2}x^2 - \left(\sqrt{\tilde{\chi}}z + \tilde{m}x_0 \right) + |x| \right\} \right]_{x^0} \right\}. \quad (5.212)$$

x_0 についての積分を実行して，$\sqrt{\tilde{\chi}}z + \tilde{m}x_0 = \sqrt{\tilde{\chi} + \tilde{m}}z$ という変数変換を行うことにより，

$$s(Q, m, q),$$
$$n\beta \max_{\tilde{Q}} \left\{ \frac{1}{2}\tilde{Q}Q - \frac{1}{2}\tilde{\chi}\chi - \tilde{m}m \right.$$
$$\left. -(1-\rho)\int Dz\Phi(z; \tilde{Q}, \tilde{q}, 0) - \rho \int Dt\Phi(t; \tilde{Q}, \tilde{q}, \tilde{m}) \right\} \quad (5.213)$$

を得る．ここで

$$\Phi(z; \tilde{Q}, \tilde{q}, \tilde{m}) = \min_x \left\{ \frac{\tilde{Q}}{2}x^2 - \sqrt{\tilde{\chi} + \tilde{m}^2}zx + |x| \right\} \quad (5.214)$$

とおいた．この最小化問題は実は簡単に解くことができて，

$$\Phi(z; \tilde{Q}, \tilde{q}, \tilde{m}) = -\frac{1}{2\tilde{Q}}\left(\left| \sqrt{\tilde{\chi} + \tilde{m}^2}z \right| - 1 \right)^2 \Theta\left(\left| \sqrt{\tilde{\chi} + \tilde{m}^2}z \right| - 1 \right) \quad (5.215)$$

である．ここで

$$\Theta(x) = \begin{cases} 1 & (x > 0) \\ 0 & (x \le 0) \end{cases} \quad (5.216)$$

である．$\Phi(z; \tilde{Q}, \tilde{q}, \tilde{m})$ の z に関するガウス積分は，丁寧に場合分けと部分積分を行えば実行できる．

すべての結果をまとめ，1自由度あたりの自由エネルギー $-\beta f = \frac{1}{N}[\log Z]_{\mathbf{A}, \mathbf{y}}$ を見てみると，

$$-f = \max_{Q, \tilde{Q}} \left\{ \frac{\alpha}{2\chi}(\rho - 2m + Q) + \frac{1}{2}\left(Q\tilde{Q} - \chi\tilde{\chi} \right) - m\tilde{m} \right.$$

234 第5章 圧縮センシングとその近辺

$$+\frac{\rho}{\tilde{Q}}G\left(\frac{1}{\sqrt{\tilde{\chi}+\tilde{m}^2}}\right)+\frac{(1-\rho)\tilde{\chi}}{\tilde{Q}}G\left(\frac{1}{\sqrt{\tilde{\chi}}}\right)\Bigg\} \tag{5.217}$$

という表式を得る. ここで

$$H(a) = \int_a^\infty Dz, \tag{5.218}$$

$$G(a) = (a^2+1)H(a) - \sqrt{\frac{1}{2\pi}}a\exp\left(-\frac{1}{2}a^2\right) \tag{5.219}$$

と定義した. あとは Q, $\tilde{Q}$ についての鞍点を調べればよいだけである. それぞれ偏微分することで以下の鞍点方程式を得る.

$$\tilde{Q} = \frac{\alpha}{\chi}, \tag{5.220}$$

$$\tilde{\chi} = \frac{\alpha(\rho-2m+Q)}{\chi^2}, \tag{5.221}$$

$$\tilde{m} = \frac{\alpha}{\chi}, \tag{5.222}$$

$$Q = \frac{2\rho}{\tilde{Q}^2}G\left(\frac{1}{\sqrt{\tilde{\chi}+\tilde{m}^2}}\right)+\frac{2(1-\rho)}{\tilde{Q}^2}G\left(\frac{1}{\sqrt{\tilde{\chi}}}\right), \tag{5.223}$$

$$\chi = \frac{2\rho}{\tilde{Q}}H\left(\frac{1}{\sqrt{\tilde{\chi}+\tilde{m}^2}}\right)+\frac{2(1-\rho)}{\tilde{Q}}H\left(\frac{1}{\sqrt{\tilde{\chi}}}\right), \tag{5.224}$$

$$m = 2\rho\frac{\tilde{m}}{\tilde{Q}}H\left(\frac{1}{\sqrt{\tilde{\chi}+\tilde{m}^2}}\right). \tag{5.225}$$

これを適当な初期条件の下, 反復代入を行うことで固定点を探す. パラメータ α と ρ について変化させると, 次の MSE (平均二乗誤差) が急激に変化するところが出現する.

$$\text{MSE} = \left[\left\langle\frac{1}{N}\left|\mathbf{x}-\mathbf{x}^0\right|_2^2\right\rangle_{\mathbf{x}|\mathbf{A},\mathbf{y}}^{\beta\to\infty}\right]_{\mathbf{A},\mathbf{y}} = \rho - 2m + Q. \tag{5.226}$$

その振る舞いにより, 圧縮センシングの性能に急激な変化, 相転移が存在することが明らかとなる (図5.8). このようにして統計力学的な処方箋により, 圧縮センシングの問題に現れる L_1 ノルム最小化問題の性能評価を実行することができる. 観測行列をガウス分布に従うランダム行列としたが, 直交行列をラ

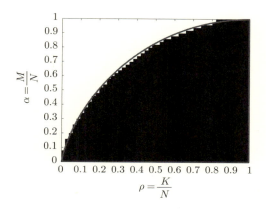

図 5.8 圧縮センシングのレプリカ解析の結果．MSE が 0.001 を境目として，黒が MSE が大きい領域（失敗相），白が MSE が小さい領域（成功相）．曲線は図 5.6 のもの．

ンダムに選んだものによる性能評価など，実際に使われる圧縮センシングの問題に近い状況についても同様な評価を実行することができる．信号の特性やノイズが混入した場合など拡張も様々であり，じっくりと勉強をして習得するとよい [13]．

5.7.6 状態発展法

ここでは L_1 ノルム最小化問題を適切に解いた場合にどのような性能となるかを理論的に評価したに過ぎない．そこで，実際に利用されるアルゴリズムによる計算結果が，その性能へ実際に到達するかどうかについて最後に議論をしてみよう．上界逐次最小化法に基づく ISTA を例にとって解析する．統計力学による解析の場合と同様に $\boldsymbol{A}$ を各成分，平均 0，分散 $1/N$ の独立同分布のガウス分布から生成される場合を考える．この場合，まずヘシアンを具体的に計算することができる．

$$\frac{\partial^2}{\partial x_j \partial x_k} \frac{1}{2} |\mathbf{y} - \boldsymbol{A}\mathbf{x}|_2^2 = \sum_{\mu=1}^{M} A_{j\mu} A_{\mu k}. \tag{5.227}$$

M が非常に大きい場合について考えると，中心極限定理により，$\sum_{\mu=1}^{M} A_{j\mu} A_{\mu k} = M/N = \alpha$ となる．そこで更新幅 $\eta = 1/\alpha$ と設定した ISTA を考える．更新式

は以下の通りである.

$$\mathbf{x}[t+1] = S_{\lambda/\alpha}\left(\mathbf{x}[t] + \frac{1}{\alpha}\boldsymbol{A}^{\mathrm{T}}\mathbf{z}[t]\right), \tag{5.228}$$

$$\mathbf{z}[t] = \mathbf{y} - \boldsymbol{A}\mathbf{x}[t]. \tag{5.229}$$

$\mathbf{y} = \boldsymbol{A}\mathbf{x}^0[t]$ であることを使い,正解ベクトル $\mathbf{x}^0$ と推定解のベクトル $\mathbf{x}[t]$ との関係が明らかとなるように書き換える.

$$\mathbf{x}[t+1] = S_{\lambda/\alpha}\left(\mathbf{x}^0[t] + \left(\frac{1}{\alpha}\boldsymbol{A}^{\mathrm{T}}\boldsymbol{A} - I\right)(\mathbf{x}[t] - \mathbf{x}^0)\right). \tag{5.230}$$

ここで,$r[t] = \left(\boldsymbol{A}^{\mathrm{T}}\boldsymbol{A}/\alpha - I\right)(\mathbf{x}[t] - \mathbf{x}^0)$ が $\boldsymbol{A}$ のランダム性に由来する確率変数であることから期待値と分散を評価することで,中心極限定理を利用してガウス分布に従う確率変数に置き換える.まず正解ベクトルと推定解のベクトルの間の平均二乗誤差 (MSE) を

$$\sigma^2[t] = \frac{1}{N}\left|\mathbf{x}[t] - \mathbf{x}^0\right|_2^2 \tag{5.231}$$

とおく.この時 $\mathbf{r}[t]$ の $\boldsymbol{A}$ に関する統計的性質を調べると,

$$\langle\mathbf{r}[t]\rangle_{\boldsymbol{A}} = \mathbf{0}, \tag{5.232}$$

$$\langle r_k^2[t]\rangle_{\boldsymbol{A}} = \frac{1}{\alpha}\sigma^2[t] + O\left(\frac{1}{N}\right) \tag{5.233}$$

であることがわかる.これらの事実を使うと,式 (5.230) から MSE の大きさについての更新式を導くことができる.このような関係式を導く方法を**状態発展法 (state evolution)** と呼ぶ.

$$\sigma^2[t+1] = \Psi\left((\sigma[t])^2\right). \tag{5.234}$$

ここで更新式に現れる非線形な関数は,

$$\Psi\left(z\right) = \int D\mathbf{w}\left|S_{\lambda/\alpha}\left(\mathbf{x}^0 + \sqrt{\frac{z}{\alpha}}\mathbf{w}\right) - \mathbf{x}^0\right|_2^2 \tag{5.235}$$

である.平均二乗誤差が様々な観測結果に対してどのように振る舞うのかを評

価するには，統計力学による評価の場合と同じように，$\mathbf{x}^0$ による平均を評価すればよい．ここでさらに大数の法則を利用することで，経験平均の代わりに期待値を計算することにしよう．

$$\Psi(z) = \int dx^0 P(x^0) \int Dw \left| S_{\lambda/\alpha}\left(x^0 + \sqrt{\frac{z}{\alpha}}w\right) - x^0 \right|_2^2 \qquad (5.236)$$

とすればよい．ISTA の性能解析がこの非線形関数の性質で決まる単純な格好となる．この非線形関数が，平均二乗誤差が非常に小さい解で，つまり $z = 0$ 付近で安定であれば，誤差のない完全な再構成が可能であるということになる．

$$\left.\frac{d}{dz}\Psi(z)\right|_{z=0} < 1. \qquad (5.237)$$

ISTA のアルゴリズムで動かす必要のあるパラメータは，λ である．この λ を適切にアルゴリズム中で動かした場合に，誤差のない完全な再構成ができるような λ が存在するかどうかを調べればよい．具体的な計算は定義に基づいて，ガウス積分を実行することで得られる．結果について述べると，レプリカ法の結果と完全に一致する．

$$\rho_c(\alpha) = \max_t \left\{ \frac{\alpha - 2G(t)}{(1 + t^2) - 2G(t)} \right\}. \qquad (5.238)$$

t は λ に関係するパラメータである．この関係で決まる $\rho(\alpha_c) - \alpha$ 曲線を描くと図 5.8 が得られる．計算の内容の非自明さはレプリカ法に比べたらそれほどないと思われる．そのためレプリカ法を実行するよりも，先にこちらの状態発展法によりアルゴリズムの理想的な性能評価という形で限界を見積もるとよいだろう．

参考文献

[1] 赤穂昭太郎：カーネル多変量解析—非線形データ解析の新しい展開—．岩波書店 (2008)，207p．

[2] Akasaka, T., Fujimoto, K., Yamamoto, T., Okada, T., Fushumi, Y., Yamamoto, A., Tanaka, T., Togashi, K.: Optimization of regularization parameters in compressed sensing of magnetic resonance angiography: Can statistical image metrics mimic radiologists' perception? *PLoS ONE*, **11**, ID.e0146548 (2016).

238　第 5 章　圧縮センシングとその近辺

[3] Beck, A., Teboulle, M.: A fast iterative shrinkage-thresholding algorithm for linear inverse problems. *SIAM Journal on Imaging Sciences*, **2**, pp.183-202 (2009).

[4] Boyd, S., Parikh, N., Chu, E., Peleato, B., Eckstein, J.: Distributed optimization and statistical learning via the alternating direction method of multipliers, Foundations and Trends® in Machine Learning, **3**, pp.1-122 (2010).

[5] Donoho, D. L.: High-dimensional centrally symmetric polytopes with neighborliness proportional to dimension. *Discrete & Computational Geometry*, **35**, pp.617-652 (2006).

[6] Donoho, D. L. Tanner, J.: Neighborliness of randomly projected simplices in high dimensions. *Proceedings of the National Academy of Sciences of the United States of America (PNAS)*, **102**, pp.9452-9457 (2005).

[7] 福水健次：カーネル法入門—正定値カーネルによるデータ解析. 朝倉書店 (2010), 236p.

[8] Kabashima, Y., Wadayama, T., Tanaka, T.: A typical reconstruction limit for compressed sensing based on L_p-norm minimization. *Journal of Statistical Mechanics: Theory and Experiment*, ID.L09003 (2009).

[9] Lee, D. D., Seung, H. S.: Learning the parts of objects by non-negative matrix factorization. *Nature*, **401**, pp.788-791 (1999).

[10] Lustig, M., Donoho, D. L., Pauly, J. M.: Sparse MRI: The application of compressed sensing for rapid MR imaging, *Magnetic Resonance in Medicine*, **58**, pp.1182-1195 (2007).

[11] 大関真之：機械学習入門. オーム社 (2016), 201p.

[12] Shepp, L. A. Vardi, Y.: Maximum likelihood reconstruction for emission tomography. *IEEE Transactions on Medical Imaging*, **1**, pp.113-122 (1982).

[13] 鈴木譲・植野真臣・黒木学・清水昌平・湊真一・石畠正和・樺島祥介・田中和之・本村陽一・玉田嘉紀：確率的グラフィカルモデル. 共立出版 (2016), 280p.

[14] Tibshirani, R.: Regression Shrinkage and selection via the Lasso. *Journal of the Royal Statistical Society. Series B (Methodological)*, **58**, pp.267-288 (1996).

[15] 富岡亮太: スパース性に基づく機械学習. 講談社 (2015), 179p.

[16] 渡辺澄夫・永尾太郎・樺島祥介・田中利幸・中島伸一：ランダム行列の数理と科学. 森北出版 (2014), 172p.

あとがき

一言でデータから将来を予測したり，過去を推定したり，データの内部に潜む情報を抽出したりしようとする時，単にデータそのものの数値から平均や分散だけを計算していても，十分な性能が必ずしも得られるわけではない．一つはどのような切り口からデータの平均と分散を定義して，統計的解析を行うかという点が重要となる．また，データの生成過程が複雑になるほど，結果と原因が複雑に影響し合う因果性を考慮することが重要となる．その一方で，複雑な生成過程を複雑なままに捉えるのではなく，本質を捉えたより単純化された原理に基づくモデル化を行い，人間がその複雑なデータを理解することが重要である．このことが，データの統計解析をサイエンスとしての深化へ導いてくれる．

本書の第1章，第2章で紹介した確率的グラフィカルモデルは，構造は比較的単純である．各命題を状態変数として数値化し，命題間の因果関係を相互作用という形で関数化することで定式化する．1.4節の最後の項で具体的に式を用いて説明しているが，数理的には極めて簡単な構造をもつモデルである．その数理構造の中からデータに内在する本質を見い出すことで汎用性のある学習アルゴリズムの設計が可能となり，データに即した学習アルゴリズムの本質を切り出すことでデータの本質を抉り出すことが可能となると期待している．

近年注目を浴びつつある深層学習は，多層ニューラルネットワークの構造をリッチなものにしつつ，その構造を膨大な教師データからある意味で自動的に抽出する接近法を我々に提供してくれた．そしてPythonに代表されるような誰もが自由に利用することのできる多層ニューラルネットワークを構築するためのプログラミング環境の登場によって，深層学習がより身近なものになりつつある．そしてこの多層ニューラルネットワークがうまく機能するということ

240　　あとがき

は，そこに多層ニューラルネットワークがデータの本質をうまく切り出してくれることを意味していると考えられる．さらに Python を使って多層ニューラルネットワークを構築した経験のある方なら誰もが経験するように，教師データの選択の仕方によっては学習がうまくいかず，性能の低下を招いたり過学習という状況に陥ったりする．これは従来のニューラルネットワークの状況と本質的には同じであるし，多層になった分だけ調整する要素が増え，そこに人間の考察が必要となる．第 4 章では確率的グラフィカルモデルという立場から，ロジスティック回帰モデル，制限ボルツマンマシンなどの基本的な多層ニューラルネットワークの定式化を紹介した．これらのモデルは確率的グラフィカルモデルの規格化定数に現れる高次元多重積分の計算が解析的に行われてしまう．このため，計算過程の途中に近似を導入する必要がなく，得られた結果の良し悪しは基本的に「どのようにモデル化したのか？」，「教師データをどのように選択したか？」に依存することから，データとモデルの基本的構造を考える上で重要であると考え，これを採用して紹介している．このような基本的構造をもつ確率的グラフィカルモデルを通して理解に立ち戻ることは，多層ニューラルネットワークの予期せぬ学習過程の発現機構の起源を知る重要なステップであると筆者は考えている．

　また，データ駆動による統計的機械学習において注目されているもう一つのトピックであるスパースモデリングは，推定したい情報の状態空間でのスパース性を拘束条件として，データと情報との間のある種の距離の最適化を測るものと位置付けることができる．このスパース性に対する拘束条件は，ベイズ統計の立場では事前知識 (prior knowledge) と解釈できる．第 5 章ではベイズ推定と最尤推定の立場から出発しつつ，スパース性を考慮した最適化問題を解く方法を紹介した．

　スパースモデリングは，パラメータベクトルに L_p ノルムに基づくスパース性を要請するため，$p < 1$ の条件においては，本来的には組合せ最適化問題に属するものであり，計算量困難を伴うものである．それを回避するために，L_1 ノルムへの緩和を試みることで，凸関数の性質を利用した効率のよい解の探索を可能にした．スパース性に注目した解析手法は，歴史において何度か再検討が繰り返されてきた．凸関数の解析手法の発展と LASSO をはじめとした L_1 ノル

ムを利用した回帰手法の理解，人体の様子を探る医療分野における MRI から，遠方の天体を観測するために用いる VLBI（Very Long Baseline Interferometry：超長基線電波干渉法）を駆使した観測技術を通して天文分野にまで及ぶ広大な応用分野の存在が相まって，スパースモデリングの今日の進展へとつながっている．このあたりの展開は，第 4 章で一部議論された深層学習やその周辺分野にも共通項がある．

　方法論としては，ニューラルネットワークをはじめ，機械学習の理論は整理されていた．その整理こそ理解が深まってさらに精緻化されうるものだから，今日ではさらに精錬されたものになっていることは間違いない．しかしながら第 1 章から連綿と横たわる共通した数理的基盤があり，その発想や理論的な整備は割と早期から成熟しているものである．一方で計算機の発展やアルゴリズムの発展は，その時代を背景とした文化的資産であり，人類の進歩と同一の速度をもつ．そのため深層学習においては，多層ニューラルネットワークと大量のデータによる学習の有効性は予言されていたものの，その効率のよい実行のためには，CPU の発展だけではなく，さらにベクトル・行列演算に特化した計算能力をもつ GPGPU の登場，その大衆的な普及を必要とした．

　本格的な多層ニューラルネットワークを構築して画像データの学習を行うのには GPGPU の搭載が必須である．現在ではその計算能力と省電力性を要求されて FPGA の利活用も検討されている．

　次なる飛躍的発展はどこにあるのだろうか．本書に共通している問題設定は，実は最尤推定，最大事後確率推定，L_1 ノルム最小化など，どれも最適化問題である．これらの問題は，現在のコンピュータの発展，GPGPU の活用など，少なくとも連続的な値を扱う上で必要なベクトル・行列演算をカバーした高速な演算を実行することで，これらの解決にさほど大きな問題はないように思われる．

　残された問題は，離散的な変数を扱う最適化問題の効率のよい解決方法である．クラスタリングにおいても本質的には離散的な変数を伴う最適化問題であり，その最適化は近似的に行われてきた．これをまともに扱うことでより精度の高い推定は可能だろうか．

　スパースモデリングにおいても本来的に実行したい計算は，L_0 ノルムをはじめとした離散的な取り扱いを必要とする．第 5 章の最後に登場した情報統計力

学の基礎となる磁性体の理論にその答えがある.

近年,磁性体を人工的に構築することにより離散的な変数としてスピンの自由度をもち,自由にエネルギー関数を設定できる専用計算機が次から次へと登場している.それらのうちの1つが量子アニーリングであり,その基本的要素を紹介した『量子アニーリングの基礎(基本法則から読み解く物理学最前線18巻)』(共立出版,2018)を,著者の一人として分野をリードする東京工業大学の西森秀稔氏と共著でまとめている.興味のある読者はこちらについても読み進めてもらいたい.量子アニーリングをはじめ,これらの離散的な変数を伴う最適化問題に対して,それを効率よく解く専用計算機が登場したことにより,たとえば L_0 ノルムから L_1 ノルムへと逃げることなく,本来扱いたい問題をそのまま実行することができるのだ.この時代の雰囲気は,数理的整備の進んだ分野であり,産業的要請がありながらも,かつて冬の時代を迎えたニューラルネットワークの研究が,計算機の能力の向上により黄金時代を迎えた時と同質のものではないだろうか.

歴史は繰り返す.それこそまた冬の時代を迎えるかもしれない.とはいえ,その冬の時代にあっても力強い数理的基盤は揺らぐものではない.最適化問題を通して分野横断的に様々な問題を解決する方法論は,いずれにせよ,ひとときの隆盛には終わらず,文化として根付き,人々の生活を変えていくものである.そうした願いを込めて,やや数理的側面を強く残した書籍とした.各章に配置された数理的基盤を学ぶためのエッセンスが,これからの人類の財産となることを願ってやまない.

大関真之

索　引

■ 数字・欧文

1-of-K 表現　132
2 部グラフ　44
FISTA　191
ISTA　190
L_0 ノルム最小化　203
L_1 ノルム最小化　203
LASSO　181
L_p ノルム　177
ML-EM 法　194
Neural Information Processing
　Systems　vi
Q 関数　23
SPECT（単一光子放射断層撮影）　194

■ あ

圧縮センシング　190, 202

イジング模型　220
一般化されたスパースガウシアングラフィ
　カルモデル　69
陰関数の存在定理　76
因子グラフ表現　87

エネルギー関数（ハミルトニアン）　220
エントロピー　222

重み　136

■ か

回帰　175
ガウシアングラフィカルモデル　28
ガウス・ザイデル法　66
ガウス積分の公式　16
ガウス・マルコフ確率場　28
過学習　179
学習　17, 130, 177
学習係数　181
学習率　144
拡張ラグランジュアン　212
拡張ラグランジュ法　212
確率勾配法　152
確率的グラフィカルモデル　vi, 1, 25, 26
確率伝搬法　11, 38, 69
確率伝搬法による一般化された離散型ガウ
　シアングラフィカルモデルに対する EM
　アルゴリズム　95
確率ベクトル　2
隠れ層　155
隠れ素子　44
隠れ変数　20
隠れマルコフモデル　43
可視素子　44
可視変数　20
画像補修問題　110
活性化関数　169
過適合　150
カーネル法　200

244 索引

加法的白色ガウスノイズ　67
カルバック・ライブラー情報量　12
完全データ　20

機械学習　130, 177
機械学習研究会　vi
規格化定数　137
期待値最大化　23
期待値最大化アルゴリズム　1
逆温度　225
逆共分散行列　29
逆離散フーリエ変換　121
教師あり学習　140
教師データ　140
強双対性　211
協調フィルタリング　199
局所最適解　11
近接勾配法　187

クラス確率　133
クラスター変分法　69
クラス分類問題　130
クロネッカーのデルタ　148
訓練誤差　149
訓練集合　140
訓練データ　140

経験分布　1, 18
結合確率分布　3
欠損　20
欠損データ　20

交互方向乗数法　214
交差エントロピー　143
拘束条件　78
高速フーリエ変換　120
勾配下降法　145
勾配消失　163

勾配上昇法　145
勾配法　143
誤差逆伝播法　v

■ さ

再帰的ニューラルネットワーク　v
最急降下法　181
最大事後確率　10
最大事後確率推定　113, 179
最大事後周辺確率　11
最大周辺事後確率推定　114
最大流問題　11
最短路問題　11
最適化問題　10
最尤解　141
最尤推定　1, 20, 176
最尤法　140

磁化　221
シグモイド関数　160
事後確率　179
事後確率分布　7, 111
事後確率密度関数　10
自己平均性　226
自己無撞着方程式　223
指示関数　211
辞書学習　196
事前確率　179
事前確率分布　7
事前確率密度関数　10
シミュレーテッドアニーリング　11
弱双対性　211
自由エネルギー　220
柔軟性　151
周辺化　157
周辺確率分布　3
周辺事後確率分布　114

索　引　　245

周辺尤度　　22
縮約条件　　83
出力層　　136
上界逐次最小化法　　185
条件付き確率　　175
状態空間　　2
状態数　　222
状態発展法　　236
状態ベクトル　　2
状態変数　　2
情報論的学習理論　　vi
深層学習　　v, 130, 168

スパース性　　190
スパースモデリング　　vii

正規化線形関数　　169
正規方程式　　178
制限ボルツマンマシン　　44, 154
制限ボルツマンマシン分類器　　154
生成モデル　　17
正則化　　151, 178
正定値　　184
正方格子上のガウシアングラフィカルモデ
　　ルにおける EM アルゴリズム　　68
制約ボルツマンマシン　　vii
線形観測　　202
潜在変数　　20

双対拡張ラグランジュ法　　218
双対ギャップ　　212
双対問題　　211
相転移　　224
ソフトマックス器　　135

■た ───────────────

対数尤度関数　　141, 176

代理関数　　185
多層ニューラルネットワーク　　v
畳み込み定理　　121
畳み込みニューラルネットワーク　　v
多値ロジスティック回帰モデル　　vii, 134

逐次最適化　　183
秩序パラメータ　　221
中間層　　155
頂点　　25, 50, 70

ディープニューラルネットワーク　　168
ディープボルツマンマシン　　168
ディラックのデルタ関数　　7
低ランク行列　　198
低ランク行列再構成　　190, 198
低ランク近似　　198
テスト誤差　　149
データ　　176
データベクトル　　6, 10

統計的機械学習　　130
統計的機械学習理論　　vi, 1
同時確率　　175
独立同分布　　66
凸関数　　186
凸共役　　210

■な ───────────────

軟判定閾値関数　　188

入力層　　135
ニュートン法　　182

ネオコグニトロン　　v
ネステロフの加速法　　191
熱ゆらぎ　　11

246　索　引

■ は

バイアス　136
配位平均　226
ハイパパラメータ　22
ハイパパラメータベクトル　22
バウム・ウェルチアルゴリズム　44
パーセプトロン　v, 169
パターン認識問題　129
罰金法　208
バッチ型学習　153
パラメータ　176
パラメータベクトル　6, 10
パラメトライズ　17
汎化　150
汎関数　77

非負値制約行列分解　195

不完全データ　20
フロベニウスノルム　194
分配関数　220
分離性　188
分類器　134

ベイジアンネットワーク　vi
ベイズ推定　179
ベイズ統計　1
ベイズの公式　6, 9
ベイズの定理　179
ヘビィサイドの階段関数　160
辺　50

ポアソン分布　192

■ ま

前向き・後向きアルゴリズム　37
マルコフ確率場　vi, 26, 154

マルコフ連鎖モンテカルロ法　11

ミニバッチサイズ　152
ミニバッチ集合　152

メッセージ　38, 86
メッセージ伝搬規則　38, 86

モーメンタム法　147

■ や

尤度　20
尤度関数　141
床関数　61
ユニバーサリティ仮説　108

■ ら

ラグランジュの未定乗数　76
ラグランジュの未定乗数法　76
ラグランジュ未定乗数法　209
ラプラス分布　180

離散フーリエ変換　121
リッジ回帰　180
量子アニーリング　11
量子力学的ゆらぎ　11

レプリカ対称解　229
レプリカ対称性　229
レプリカ法　226
連続緩和　117

Memorandum

Memorandum

Memorandum

[著者紹介]

片岡　駿（かたおか　しゅん）

担当章　第 3 章

2014 年　東北大学大学院情報科学研究科博士課程後期修了

現　　在　小樽商科大学商学部 准教授，博士（情報科学）

専　　門　確率的情報処理

大関真之（おおぜき　まさゆき）

担当章　第 5 章

2008 年　東京工業大学大学院理工学研究科博士課程修了

現　　在　東北大学大学院情報科学研究科 准教授，東京工業大学科学
　　　　　技術創成研究院 准教授，博士（理学）

専　　門　量子機械学習，量子アニーリング，スパースモデリング

安田宗樹（やすだ　むねき）

担当章　第 4 章

2008 年　東北大学大学院情報科学研究科博士課程後期修了

現　　在　山形大学大学院理工学研究科 准教授，博士（情報科学）

専　　門　統計的機械学習，深層学習，情報統計力学

田中和之（たなか　かずゆき）

担当章　第 1，2 章

1989 年　東北大学大学院工学研究科博士課程後期修了

現　　在　東北大学大学院情報科学研究科 教授，工学博士

専　　門　確率的情報処理，統計的機械学習理論，情報統計力学

クロスセクショナル統計シリーズ 8
画像処理の統計モデリング
確率的グラフィカルモデルと
スパースモデリングからのアプローチ

Series on Cross-disciplinary
Statistics: Vol.8
Statistical Modeling on
Image Processing:
Approaches from Probabilistic
Graphical Model and Sparse Modeling

2018 年 11 月 30 日　初版 1 刷発行

検印廃止
NDC 339.5, 417
ISBN 978–4–320–11123–3

著　者　片岡　駿・大関真之　ⓒ 2018
　　　　安田宗樹・田中和之

発行者　南條光章

発行所　共立出版株式会社
〒112–0006
東京都文京区小日向4丁目6番19号
電話 (03) 3947–2511 (代表)
振替口座 00110–2–57035
URL www.kyoritsu-pub.co.jp

印　刷　藤原印刷
製　本

一般社団法人
自然科学書協会
会員

Printed in Japan

JCOPY ＜出版者著作権管理機構委託出版物＞
本書の無断複製は著作権法上での例外を除き禁じられています．複製される場合は，そのつど事前に，出版者著作権管理機構 (TEL：03-3513-6969, FAX：03-3513-6979, e-mail：info@jcopy.or.jp) の許諾を得てください．

統計的学習の基礎
データマイニング・推論・予測

Trevor Hastie・Robert Tibshirani・Jerome Friedman 著

杉山　将・井手　剛・神嶌敏弘・栗田多喜夫・前田英作 監訳

発展著しい統計的学習分野の世界的に著名な教科書である『The Elements of Statistical Learning』の全訳。回帰や分類などの教師あり学習の入門的な話題から，ニューラルネットワーク，サポートベクトルマシンなどのより洗練された学習器，ブースティングやアンサンブル学習などの学習手法の高度化技術，さらにグラフィカルモデルや高次元学習問題に対するスパース学習法などの最新の話題まで幅広く網羅。計算機科学などの情報技術を専門とする大学生・大学院生，および機械学習技術を基礎科学や産業に応用しようとしている大学院生・研究者・技術者に最適な教科書である。

第1章	序　章
第2章	教師あり学習の概要
第3章	回帰のための線形手法
第4章	分類のための線形手法
第5章	基底展開と正則化
第6章	カーネル平滑化法
第7章	モデルの評価と選択
第8章	モデル推論と平均化
第9章	加法的モデル，木，および関連手法
第10章	ブースティングと加法的木
第11章	ニューラルネットワーク
第12章	サポートベクトルマシンと適応型判別
第13章	プロトタイプ法と最近傍探索
第14章	教師なし学習
第15章	ランダムフォレスト
第16章	アンサンブル学習
第17章	無向グラフィカルモデル
第18章	高次元の問題：$p \gg N$
	参考文献／欧文索引／和文索引

≪訳者≫

井尻善久・井手　剛・岩田具治
金森敬文・兼村厚範・烏山昌幸
河原吉伸・木村昭悟・小西嘉典
酒井智弥・鈴木大慈・竹内一郎
玉木　徹・出口大輔・冨岡亮太
波部　斉・前田新一・持橋大地
山田　誠　　　　　　（五十音順）

【A5判・上製・888頁・本体14,000円(税別)】

https://www.kyoritsu-pub.co.jp

共立出版　（価格は変更される場合がございます）